为中国景观正名

WEI ZHONGGUO JINGGUAN ZHENGMING

——中国景观概念溯源与当代阐释

吴静子 著

天津大学出版社
TIANJIN UNIVERSITY PRESS

图书在版编目（CIP）数据

为中国景观正名：中国景观概念溯源与当代阐释 / 吴静子著. -- 天津：天津大学出版社, 2023.11
国家自然科学基金委员会资助项目
ISBN 978-7-5618-7645-9

Ⅰ.①为… Ⅱ.①吴… Ⅲ.①景观设计－研究－中国 Ⅳ.①TU986.2

中国国家版本馆CIP数据核字(2023)第231059号

WEI ZHONGGUO JINGGUAN ZHENGMING—ZHONGGUO JINGGUAN GAINIAN SUYUAN YU DANGDAI CHANSHI

策划编辑 郭 颖
责任编辑 郭 颖
装帧设计 逸 凡

出版发行 天津大学出版社
地　　址 天津市卫津路92号天津大学内（邮编：300072）
电　　话 发行部：022－27403647
网　　址 www.tjupress.com.cn
印　　刷 北京盛通印刷股份有限公司
经　　销 全国各地新华书店
开　　本 787 mm × 1092 mm　1/16
印　　张 14.75
字　　数 278千
版　　次 2023年11月第1版
印　　次 2023年11月第1次
定　　价 56.00元

目录

绪论

20世纪末，中国的现代风景园林事业起飞，风景园林教育也展现出迅猛发展的势头。[①]关于专业和学科名称的争论，以及有关学科定位和门类归属的讨论一直持续升温，直到2011年风景园林学一级学科[②]的确立才得出定论。[③]在这个过程中，曾出现一边倒的否定运用“景观”语词作为专业名称，主张沿用“园林”和“风景园林”[④]的情况。大多数学者都认为，“景观”一词不具备中国历史文化的根基，“风景园林”相对更能表明学科的历史由来和发展过程，更顺应中国人的思维和认识习惯[⑤]。但语词作为人类交流的符号工具，一直在不断地被规范化以适应人类社会发展，与“景观”相关的“世界遗产”概念也在不断发展、与时俱进[⑥]。在《保护世界文化和自然遗产公约》（简称《世界遗产公约》）公布20年后，世界文化遗产的体系中增加了“cultural landscape”这一新的类型，中文翻译为“文化景观”[⑦]。

如果按照我们对等的翻译方式和目前对专业名称的界定惯例，“cultural landscape”就应该叫作“文化风景园林”。这个提法会让人感到过于复杂且不符合语言逻辑，也正说明我们之前对“景观”概念的认知可能存在问题。概念的内涵反映的是事物本质属性的集合，准确的概念才能有助于后人学习和进行国际文化交流。

联合国教科文组织于1992年在《世界遗产公约》中提出的“文化景观”第1条所述“人与自然的共同作品（combined works of nature and of man）”，正是中国风景审美观中人与自然环境协调发展、和谐共生理念的体现，意味着东方人文与自然相结合的风景审美观开始得到整个世界的认可。但是，在近代中国，尤其是五四运动之后，中国学术界大都借助西学思维和方法来研究和品评建筑文化，很长一个时期，凡与当时西方科学

①自1999年起，中国风景园林学学科和专业培养点高速发展，培养点年平均增长约14%。

②根据国务院学位委员会、教育部公布的《学位授予和人才培养学科目录（2011年）》，风景园林学正式成为110个一级学科之一，这也标志着风景园林行业在国家层面得到充分重视和认可。

③杜春兰，郑曦：《一级学科背景下的中国风景园林教育发展回顾与展望》，载《中国园林》，2021（1），26~32页。

④1984年7月，教育部和国家计划委员会印发的《高等学校工科本科专业目录》中，首次出现了“风景园林”的名称，并将其归入土建类专业之中。1987年，教育部正式开设风景园林专业。1997年，风景园林教育遭遇波折，学科的调整导致风景园林的独立性受到影响。直到2005年，国务院学位办批准25所不同背景的高校拥有风景园林硕士专业学位的授予权，风景园林学学科的发展势头才得以继续。

⑤李嘉乐：《对于景观设计与风景园林名称之争的意见》，载《中国园林》，2004（7），41~44页。

⑥1984年召开的第8届世界遗产会上，已经提出关于文化景观的概念并进行讨论。1992年10月，世界遗产中心会同国际古迹遗址理事会与世界自然保护联盟，在法国的拉贝第皮埃尔召开关于将“cultural landscape”纳入《世界遗产名录》的专题研讨会。这是对于cultural landscape heritage走向世界文化遗产具有重要意义的会议。1992年12月，在美国圣达菲召开的第16届世界遗产会上，决定将具有突出普遍价值的“cultural landscape”遗产纳入《世界遗产名录》。

⑦单霁翔：《文化景观遗产的提出与国际共识（二）》，载《建筑创作》，2009（7），184~191页。

技术抵牾的传统学术思维和审美方式，往往被轻视，甚至被嗤之为传统文化的糟粕，唯以西方近代之景观建筑学、环境生态学、景观规划理论等马首是瞻。另一方面，20世纪80年代以来，伴随着对“Landscape Architecture”（简称LA）学科名称的争论，学者对相关历史资料的研究从未停止。尽管在很多方面都获得了长足的发展，但时至今日，始终少有学者就中国“景观”概念形成的渊源、沿革、外延和蕴含于其中的深厚历史文化内涵进行全面、理性而深入的探索，导致诸多颇具影响力和价值的风景实践与理论，都成了未能揭示的学术空白。基于这些，笔者希望能从中国“景观”的概念入手进行系统梳理和研究，厘清中国古代景观理念的整体发展脉络、每个历史阶段的发展状态及潜藏于其中的思维方式和思维规律，以弘扬中国古代的优秀文化遗产，展现中国古代风景审美文化的独特魅力，促进LA这样一门综合性学科的发展，为中国在世界遗产“文化景观”领域争取话语权。

要想全面、系统而透彻地了解中国古代风景审美文化的发展演变和状态特征，必须从其概念研究入手。所谓“概念”，是反映事物特有属性的思维形态[①]。墨子《经学・上》曰“言，谓也。言犹名致也”，认为用名词组成语言可以表达思想。名，即为概念名称。名是人类思维活动中最基本的思维单位，语言都由名组成[②]。孔子曰“名不正则言不顺，言不顺则事不成”，认为只有正名、认清概念，国家的政策和官员们的言论才能统一，政令才能顺利地下达，政事才能成功。唯有通过正名，才能构建合理的语言关系，沟通人与人之间的思想。由此可见，准确把握事物的概念，全面了解概念的渊源及沿革等，是深入认识客观事物本质属性，清晰界定事物范围和内容的不二法门。

德国著名哲学家、解释学家伽达默尔（Hans-Georg Gadamer，1900—2002年）强调，概念是在语词的不断使用中被充实和重塑的[③]，“历史地生长起来的语言……能作为一种经验逻辑的，亦即一种自然的、历史的、经验的变化形式而发生作用”[④]。任何概念都是通过语词来表达的。在这里，概念是语词的内容，语词则是表达概念的一种语言形式。大英博物馆在展陈介绍中对中国古代的文明进行了评价和称赞，称中国人创造了世界上最博大和悠久的文明，其语言和文字形式在几千年的历史中保持稳定，凝聚着

①金岳霖：《形式逻辑》，24页，北京，人民出版社，1979。
②周山：《智慧的欢歌——先秦名辨思潮》，北京，三联书店，1994。
③伽达默尔：《真理与方法》，548页，上海，上海译文出版社，2004。
④伽达默尔：《真理与方法》，557页，上海，上海译文出版社，2004。

这个巨大的国家，联系着她的过去和现在，展现了统一的举世无双的文化。中国几千年延续不断的文字、语言，使人类历史上空前繁盛的文献资料得以传承、传诵，为研究和把握古代文化、思维提供了珍贵的资源，中国古代的景观概念、风景审美文化的相关内容也囊括于其中。

概念是在人们对客观事物的认识不断深化的过程中，上升至抽象与理性思维阶段，认识发生质变的产物。也就是说，概念的发生发展，是伴随着当时的人们对与之相关事物的知觉、感受和相关行为活动（包括审美）一起进行的。景观概念也是一样。在景观概念形成发展的过程中（远至上古时期），先民们的风景观念、风景审美活动就早已发生。因此，要全面厘清中国古代景观概念发生发展的历史，除了要系统梳理语词的相关内容，更要结合每个历史时期最具代表性和典型性的思想、文化及社会状态等，对其所表现出的风景审美文化特征进行全方位、多角度的深入剖析。

中国景观概念自产生起，就伴随有一批关键性语词的变化、发展，一些语词在使用的过程中融入了更加丰富的意义，产生了新的含义，使用频率也更高；另外一些语词则保留和使用原义，含义较为单一，使用频率也比较低，逐渐退居次位。近些年，也有不少学者发现了这个规律，并就其中的某个或某些高频语词进行过统计研究，但尚未有学者将概念与思维规律相结合，系统、深入地梳理景观概念相关语词与中国古人思维规律存在的内在联系。本书研究中国景观概念的关键，就在于梳理和研究蕴含于其中的思维方式、思维规律以及在此种思维模式影响下形成的风景审美观念、风景审美理论和风景审美旨趣等。

“概念史斡旋于语言史与事件史之间。”[①]本书首先从古代经典文献和现代工具书中检索“景观”“景”与“观”语词，统计分析不同历史时期的词频与含义，再通过对先秦至魏晋南北朝时期古文献中有关景观概念相关语词的梳理，整理出这段历史时期中国景观概念产生与发展的基本脉络，指出语词意义的变化及其规律。根据统计研究发现，从先秦时期开始，山水语词就具有了用以表述中国景观概念的含义。魏晋南北朝时期，表达景观概念的相关语词开始增多，共计四组：山水、风景、风物和景物。由此可见，山水文化的形成及山水审美的发展促进了景观概念的发展，其中“山水”和“风景”这两组语词的使用频率最高，成为当时景观概念表达中的热点语词。之后，又结合

①转引自袁守愚：《中国园林概念史研究：先秦至魏晋南北朝》，3页，学位论文，天津，天津大学，2015。

“山水”“风景”语词从魏晋南北朝至宋代①的词频、词义，“山水”“风景”和“景”在经典山水画创作著作《林泉高致》和造园著作《园冶》中的词频统计分析，以及它们在现代社会的使用状况进行综合评价，证实中国古代的“山水”语词与现代语中的“景观”“风景”是同义语，“山水”即是表述中国古代景观概念的源头，而且始终都是中国景观的主体。但在中西文化大融合的当今社会，考虑到“景观”语词不但具有丰厚的内涵和意义，而且已发展成为一个适宜国际交流的通用语词符号，在现代汉语中使用“景观”一词来表述与风景审美及风景实践相关的行为、思维、客体，既契合我国文化传统语境，又符合人类语词规范发展的科学规律，也适应当今世界全球一体化发展的需求。之后，通过研究“风”“景”二字在先秦、两汉的演变发展，并对与景相关的语词进行综合分析，以更系统和深入地研究“景观”的同义语——“风景”语词。研究发现，“风”“景”二字在其产生发展的过程中始终都伴随有人文与自然的双重特性，而这也最能体现中国景观概念的精髓——人文与自然的和谐统一。“风景”语词的这一特性及蕴含于其中的思维规律、审美意蕴等，也正是后文想通过古迹、案例和文献研究和挖掘的重点，也是中国景观概念与西方景观概念最本质的区别。

不过，导致概念差异的根本原因就在于思维的差异。不同的思维方式将会导致人认识外部世界的态度、方式的截然不同。过去，我们很多工作和研究的开展都深深受到西学的影响，在此基础上，还建构了各个现代的学科以及相应的理论体系，但是它们是残缺不全的。最典型就是我们目前的风景园林专业，我们用的是西方的概念，但西方的风景审美思维从来就是发育不全的。对此，20世纪30年代，英国美学家李斯托威尔（Listowel）在他的《近代美学史述评》中说：“十分遗憾，自然美的研究至今仍然是我们美学史上很不完备的一章。”②20世纪80年代，法国美学家杜弗莱纳也曾指出：“不幸的是，在有关自然的审美性质问题上，我们几乎没有专家，没有传统。”③现代文艺美学家陈元贵先生在其《大学美育十讲》中更是强调：“自然美在中西方曾经走过不同的历程。西方在18世纪之前多半是轻视甚至否认自然美的”④，“西方普遍认为审美与

①中国的风景审美文化在宋代达到巅峰，明、清只是延续这种状态及思维模式。又鉴于笔者的时间和精力，所以这里的语词研究止于宋代。不过，通过梳理魏晋南北朝至宋代的语词状态也基本能概括出“风景”与“山水”语词的发展脉络。

②陈元贵：《大学美育十讲》，合肥，安徽文艺出版社，2010。

③陈元贵：《大学美育十讲》，安徽，安徽文艺出版社，2010。

④陈元贵：《大学美育十讲》，合肥，安徽文艺出版社，2010。

艺术的中心是人，艺术美就是艺术表现的人的生活的美。由此造成西方的一个传统：重视艺术而轻视自然”[①]。

在西方，宗教与哲学、科学与艺术、唯物论与唯心论、经验主义与理性主义等在其形成和发展的过程中一直都是相矛盾、相冲突的，波澜迄今未息。从古希腊神话意识的起源，到“逻各斯”（logos）[②]概念的提出，再到公元前4世纪苏格拉底[③]之后哲学与宗教更加明显的冲突、哲人们为逻辑理性和道德理性而争取地位的呼声日益高涨以及抽象思维（abstraction）[④]的登台，很具代表性地证明在西方世界的思维体系中，神话、诗歌这些以感性思维为特征的文化是无法与理性与哲学相抗衡的。“逻各斯”作为西方哲学的一个重要概念，漫延于后来整个欧洲思想[⑤]甚至于审美方式和思维，西方人的思维方式和行为方式都深深受到此种思维的影响。“逻各斯”强调感性经验和理性思辨的两分，超越此岸感性经验世界而追求彼岸理性抽象世界，不关注事物现象只探寻其本质、规律的思维特征，导致在他们的传统思维中，不屑于去关注和发现客观现实世界中的各种现象，更难于发现这现实世界中存在的自然美，人文与自然的有机统一更无从谈起。

文艺复兴以前，希腊和罗马的文化典籍中鲜有提及自然美并予以审美观照的[⑥]。希腊哲学家普遍认为，理性是美的源泉，唯有规律性和统一性对美来说才是必不可少的，所以希腊艺术中的美也应该具备和谐性和规律性的双重特征。14世纪，发源于意大利的文艺复兴标志着人类精神和人道主义在一种全新世界中诞生。从这时起人们才意识到自

①陈元贵：《大学美育十讲》，合肥，安徽文艺出版社，2010。

②由赫拉克利特（Heracleitus，约前544—前483年）最早提出的“逻各斯”（logos），成为西方哲学的一个重要概念。在古希腊文献中原义为“言说”，还具有道理、理由、理性、考虑、比例、规则等其他许多涵义。“逻各斯”采用“语言逻辑”符号系统，以逻辑语言引导人从具体的经验现象上升到抽象的本质、本体、规律、原理，凭的是语言逻辑定式和操作程序的推演功能。参考自《意象探源》第177~197页。

③苏格拉底（Socrates，前469—前399年），他和柏拉图（Plato，前427—前347年）以及亚里士多德（Aristotle，前384—前322年）都极为推崇“逻各斯”的纯理性思维，被后人广泛地认为是西方哲学的奠基者。柏拉图和亚里士多德虽然并未使用“逻各斯”这个概念，但是希腊哲学认为宇宙万物混乱的外表下有一个理性的秩序、有个必然的规则和本质，这一观念和“逻各斯”概念是潜在相通的，比如，柏拉图思想中的“理念”就可以视作“逻各斯”这一概念的变种，而晚期希腊一些哲学思潮里，就直接把“逻各斯”看作柏拉图所说的“诸理念”之统一。

④所谓抽象思维，是将某种“属性”从客观事物中“拖”出来，当成思维对象来思考。柏拉图在其“理念论”中所强调的抽象的、普遍的那样一种东西，它不是在现实生活中个别地、具体地存在着的，而是要凭靠我们的思维去认识和意识的。他认为现实中具体存在、个别存在的事物只不过是一个复制而已。同时他还认为，哲学家必须通过个别到全体，透过现象看到本质才能获得“更深一层”的“内部”。

⑤欧洲思想当然不止这一支，但其影响是最大的。

⑥王其亨：《风水理论研究》，262页，天津，天津大学出版社，2005。

然界中的美，但人与外在自然关系的分裂、主观与客观的对立却也在这共鸣声中愈演愈烈。17世纪，欧洲近代哲学的奠基人笛卡儿提出著名的物质精神二元论，企图用精神来证明物质的存在（“我思故我在”），片面强调主观思维对客观物质的决定作用。以至于到了一代哲学大师黑格尔那里，提出“自然美只是属于心灵的那种美的反映”，“自然美只对知觉着的意识存在”[①]。在他看来，艺术美远高于自然美，“单纯的自然根本就纳不进美的定义里去”。[②]

直至19世纪受到工业革命的影响，人类的生存环境受到前所未有的威胁之时，他们才意识到自然资源的珍贵与大自然的美好。同时受康德、歌德等人的哲学思维的影响，很多哲学家就自然美的审美方式及其内容、艺术美与自然美的关系、感性与理性等问题展开了激烈的争论。尽管各说不一，但物质世界中的自然生态环境美已作为一种重要的审美内容引起人们的关注和认识。所有这些最终诱发了英国绘画艺术中水彩风景画的流行，艺术评论家们更把这种朴素而富于诗意的自然美审美意识上升到理论思想的高度并使之渐入人心。

20世纪中叶以来，随着经济和科技的飞速发展，西方工业发达国家再次面临严重的生存危机。同时，又由于近现代自然科学和社会科学的发展，如系统论、控制论、生态工程等的发展使得人与自然和谐共生之思想更深入人心。各领域的学者和专家纷纷就人类的生存环境提出自己的想法和主张，如美国建筑师赖特提出的“广亩城市”（Broadacre City）、荷兰裔美籍建筑师沙里宁提出的有机疏散理论以及人类聚居学[③]的提出尤其是景观建筑学（Landscape Architecture）、城市绿地规划和园林规划的兴起和发展，无不反映出这样一种思潮：只有中国是自古代就重视主观与客观和谐统一的整体思维，重视人与自然有机联系、和谐共存的思维方式才能维持世界的生态平衡，适应整个世界的协调发展。

中国几千年前就已形成景观概念，如“气”论观、“天人合一”宇宙思想、“知者乐水，仁者乐山”等以及整体的思维方式，关注现实群体社会的人生观、重视人与自然有机联系的自然哲学观以及在此影响下形成的人文美与自然美意识和相关的认识论、方

①朱光潜：《西方美学史》，476页，北京，商务印书馆，2011。

②朱光潜：《西方美学史》，476页，北京，商务印书馆，2011。

③人类聚居学将自然界、人、社会、建筑物和联系网络视为人类居住环境中的五要素，为后来之学者研究人类社会与自然环境之间的相互影响与制约、自然资源再生能力与环境再建能力之间的协调发展指明方向。

法论等，都凝聚了中华民族的深层智慧，表现出强大而持久的内在生命力，能够成为当代世界共同的财富并得到应有的珍重。

因此，根据历史的发展规律，要传承中华优秀传统文化并为中国城市的现代化建设提供可资借鉴的资料和思路，首先需要我们对自己的历史有更深刻的认识。风景园林学科要形成自己的特色，也一定要在自己几千年没有中断的文化和背后潜在的巨大智慧宝库里深刻挖掘。将中国传统的风景审美文化变成人类的智慧宝库是时代赋予我们的责任和义务。

第一章

基于文献统计的景观概念解析

人类学家指出，人类交际和信息传播主要有两大原则：听觉方法和视觉方法。语言是最简单的交际媒介，传递消息的其他听觉方法是由语言发展出来的。与听觉方法相对照的是传播消息的视觉方法，它的发展导致了文字的发明[①]。德国著名哲学家海德格尔认为："语言是存在之屋。"他强调："真正的语言先于我们的言语说话，只是通过向语言敞开或进入语言的显现域，我们才能够去言说和去思想"。[②]东汉著名文字学家许慎在《说文解字》序中说道："盖文字者，经艺之本，王政之始。前人所以垂后，后人所以识古。"汉字承载了丰富的文化内容，占据了中华文化传承的主力位置。19世纪德国心理学家冯特曾指出："一个民族的词汇本身就能揭示这个民族的心理素质。"[③]这也就是说，任何民族的语言词汇系统及其成分，都受到其民族文化的影响和制约。语言、文字和语词是人类获得文化思维的一种本质性、本体性的存在[④]。

《四库全书》是我国现存规模最大的一部官修丛书，被称为中华传统文化最丰富、最完备的集成之作。检索、分析其中景观概念相关语词的用词频率和具体含义，有助于我们全面而系统地了解中国古代景观概念形成和发展的过程，也有助于我们清晰界定各个历史时期风景审美文化的发展状态。

具体而言，本书先从古代经典文献和现代工具书中检索"景观""景"与"观"语词，统计分析不同历史时期的词频与含义，证实现代汉语"景观"不但具有丰厚的内涵和意义，而且确已发展成为一个适宜国际交流的通用语词符号，在现代汉语中使用"景观"一词来表述与风景审美及风景实践相关的行为、思维、客体，既契合我国文化传统语境，又符合人类语词规范发展的科学规律。与时俱进地用中国语境再解释"景观"语词，并将"景观"作为专业名称与西方LA专业对应，既益于加强文化自信与传承，又利于学科的发展和与世界接轨。

之后，本书通过对《四库全书》中"景观"概念相关语词的统计与分析，发现先秦至魏晋南北朝时期，中国古代的"景观"概念经历了一个从起源到发展的过程。然后，笔者又通过对魏晋南北朝至宋代这段历史时期"山水"和"风景"语词的用词频率进行

①叶舒宪：《诗经的文化阐释——中国诗歌的发生研究》，武汉，湖北人民出版社，1994。
②海德格尔：《在通向语言的途中》，孙周兴，译，北京，商务印书馆，1997。
③高建平，高晓梅，程树铭：《汉语发展史》，哈尔滨，哈尔滨工程大学出版社，2007。
④张祥龙：《从现象学到孔夫子》，北京，商务印书馆，2001。

统计，对“山”“水”和“山水”语词的审美起源及其发展历程进行研究，对“风”“景”及“风景”语词的词源、词义进行系统分析和比对研究，证实在原始社会时期，中国古代的景观概念即已产生，中国古人的风景审美行为及相关活动即已开展。而且经过数千年的朝代更替、时代变迁，这种原始社会时期即已具备的语言方式、思维模式及审美观念不但没有被隔断，被淘汰，反而构成了中国传统文化及思维体系的主体和最显著特征，并不断被强化和完善。

第一节　现代汉语“景观”的文化内涵

正如前文所言，中国大多数学者都认为“风景园林”远比“景观”更具备中国历史文化的根基，更能够表明学科的历史由来和发展的历程。但从整个世界格局来看，联合国教科文组织于 1992 年提出的“cultural landscape”概念，其中文翻译为“文化景观”，并非“文化风景园林”，这说明我们之前的认知可能存在问题。基于此，笔者对现代汉语“景观”的文化内涵展开了研究和分析，发现如果仅从“景观”语词发生的时间来判定其文化的底蕴和内涵，存在一定的片面性，有可能将“景观”语词所蕴含的智慧埋没。为了充分了解现代汉语“景观”语词的发生状态与文化内涵，先从文献的角度对“景观”语词进行梳理，再从文字和语词的角度对其词素“景”与“观”进行解析。

一、文献及工具书中的“景观”

为便于统计，笔者分别从古代与现代两个时间段对“景观”语词进行文献检索。从古代来讲，检索的文献包括《四库全书》《古今图书集成》《全宋文》《全唐文》《全辽文》《文献通考》《通志》《续通志》《史通》及《通典》，检索结果均为 0，文献中均未有“景观”语词的任何记载。通过相对全面地检索中国历史文献，发现与“景”相关的语词有很多，如“风景”“景物”“景象”“胜景”等，但“景观”语词并未出现。

从现代来讲，检索的文献包括工具书《辞海》[①]和《辞源》[②]。从 1915 年第一版《辞源》到 2015 年第三版《辞源》，均未有关于“景观”语词的任何记录。在 1936 年到 2020 年各版本的《辞海》中，“景观”语词的记录是随着时间的进程而不断改变的。

具体来讲，1936 年第一版的《辞海》中并未收录“景观”语词。1965 年第二版的《辞海（未定稿本）》中已出现“景观”语词的记录。此时的“景观”作为地理学名词使用，是各级自然（地理）综合体的通称，同时也作为特定区域概念和类型概念使用。第三版的《辞海》中对于“景观”语词的释义与第二版接近，但是强调了“景观”泛指地表自然景色。这个含义一直延续至 1989 年第四版的《辞海》未曾改变。1999 年，第五版的《辞海》正式发布，其中“景观”语词的含义发生了根本性转变，它不只用以表述自然景色，而成为风光景色的统称，包含自然景色和人文景色的双重内容。这种对景观语词含义的表述一直延续到第七版的《辞海》都未发生任何变化（表 1–1）。

表 1–1　各版本《辞海》中的景观语词

阶段	版本	时间	景观语词的收录及其含义
第一阶段	第一版	1936 年	无
第二阶段	第二版(1965 年版未定稿本）	1965 年	一般的概念：各级自然（地理）综合体的通称，大者如地理地带，小者如相（具有同一自然地理条件的地段）。 特定区域的概念：专指自然地理区划中起始的或基本的区域单位，空间上和时间上不重复的地理个体，具有区域完整性，是发生上相对一致和形态结构上同一性最强的区域单位。 类型的概念：各种类型单位（所谓类型单位即指若干相互隔离的地段按其外部特征的相似性归为同一类型的单位）的通称，如草原景观、森林景观等；在这一意义下景观不具有空间上和时间上不重复性及区域完整性等特点。 在景观学中以专指特定区域的这一概念应用较广

①《辞海》的检索包含有七个版本，出版时间分别为 1936 年、1965 年、1979 年、1989 年、1999 年、2009 年、2020 年。

②《辞源》的检索包含有四个版本，出版时间分别为 1915 年、1939 年、1979 年和 2015 年。

续表

阶段	版本	时间	景观语词的收录及其含义
第二阶段	第三版	1979 年	地理学名词。 一般的概念：泛指地表自然景色。 特定区域的概念：专指自然地理区划中起始的或基本的区域单位，是发生上相对一致和形态结构同一的区域，即自然地理区。 类型概念：类型单位的通称，指相互隔离的地段按其外部特征的相似性归为同一类型单位。如草原景观、森林景观等。 在景观学中主要指特定区城的概念
	第四版	1989 年	地理学名词。 一般概念：泛指地表自然景色。 特定区域概念：专指自然地理区划中起始的或基本的区域单位，是发生上相对一致和形态结构同一的区域，即自然地理区。 类型概念：类型单位的通称，指相互隔离的地段按其外部特征的相似性归为同一类型单位。如荒漠景观、草原景观等。 景观学中主要指特定区域的概念
第三阶段	第五版	1999 年	风光景色。如：居屋周围景观甚佳。 地理学名词。（1）地理学的整体概念：兼容自然与人文景观。（2）一般概念：泛指地表自然景色。（3）特定区域概念：专指自然地理区划中起始的或基本的区域单位，是发生上相对一致和形态结构同一的区域，即自然地理区。（4）类型概念：类型单位的通称，指相互隔离的地段，按其外部的特征的相似性归为同一类型单位。如荒漠景观、草原景观等。景观学中主要指特定区域的概念
	第六版	2009 年	风光景色。如：自然景观；人文景观。地理学名词。（1）地理学的整体概念：兼容自然与人文景观。（2）一般概念：泛指地表自然景色。（3）特定区域概念：专指自然地理区划中起始的或基本的区域单位，是发生上相对一致和形态结构同一的区域，即自然地理区。（4）类型概念：类型单位的通称，指相互隔离的地段，按其外部的特征的相似性归为同一类型单位，如荒漠景观、草原景观等。景观学中主要指特定区域的概念
	第七版	2020 年	地理学名词。（1）整体概念：兼容自然与人文景观。（2）一般概念：泛指地表自然景色。（3）特定区域概念：专指自然地理区划中起始的或基本的区域单位，是发生上相对一致和形态结构同一的区域，即自然地理区。（4）类型概念：类型单位的通称，指相互隔离的地段，按其外部的特征的相似性归为同一类型单位，如荒漠景观、草原景观等。景观学中主要指特定区域概念

由此可见，“景观”语词在古文献中并未发现，20世纪60年代才在工具书《辞海》中出现，说明这个语词并非产生于中国本土。事实上，“景观”语词最早从日本引进，属于外来词。根据相关学者的研究，“景观”语词由日本植物学博士三好学于1902年前后作为译语提出，以对应于德语的“landschaft”[①]一词，最初作为“植物景”的含义得以广泛运用[②]。也就是说，现代汉语中的“景观”一词，来源于约120年前日本人对德语“landschaft”的翻译，与英语中的“landscape”相对应。“景观”语词在日本产生后，概念的内涵随着专业的发展也有所改变：1902年产生之时由植物学者翻译，最初为“植物景”的含义；1916年前后由地理学者辻村太郎引入地理学领域，具有了地理学意义；1937年前后又由社会学者奥井复太郎引入都市社会学领域，具有了社会学意义。之后，特别是1970年开始，日语中的“景观”一词被广泛使用于建筑、土木、造园等领域。[③]

结合《辞海》的收录情况，在20世纪40—60年代，“景观”语词有可能已由日本传入中国，1965年正式成为汉语词收录于第二版的《辞海（未定稿本）》并得到广泛运用，其主要用以表述自然（地理）综合体。20世纪70年代末至90年代，“景观”更明确地表述为地表的自然景色，与英语中“landscape”的含义完全对应。20世纪末，“景观”的含义扩展为“风光景色”，兼容“自然景观”与“人文景观”的双重内容，与“风景”语词近意。从这里可以看出，尽管“景观”语词属于外来词，但是成为汉语词之后，迅速与本土文化融为一体。在不到35年的时间里，“景观”语词的内涵和意义已经得到充分拓展。这种改变的发生，其根源在于作为“景观”词素的“景”与“观”在中国的古文字中早已产生，而且其内涵本就与“风景”直接关联。

二、“景”与“观”：“景观”语词的历史文化底蕴

1. 原“景”

“景”始见于战国文字，写作㬌，其本意为“日光”，后衍生出“光影”“光色”

①“landschaft”相当于英语中的“landscape”，法语中的“paysage”。

②稻垣光久：《风景心理学》，东京，所书店，1974。

③李树华：《景观十年、风景百年、风土千年——从景观、风景与风土的关系探讨我国园林发展的大方向》，载《中国园林》，2004（12），29~32页。

与“祥和”等意[①]。两汉时期，“景”的意义更加丰富，在文献中出现的频率也更高，在“日光”的含义下又衍生出“太阳”“光照”及“四方祥和”之意[②]。值得注意的是，《释名》中对“景”的释义也很独到。《释名·释天》有云：“景，境也，明所照处有境限也。”这是中国历代文献中最早从整体空间环境和情境的角度对“景”的解析，为之后“景”作为环境与空间的代名词奠定了历史文化的根基。[③]

事实上，“景”在中国的风景审美和风景实践活动中，无疑一直都是作为核心和重点存在的（图 1-1）。在宋代郭熙所著的《林泉高致》这部享有极高盛誉的山水画创作论著中，与山水审美相关的描述就涉及“云景”“四时之景”“掇景”“小景”“定景”“晚景”等共计 17 处；在明代计成所著的《园冶》这部具有极高理论研究价值的造园艺术专著中，与园林创作相关的表述就包括“借景”“得景”“摘景”“对景”“即景”“时景”“侧景”“触景”等共计 25 处。在中国古人的风景审美思维中，“景”的意义至关重要。大家所熟知的，就有“圆明园四十景”“湖山十景”“西湖十景”“金陵四十景”“潇湘八景”“渔阳八景”等，它们都是通过“景”来命名的，以强调和丰富地区

图 1-1　（明）文征明《兰亭修禊图》（局部）

（少长咸集，在茂林修竹、流觞曲水的景观之间，完成了雅集之修禊、流觞、赋诗、制序和挥毫的观景实践活动，魏晋风流几溢于图画）

①《说文解字》:“景,光也。从日京声。”段玉裁注:“光所在处,物皆有阴。”“后人名阳曰光,名光中之阴曰影”,此又衍生出“光影”“光色”之意，如《荀子·解蔽篇第二十一》中的“水动而景摇”，此处之“景”通“光影”意。此后，“景”还被用作星、云、山等自然物之名，表“祥和”之意。

②两汉时期，“景”的意义更加丰富，在文献中出现的频率也更高，在“日光”的含义下又衍生出“太阳”“光照”意，如《汉书·礼乐志第二》中的“芬树羽林，云景杳冥”，“云景”即指云和日；《释名》中的“齐鲁谓光景为枉矢”，“光景”即为“光照”之意。《说文解字》中有“景，光也。从日京声”，说明“景”具有“光”的含义。另外，“景”还被用来指称某种状态或形态的云、风、星等自然现象，表“四方祥和”之意，如《汉书·礼乐志》《东观汉记》《史记·律书第三》中提到的景云、景星、景风等。

③吴静子，王其亨：《中国风景概念史研究（先秦至魏晋南北朝）》，天津，天津大学出版社，2019。

的景致、风光特色与魅力。

正是由于“景”在中国古人风景审美理念中具有重要意义，随着语词的发展，与“景”相关同时具有“风光景致”含义的语词也大量出现（表 1–2），其中最早的发生于晋代，为“风景”“景物”和“胜景”[①]（图 1–2）。西晋陆云的《陆士龙集》中记载的“景物台晖，栋隆玉堂”，其中之“景物”即泛指此处之风光景色。唐代，“胜景”“景象”“景色”“景趣”“景致”“景胜”这五组语词也同时具有了“风光景致”的含义。如郑谷《云台编》中“漠漠秦云淡淡天，新年景象入中年”，其中之“景象”即为“景色、现象、状况”之意。白居易《题周皓大夫新亭子二十二韵》中的“规模何日创，景致一时新”，其中所言之“景致”也是描述风景优美的语词，如此等等。之后如宋代楼钥《攻愧集》中的“天景须凭意匠营，山不在高仙则名”，此处之“天景”也具有“风光景致”的含义。明代《大全集》中的“岂唯地景幽，况乃民俗美”，其中的“地景”一词被用来表述“地面上的景物”。清代谢启昆编修的《广西通志》中记载有“相传唐时李御史明远公登岩观景，遂隐形为神”，其中的“观景”一词也具有“欣赏风景”之意。

表 1–2　古文献中含有“景”字且具有“风光、景致”含义的语词统计[②]

语词最早在文献中出现的历史时期	语词	文献中具有“风光、景致”含义的语词数量	语词含义	例句
晋代	风景	3 222	风光景色	陶渊明《和郭主簿二首》：“和泽周三春，清凉素秋节。露凝无游氛，天高风景澈。”
	景物	3 662	景致事物，多指可供观赏者	陆云《大安二年夏四月大将军出祖王羊二公》：“景物台晖，栋隆玉堂。”
唐代	胜景	457	美景	《景龙文馆记》中所载：“芙蓉园在京师罗城东南隅，本隋世之离宫也，青林重复，绿水弥漫，帝城胜景也。”

①边留久：《风景文化》，张春彦，胡莲，郑君，译，南京，江苏凤凰科学技术出版社，2017。

②在《景的释义》一文中，作者对相关语词进行过词频统计。本书仅从历史时段的角度对这些语词重新进行梳理，以研究与景相关语词的演变历程。王其亨，吴静子，赵大鹏：《景的释义》，载《中国园林》，2012（3），31~33 页。

续表

语词最早在文献中出现的历史时期	语词	文献中具有“风光、景致”含义的语词数量	语词含义	例句
唐代	景象	924	景色、现象、状况	郑谷《中年》：“漠漠秦云淡淡天，新年景象入中年。”
	景色	524	景致	张说《遥同蔡起居偃松篇》：“清都众木总荣芬，传道孤松最出群。名接天庭长景色，气连宫阙借氛氲。”
	景趣	221	由景色而生的情趣	李复言《续玄怪录·麒麟客》：“敻家去此甚近，其中景趣亦甚可观，能相逐一游乎。”
	景致	139	风景	白居易《题周皓大夫新亭子二十二韵》：“东道常为主，南亭别待宾。规模何日创，景致一时新。”
	景胜	90	优美的景色	李君何《曲江亭望慈恩寺杏园花发》：“地闲分鹿苑，景胜类桃源。况值新晴日，芳枝度彩鸳。”
宋代	天景	12	风景	楼钥《寄题台州倅厅云壑》：“千岩高下各异状，如障如锋亦如领。天景须凭意匠营，山不在高仙则名。”
明代	地景	5	地面上的景物	高启《泊德清县前望金鳌玉尘二峰》：“寒城动遥炊，晚渡罢孤市。岂唯地景幽，况乃民俗美。牛羊散树下，暧暧旧墟里。”
清代	观景	2	欣赏风景	谢启昆（修）《广西通志》：“相传唐时李御史明远公登岩观景，遂隐形为神。”

由此可见，从对“光”“影”的诠释，到对“太阳”“光照”的表述与用作云、风、星等自然物之名，再到“境”与“风光景致”的内涵呈现，“景”始终都与自然界中的客观事物息息相关，同时还具有了整体空间环境和情境的意义。魏晋时期，随着山水文化的产生，与“景”相关且具有“风光景致”含义的语词产生了[①]。唐宋时期，随着山水文化的鼎盛发展，“景”在中国风景审美与实践中已经具有重要意义，与“景”相关且具有“风光景致”含义的语词也更为丰富。直至明清，“景”在中国风景审美中的重要位置一直未曾改变过。

①顾彬：《中国文人的自然观》，1~2页，上海，上海人民出版社，1990。

2. 原“观”

“观”比“景”产生的时间更早，甲骨文中已经出现，写作[illegible]和[illegible]，其本义为“仔细看，观看”，后又引申为“容饰，外观”“观察、审察”等含义。值得注意的是，先秦时期“观”还具有了欣赏和游玩的意义，如《尚书・无逸》中：“继自今嗣王，则其无淫于观，于逸，于游，于田”，其中之“观”为“观赏，欣赏，观摩”之义。《诗经・郑风》中：“女曰：‘观乎？’士曰：‘既且。’”其中之“观”为“游玩，游览”之意。东汉时期，“观”又添新意，可表“景”之义。如《论衡・别通》中有“人之游也，必欲入都，都多奇观也”，此处之“奇观”即“奇景”之义。到了宋代，“观”还增添了空间环境的内涵。如宋代范仲淹的《岳阳楼记》中：“衔远山，吞长江，浩浩汤汤，横无际涯，朝晖夕阴，气象万千，此则岳阳楼之大观也。”从这点来看，“观”可表“景象，情景”之意，具有空间环境的意义。[①]

图1-2 （东晋）顾恺之《洛神赋图》（局部）

（晋代自然山水审美意识正式独立，与景相关的语词开始出现，独立的山水画也形成于这个时期）

正是由于“观”在早期即具有了风景审美的内涵，随着语词的发展，与“观”相关、同时具有“欣赏，游览”含义的语词也大量出现（表1–3），其中最早发生于春秋战国时期，为“观美”和“观鱼”。如《国语・周语下》中：“若听乐而震，观美而眩，患莫甚焉”，此处之“观美”为“观察美好事物”的含义。汉代又产生了“观游”和“观赏”两组与风景欣赏相关的语词。如扬雄《羽猎赋》中：“罕徂离宫而辍观游，土事不饰，木功不雕”，焦延寿《焦氏易林注》中：“灵台观赏，胶鼓作人”，其中之“观游”与“观赏”皆与现代汉语词同义，为“在美景中游乐与欣赏”之义。魏晋南北朝时期，又出现

①“观”一般认为是形声字。其中“见”是形符，表示看见；“雚”作声符。其本义为“仔细看，观看”。《说文解字》有“谛视也。从见雚声”，段玉裁注有“审谛之视也”，《谷梁传》有“常事曰视，非常曰观”，其中的“视”都是观看的意思。与相类似的还有“观察，审察”“示人，给人看”和“容饰，外观”这些含义，都是由其本义引申而来的。《易经》中有“观乎人文，以化成天下”，此处之观为“观察，审察”之义。《尔雅·释言上》有“观，指示也”，《书·益稷》有“予欲观古人之象”，其中之“观”皆为“示人，给人看”之义。《墨子·辞过》中有“其为衣服，非为身体，以为观好”，其中之“观”为“容饰，外观”之义，由“观看”引申出名词的用法。

多组与风景欣赏相关的语词，分别为“观光”“观感”“观看”“观瞩”“观睹”“观风”与“观照”。如杨炫之《洛阳伽蓝记》有“妙伎杂乐，亚于刘腾，城东士女，多来此寺观看也”，此处之“观看”为“参观，观察，观赏”之义，如此等等。有一点值得注意的是，“观照”一词虽为佛教用语，指静观世界以智慧而照见事理[①]，如《弘明集》中有“言佛教者，亦应以般若为宗。二篇所贵，义极虚无，般若所观照穷法性”，看似与风景审美没有直接联系，但却表达出“观”的内心智慧和外在世界的对照关系，将“观”的意义上升到哲学至高境界。如《心经》：“观自在菩萨，行深般若波罗蜜多时，照见五蕴皆空。”观者观察着客观世界，同时感悟着内心世界，在这一交互“观照”的过程中生成了主体的智慧，主体的智慧又将照见客观外物。这也从一个侧面印证了中国古代风景审美观念中的“景”与“观”绝非独立的概念，而是蕴含了情景交融的特征（图 1–3）。

图 1–3　敦煌壁画 60（局部）

（大量壁画表现的纵向或横向的连续场景，不但人物和景物的内容被画师安排为彼此观照，而且使读者如同在戏台下观戏或欣赏充满仪式感的表演一样，从而获得内心世界的静悟）

表 1–3　古文献中含有“观”且与风景欣赏行为相关的语词统计

语词最早出现的历史时期	语词	语词各种含义中与风景欣赏相关的	相应含义的语词数量	例句
春秋战国	观鱼	泛指观看捕鱼或观赏游鱼以为戏乐	207	左丘明《左传·隐公五年》：“五年春，公将如棠观鱼者。”杨伯峻注：“鱼者意即捕鱼者。”（“观鱼”亦作“观渔”）
	观美	观察美好的事物	87	左丘明《国语·周语下》：“夫乐不过以听耳，而美不过以观目，若听乐而震，观美而眩，患莫甚焉。”

①《心经》中“观自在”的“观”为梵文音译，意思是：以智慧观察特定对象，或通过观察特定对象而获得智慧。“照见五蕴皆空”中的“照”即为“观照”之意。

续表

语词最早出现的历史时期	语词	语词各种含义中与风景欣赏相关的	相应含义的语词数量	例句
汉代	观游	观赏游览	455	扬雄《羽猎赋》："罕徂离宫而辍观游，土事不饰，木功不雕。"
	观赏	观看欣赏	70	焦延寿《焦氏易林注》："日就月将，昭明有功。灵台观赏，胶鼓作人。"
魏晋南北朝	观光	观览国之盛德光辉	1 001	鲍照《解褐谢侍郎表》："观光幽节，闻道朝年。"
	观感	看事物而引起感动	491	王弼、韩康伯《周易注疏》："圣人以神道设教，而天下服矣。统说观之为道，不以刑制使物，而以观感化物者也。"
	观看	参观，观察，观赏	192	杨炫之《洛阳伽蓝记》："此像一出，市井皆空，炎光辉赫，独绝世表。妙伎杂乐，亚于刘腾，城东士女，多来此寺观看也。"
	观风	风光	122	张正见《行经季子庙诗》："延州高让远，传芳世祀移。地绝遗金路，松悲悬剑枝。野藤侵沸井，山雨湿苔碑。别有观风处，乐奏无人知。"
	观睹	观看，欣赏	74	杨炫之《洛阳伽蓝记》："丑多亡日，像自然金色，光照四邻。一里之内，咸闻香气，僧俗长幼，皆来观睹。"
	观照	佛教语。指静观世界以智慧而照见事理	63	僧祐《弘明集》："言道家者岂不以二篇为主，言佛教者亦应以般若为宗。二篇所贵，义极虚无，般若所观照穷法性，虚无法性，其寂虽同，住寂之方，其旨则别论。"
	观瞩	观看	34	魏收《魏书·高允传》："其年四月，有事西郊，诏以御马车迎允就郊所板殿观瞩。马忽惊奔，车覆，伤眉三处。"
唐代	观感	看到事物以后所产生的印象和感想	524	柳宗元《上帝追摄王远知〈易总〉》："上元中，台州一道士王远知善易，于观感间曲尽微妙，善知人死生祸福，作《易总》十五卷，世秘其本。"
	观览	观赏，游览	309	韩愈《南山诗》："崎岖上轩昂，始得观览富。"
	观眺	观察眺望	50	李大师、李延寿《北史》："暨平世贤还，归桂镇，观眺山川形势。"

续表

语词最早出现的历史时期	语词	语词各种含义中与风景欣赏相关的	相应含义的语词数量	例句
后晋	观瞻	瞻望，观赏，观看	1 033	赵莹（主持编修）《旧唐书》："时有讦而言之，翻谓党邪丑直。天子毂下，嚣声沸腾，四方观瞻，何所取则。"
	观灯	观灯观看、欣赏花灯	898	赵莹（主持编修）《旧唐书》："丙寅上元夜，帝与皇后微行观灯。"
宋代	观玩	观赏玩味	98	赵希鹄《洞天清录》："怪石小而起峰，多有岩岫耸秀嵚嵌之状，可登几案观玩，亦奇物也。"
	观山玩水	游山玩水	9	耐得翁《御制题南宋都城纪胜》："正当尝胆卧薪日，却作观山玩水时。后市前朝夸富庶，歌楼酒馆斗笙丝。"
清代	观景	欣赏风景	2	谢启昆（修）《广西通志》："相传唐时李御史明远公登岩观景，遂隐形为神。"

唐代在此前提下又产生了三组相关语词，分别为"观感""观览"和"观眺"。如柳宗元《上帝追摄王远知〈易总〉》中有"上元中，台州一道士王远知善易，于观感间曲尽微妙，善知人死生祸福"，其中之"观感"为"观察分析人或事物所产生的印象和感想"之义；韩愈《南山诗》："崎岖上轩昂，始得观览富"，其中之"观览"为"观赏，游览"之义（图 1-4）。到了宋代，"观山玩水"与"观玩"这两组语词对山水游赏的审美表述则更为直接。如耐得翁的《御制题南宋都城纪胜》中有"正当尝胆卧薪日，却作观山玩水时"，赵希鹄的《洞天清录》中有"怪石小而起峰，多有岩岫耸秀嵚嵌之状，可登几案观玩，亦奇物也"，其中之"观山玩水"与"观玩"都是对风景审美实践的表述。

图 1-4　（唐）王维《辋川图》（局部）（北宋 郭宗恕 临）

（"独坐幽篁里，弹琴复长啸。深林人不知，明月来相照。"王维被奉为诗佛，此竹里馆之独坐幽篁与明月相照之意，正应前文观照之静寄，辋川别业二十景又何尝不是纵横连续的长卷，诗人又何止优游卒岁于其间，虽非王维原作，而画眼文心跃然纸上）

图 1-5　陶渊明诗意图（部分）清 石涛

（“采菊东篱下，悠然见南山。”历代陶诗集注均有望南山或见南山一段分辨，而无论望还是见，排除音韵平仄之嫌，若以一“观”字去解释，其义明白而又奥妙，后又辛稼轩一句明言了“我见青山多妩媚，料青山见我应如是”为证，虽同一“见”字，而实为情景互观。又若李白之“相看两不厌，只有敬亭山”，异曲同工言山人互为景观之意）

由此可见，先秦时期“观”从其本义“仔细看，观看”，发展成具有审美意义的“观赏，欣赏，观摩”和可表风景体验的“游览”之意。东汉时期，还具有与“景”相同的含义，宋代则直接用于表述空间环境之意。可以说，“观”的语义从一开始即与风景审美，与空间环境的内容紧密关联。春秋战国时期，与“观”相关且能表述风景审美含义的语词也已出现。魏晋时期，随着山水文化的产生，相关语词更加丰富，并已将“观世界”（包括风景）的意义上升到哲学境界。唐代至清代，“观”在中国山水文化中也一直用以表述与风景审美相关的行为方式（图 1–5）。

对此，我们可以从两个层面对“观”进行解读。一是从它的本义来看，为“观看，欣赏”之意，这主要强调的是“观”在人的视觉层面的审美体验。二是从它的“游玩”与“游览”之意来看，“观”还能体现出一种主体的沉思。它所描述的，是一项复杂的、深层次的、全方位的审美体验和审美感悟。这正如成中英先生在《易学本体论》中所说的，“观，是一种无穷丰富的概念，不能把它等同于任何单一的观察活动。观是视觉的，但我们可以把它等同于看听触尝闻情感等所有感觉的自然的统一体，观是一种普遍的，沉思的，创造性的观察”[①]。这也就是说，“观”能够用以综合表述人在风景审美活动中更复杂、更深入的行为和情感内容。这个特征是“观”与生俱来的，是潜藏于中国传统文化之中的。

因此，从中国文字与语词的演进历程来看，“景”不但始终与自然界中的客观事物息息相关，而且还具有整体空间环境和情境的意义。在发展过程中产生的很多语词都可用于表达风光、景致的含义。“观”则从一种视觉审美的行为“观看”，拓展为“欣赏”“游览”和“感悟”的含义，成为主要表述与风景审美实践相关的行为、思想及情感的语词。在发展过程中产生的诸多语词也都与风景审美活动密不可分。“景观”语词虽非构词成形于中国本土，但它的构成词素“景”和“观”在发展过程中，都一直与风景审美紧密

①王欣：《如画观法》，上海，同济大学出版社，2015。

关联，能体现出人与自然和谐相融的状态。

另外，如前所述，“景观”的颠倒词[①]“观景”在清代已具有“欣赏风景”的含义，与“景观”的含义极其相似。其实“观景”语词在汉代就已经出现，表达的是“看情形，看形势”的含义[②]，在宋代还具有了“观天象”的含义[③]。很明显，现代汉语中的“观景”与“景观”具有相类似的含义，只是各自强调的主体有所不同。这正如中国的风景建筑亭台楼阁塔，既是风景观赏的对象，又是观赏风景的场所，即具有风景审美活动中“观景”与“景观”的双重价值[④]。因此，从汉语颠倒词的组词现象来看，“景观”语词能得到大众认可并得以广泛流行也是具有深厚历史根基的。

三、由世界遗产“cultural landscape”（文化景观）引起的思考

“cultural landscape” 是由联合国教科文组织世界遗产委员会所确定的第四类世界遗产。“cultural landscape” 本是一个西方文化地理学界的概念，它可以说明人与自然之间的具体关系，反映可持续土地利用的技术，促进文化与可持续发展之间的牢固联系[⑤]。“cultural landscape”的核心是“自然和人类的共同作品”，表达了人类与其所在的自然环境之间的多种互动关系，可用以弥补自然与人文之间的裂痕，其类别包含三个方面：由人类有意设计和建筑的景观、有机进化的景观、联想性文化景观。目前，“cultural landscape”已成为当今文化遗产保护和规划的核心[⑥]和当前国际风景园林界和遗产界的热点[⑦]。

①在汉字中，有的字组合在一起反顺都能构成词语，被称为颠倒词，如“科学”与“学科”，“和平”与“平和”，“语言”与“言语”，“观景”与“景观”都属于颠倒词。颠倒词是汉语中的一种常见的用词现象，在先秦的《诗经》就已初现端倪，其词义可以相同、相似或相异。

②见王其亨、吴静子、赵大鹏的《景的释义》一文：观景有一层含义为看情形、看形势的含义，最早出现在东汉。东汉《前汉书》：“夫观景以谴形，非明王亦不能服听也。”

③见王其亨、吴静子、赵大鹏的《景的释义》一文：观景有一层含义为观天象的含义，最早出现在北宋。北宋《文苑英华》：“登台窥天，庶无乖于经纪；观景致日，方不越于躔次。”

④吴静子，王其亨：《中国风景概念史研究（先秦至魏晋南北朝）》，天津，天津大学出版社，2019。

⑤Mechtild Rössler，Roland Chih-Hung Lin：“Cultural Landscape in World Heritage Conservation and Cultural Landscape Conservation Challenges in Asia”，“Built Heritage”，2018（3）：P3-26。

⑥肯·泰勒：《文化景观与亚洲价值：寻求从国际经验到亚洲框架的转变》，韩锋，田丰，译，载《中国园林》，2007（11），4~9页。

⑦韩锋：《世界遗产文化景观及其国际新动向》，载《中国园林》，2007（11），18~21页。

正如前文所述，对于“cultural landscape” 这个概念，不是译作“文化风景”，也不是译作“文化风景园林”，而是译为“文化景观”，恰恰证明“景观”这个语词有它存在的合理性：能与国际接轨，在全世界范围内达成共识，又能与中华民族固有的文化体系相融，将文化内涵传承。但是，对于译文“文化景观”中“文化”与“景观”的关系也存在过异议。究其根本原因，在于东西方存在着两种截然不同的哲学观和自然观，导致东西方对文化景观概念及景观文化性理解的不一致[①]。

在中文语境里的“景观”，本就涵盖了自然与文化的双重内容，比英文中的“landscape”所包含的内容更广泛，体现出更多的文化意义和人文内涵。在西方学术界，对“景观”概念的理解与定义并不完全一致。英语中的“景观”为“landscape”，对应于法语中的“paysage”和荷兰语中的“landschap”。荷兰语中的“landschap”被视为现代英语landscape的同源词，最初的含义与土地、乡间、地域、地区或区域等相关，而与自然风景或景色无关[②]。在16世纪中后期到17世纪，荷兰语“landschap”的含义演变成为陆地自然风景画（图1-6）。约于16世纪与17世纪之交，荷兰语“landschap”作为描述自然景色，特别是田园景色的绘画术语被引入英语，演变成现代英语的“landscape”一词[③④]。根据《牛津英语词典》中的定义，

图1-6 《林荫道》，由荷兰杰出的风景画画家霍贝玛（1638—1709）制作（极为平凡、朴素的乡下风景）

①吴欣：《山水之境：中国文化中的风景园林》，北京，生活·读书·新知三联书店，2015。

②黄清平，王晓俊：《略论landscape一词释义与翻译》，载《世界林业研究》，1999（1），74~77页。

③“The Oxford English Dictionary”. The Oxford University Press，1993，P53~54.“Longman Dictionary of Geography”. Geographical Publications Limited，1985，335~336. Monkhouse F J and Small J（eds）：“A Dictionary of Geography and the Natural Environment”，Edward Arnold Pubs，Ltd.，1983，P174. 转引自林广思：《景观词义的演变与辨析》，载《中国园林》，2006，6（9），42~45页；黄清平，王晓俊：《略论landscape一词释义与翻译》，载《世界林业研究》，1999，6（9），74~77页。

④林广思：《景观词义的演变与辨析》，载《中国园林》，2006（9），42~45页。

"landscape" 从广义来讲，用以表述"内陆自然风景或其在绘画作品中的表现"①，与荷兰语 landschap 类似，都与自然风景相关。法语中"paysage"的含义主要包括"观察者可以看到的一个国家的部分""某种类型的地理空间"以及"一幅风景画，一幅代表自然的画"②，也与现代英语"landscape"表述的地理学内容及自然风景画内涵相近。

由此可见，西方语境中的"景观"主要还是与"自然风景"或"自然风景画"相对应。因此，18 世纪中叶在英国流行，而后风靡整个欧洲的"landscape garden"对等中文的翻译为"自然风景式园林"是比较准确的（图 1–7）。"landscape"主要对应的是"自然风景"或"自然风景画"，"landscape"一词并不能直接对等于中文中的"景观"（或"风景"）。③

图 1–7　英国自然风景式园林的代表作《皇家植物园（邱园）》

（其中的中国式宝塔由建筑师钱伯斯设计，是邱园南部的视觉中心。主体人文构筑物宝塔与背景自然环境，相映成趣，和谐优美。同时也展现出中国风景建筑——塔的观景与景观双重审美价值）

因此，无论西方的"landscape"，还是前文提到的早期日本的翻译，语义都不等同于中文的"景观"。既然不等同，那么从文化认同上讲，在当代中国使用"景观"语词并不是单纯地翻译拿来，即"拿来"的只是"词形"而非"词义"，"景观"一词一旦进入中国，其词义早就在实践活动中化用了中国文化的内涵。查阅《日本国语大辞典》《数码大辞泉》《不列颠国际大百科全书》，发现跟《辞海》一样，伴随着社会发展，"景观"语词在不断地被不同国家创造性地再解释，录入了更多包含人文景观与文化景观的解释或类语。

①引自在线英语牛津词典：Home：Oxford English Dictionary (oed.com)．"landscape"的含义如下。ⓐ A picture representing natural inland scenery, as distinguished from a sea picture, a portrait the background of scenery in a portrait or figurepainting. Obsolete. ⓑ A view or prospect of natural inland scenery, such as can be taken in at a glance from one point of view; a piece of country scenery. A tract of land with its distinguishing characteristics and features, esp. considered as a product of modifying or shaping processes and agents（usually natural）. ⓒ In generalized sense（from 1, 2）: Inland natural scenery, or its representation in painting.

②Rey, Alain："Le Petit Robert Micro：Dictionnaire D'apprentissage de la Langue Française", Paris: Le Robert, 2014.

③"文化景观"这一语词，尽管在 20 世纪 60 年代的中国也已出现，但其意强调的是景观的文化性，并非指文化类景观。根据第二版《辞海（未定稿本）》中的释义，"文化景观"是景观学中常用的术语；相对于自然景观而言；是人类为某种实践的需要有意识地按自然规律创造的景观，如荒漠中的绿洲、牧场、种植园等。在人类的经常影响下，文化景观的发展方向，既制约于自然规律，又决定于不同社会制度下人类对自然干预的程度和方式。这个含义一直延续到 2020 年第七版的《辞海》都没有太大的改变。也就是说，在中文语境里的文化景观，侧重于强调的是景观的文化性。

四、结语

20 世纪 40—60 年代，“景观”语词从日本传入中国并迅速产生影响而日渐流行，主要原因在于“景观”语词本身积淀了中华民族卓越的智慧，它的独立性也是历久弥新的，既能表达各种带有审美意义的客体，又能表述人的各种风景审美行为、情感及思维。现代汉语“景观”语词虽构词成形于日本，但日语字词与传统中文字词本身就有着不可忽略的历史渊源，词素“景”与“观”更是渊源于中国，相关的内涵早已拔萃于中国。在当代中文语境中，“景观”自然而然地有着中国自身特色的意义，承继了深厚的文化基因，在当代汉语及学科概念中使用“景观”，并没有偏离中国人的人文追求与文化传承的精神，所谓“外来词”这个帽子其实不用戴也扣不上。1992 年，联合国教科文组织世界遗产委员会提出的第四类遗产“cultural landscape”译为“文化景观”，是与中国文化一脉相承的，也易于达成全世界范围的共识，尽管这个翻译的用语也许还不够精准，但“景观”一词确已发展成为一个适宜国际交流的通用语词符号。因此，我们理应与时俱进地再解释“景观”语词的文化内涵，使之在汉语言环境里达成高度的文化认同，并在中国风景园林学科及世界文化交流中非常自信地使用“景观”一词。将“景观”作为专业名称与西方 LA 专业对应，明确其传统文化性与实践意义的当代性，既能体现文化的传承，又更有利于学科的发展和与世界接轨。准确的概念名称能够正确反映事物的内涵和本质，我们只有站在一个更具包容性的高度来审视我们的学科及行业，才能更好地在世界的舞台上展现中国古代风景审美文化的独特魅力，促进“Landscape Architecture”这样一门综合性学科的发展。

第二节 先秦至魏晋南北朝的“景观”概念

一、“景观”相关语词统计

语言、文字和名词是人类获得文化思维的一种本质性、本体性的存在。为了确定能够反映先秦至魏晋南北朝时期表示景观概念的热点语词，笔者一方面根据当今相关专业学者对景观概念的理解，尝试在他们的研究和文献中搜寻相近含义的语词；另一方面，通过反复阅读先秦至魏晋南北朝时期的原典文献，感受能表达景观含义相关语词的语境。结合这两种方法，笔者统计出用词频率相对较高的代表性语词：风水、风土、风景、风光、风物、景物、景色、景致、造园、地景、景象、景园和山水。这些用以表述景观概念的语词已长期被学界使用并熟知，基本覆盖了先秦至魏晋南北朝时期景观概念的全貌。

有一点需要强调：语言中的词与词素是随着词汇的发展而变化的。就汉语而言，最初，语言中的词汇绝大多数都是单音词[①]，有很多单音节[②]的成分在古代汉语中往往既能充当词素[③]，又能单独构成一个充当造句单位的词来表述概念。但是，随着汉语词汇由单音向复音化的发展，许多在古汉语中可以充当造句单位的成分，在现代汉语中却不能再独立用来造句了。也就是说，古汉语多以单音词来表达概念，现代汉语则多以双音词[④]、复音词[⑤]来表达。汉语构词法的发展是沿着单音词到双音词、复音词的道路前进的。现代汉语中所有的双音词、复音词所表达的概念和含义都起源于古代的单音词。基于这点，现在我们探索中国古人的思维规律，也必然要遵循汉语词汇发展的内在规律和现代人使用词汇的习惯，以双音词和复音词，而不是以单音词为语词研究的对象。在中国当代风景园林专业常用语汇中，使用频率较高、能得到学者普遍认同并与中国古代思维相关联的，也就是下文将要论述的这13组语词。

1. 先秦“景观”概念相关语词[⑥]

a. 风水：1/1（在1部原典文献中出现1次，记为1/1，下同）。

“风水”在此的含义为“风和水、风和雨”。共1条。《易经》中的第五十九卦“涣”中的“风水涣”。

b. 风土：1/1。

“风土”在此的含义为“一方的气候和土地”。共1条。《国语・周语上》，“是日也，瞽帅、音官以（省）风土。廪于籍东南，钟而藏之，而时布之于农”。

①单音词即在语音形式上只有一个音节的词。在汉语里，一个汉字就代表一个音节，所以由一个字构成的词也就是单音词。这是古代汉语构词的重要方式。

②单音节指一个音节，只由一个音节构成。

③词素是词的构成成分，是从词中分出来的最小的音义结合单位。

④双音词指在语音形式上有两个音节的词，用两个汉字记录的词。

⑤复音词指在语音形式上有两个以上音节的词，用两个以上汉字记录的词。

⑥相匹配语词的文献包括：《山海经》《国语》《诗序》《易经》《墨子》《战国策》《竹书纪年》《管子》。

c. 风景：0/0。

d. 风光：0/0。

e. 风物：0/0。

f. 景物：0/0。

g. 景色：0/0。

h. 景致：0/0。

i. 景象：0/0。

j. 造园：0/0。

k. 地景：0/0。

l. 景园：0/0。

m. 山水：4/4。

“山水”在此的含义有三种。其一，山和水，共 1 条。其二，山中之水，共 2 条。其三，泛指有山有水的地理环境，共 1 条。

《山海经》：“后稷之葬，山水环之。”

【统计小结】

先秦时期，大部分景观概念相关语词如风景、风光、风物、景物、景色、景致、景象、造园、地景、景园在文献中还没出现。山水、风水、风土这 3 组语词已经在文献中出现，但用词频率非常低，词频按从高到低的顺序排列为：山水 4 条、风土 1 条、风水 1 条（图 1–8）。其中绝大部分含义都是指称自然界中的某类客观存在物，与景观概念无关。如：风水仅表“风和水、风和雨”含义；风土仅表“一方的气候和土地”含义。山水在此的含义有三种，分别为“山和水”“山中之水”与“泛指有山有水的地理环境”。其中“泛指有山有水的地理环境”这层含义尽管用词频率极低（仅出现一次，占所有含义比重 16.7%，见图 1–9），但在此已很明显是用以表述“景观”的概念，体现出整体环境审美的意义。“山水”的这个词义实际集结了先秦将山、水放到一个共同景域下审美的价值和意义。在相关文献中，这样的描述更比比皆是。尽管这个词义在先秦时期仅出现一次，但是它代表了一个整体的背景，也预示了在魏晋南北朝时期，“山水”语词能被更为精练和深刻地表述风景审美的概念。

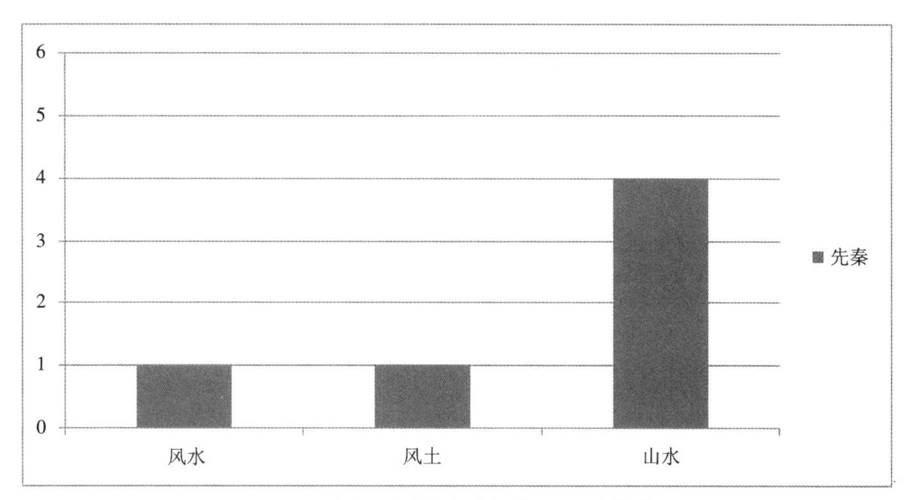

图 1-8　先秦“景观”概念相关语词词频柱状图

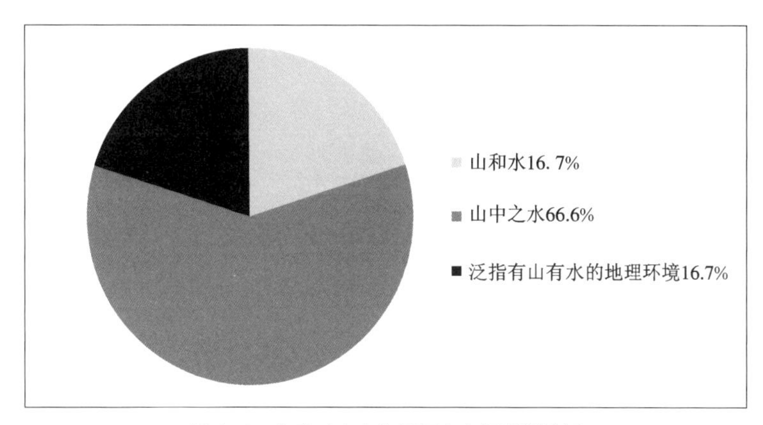

图 1-9　先秦“山水”语词含义词频饼状图

2. 秦汉“风景”概念相关语词[①]

a. 风水：59/8。

“风水”在此的含义有三种。其一，中医学病症名。共 43 条。如《金匮要略论注》：“师曰：‘病有风水，有皮水，有正水，有石水，有黄汗。’”其二，风所吹之露水。共 12 条。如《淮南鸿烈解》：“天子衣青衣，乘苍龙，服苍玉，建青旗，食麦与羊，服八风水，爨萁燧火，东宫御女青色，衣青采，鼓琴瑟。”其三，风和水、风和雨。共 4 条。如《蔡中郎集》：“月蚀地动，风水不时，疾疠流行，迅风折树，河洛盛溢。”

①相匹配语词的文献包括：《金匮要略论注》《灵棋经》《京氏易传》《淮南鸿烈解》《蔡中郎集》《孟子注疏》《东观汉记》《汉书》《易纬通卦验》《尚书注疏》《释名》《前汉纪》《战国策》《新语》《焦氏易林》《论衡》。

b. 风土：9/6。

“风土”在此的含义为“风俗习惯及地理环境”。共 9 条。如《东观汉记》：“上尝召见诸郡计吏，问其风土及前后守令能否。”

c. 风景：0/0。

d. 风光：0/0。

e. 风物：0/0。

f. 景物：0/0。

g. 景色：0/0。

h. 景致：0/0。

i. 景象：5/3。

“景象”在此的含义为“迹象”。共 5 条。如《汉书》：“著见景象，屑然如有闻。”

j. 造园：0/0。

k. 地景：0/0。

l. 景园：0/0。

m. 山水：26/9。

“山水”在此的含义有三种。其一，山中之水，共 13 条。其二，山和水，共 10 条。其三，山水之神，共 3 条。

【统计小结】

秦汉时期，大部分景观概念相关语词如风景、风光、风物、景物、景色、景致、造园、地景、景园在文献中还没出现。另外 4 组语词山水、风水、风土、景象中，使用频率最高的是风水，达到 59 次；其次是山水，达到 26 次；再次是风土和景象，各为 9 次和 5 次（图 1–10）。但基本这些语词都只是指称自然界中的某类客观存在物，与景观概念含义无关：风水有“中医学病症名”“风所吹之露水”和“风和水、风和雨”这三种含义；山水有“山中之水”“山和水”和“山水之神”这三种含义；风土在此的含义为“风俗习惯及地理环境”；景象在此的含义为“迹象”。由此可见，秦汉时期，没有能用以表述当代汉语中“景观”概念的专有语词。

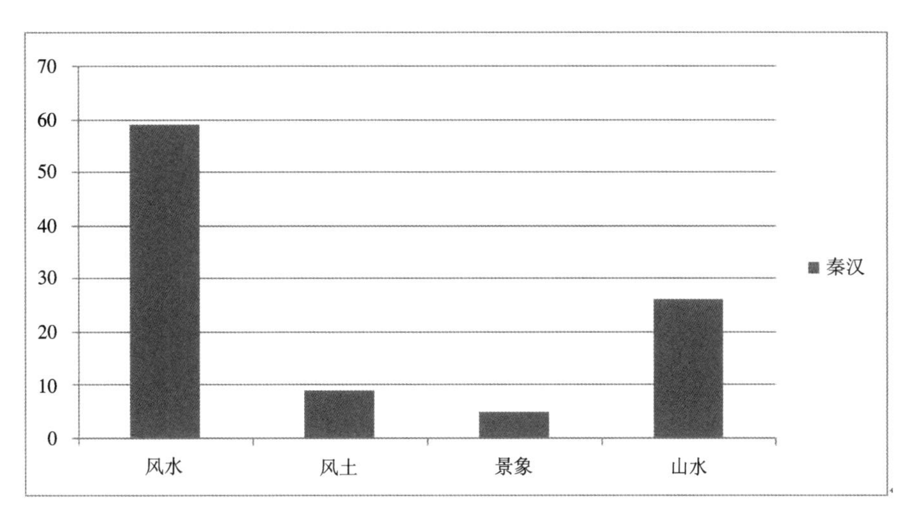

图 1-10　秦汉“景观”概念相关语词词频柱状图

3. 魏晋南北朝“风景”概念相关语词[①]

a. 风水：37/11。

“风水”在此的含义有两种。其一，中医学病症名。共 15 条。如《针灸甲乙经》：“肝肾脉并沉为石水，并浮为风水，并虚为死，并小弦欲为惊。”其二，风和水、风和雨。共 22 条。如《宋书》：“伟哉横海鳞，壮矣垂天翼，一旦失风水，翻为蝼蚁食。”

b. 风土：56/15

“风土”在此的含义有两种。其一，风俗习惯及地理环境。共 49 条。如《后汉书》：“武帝平之，内属桂阳。民居深山，滨溪谷，习其风土，不出田租。”其二，被风吹起的尘土。共 7 条。如《齐民要术》：“高屋厨上晒经一日，莫使风土秽污，乃平量曲一斗。”

c. 风景：19/10。

“风景”在此的含义有两种。其一，风光景致。共 13 条。如《世说新语》：“周侯中坐而叹曰：‘风景不殊，正自有山河之异。’”其二，天气。共 6 条。如《金楼子》：“初婚之日，风景韶和，末乃觉异，妻至门而疾风大起。”（图 1-11）

d. 风光：13/12。

①相匹配语词的文献包括：《宋书》《南齐书》《十六国春秋》《针灸甲乙经》《肘后备急方》《弘明集》《陶渊明集》《陆氏诗疏广要》《后汉书》《魏书》《华阳国志》《水经注》《洛阳伽蓝记》《荆楚岁时记》《齐民要术》《世说新语》《陆士龙集》《庾开府集笺注》《庾子山集》《文选注》《六臣注文选》《刘彦昺集》《鲍明远集》《金楼子》《谢宣城集》《何水部集》《江文通集》《徐孝穆集笺注》《玉台新咏》《昭明太子集》《灵台秘苑》《春秋左传注疏》《史记》《史记集解》《三国志》《竹书纪年》《葬书》《京氏易传》《搜神后记》《博物志》《抱朴子内外篇》《真诰》《文心雕龙》。

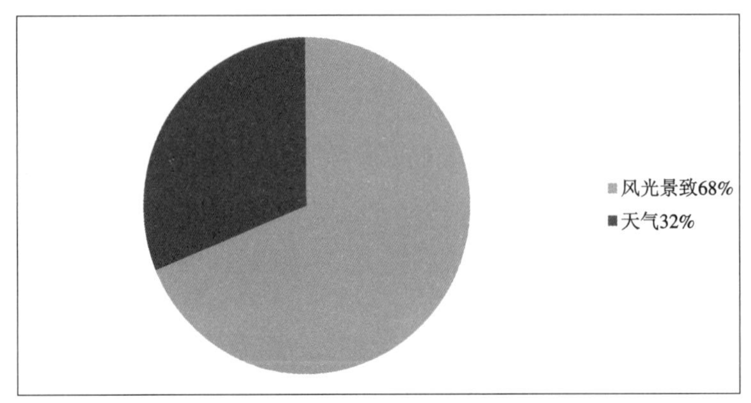

图 1-11　魏晋南北朝“风景”词语含义词频饼状图

“风光”在此的含义有两种。其一，风以及草木上反射出的光。共 12 条。如《和徐都曹出新亭渚诗》：“日华川上动，风光草际浮。”其二，人美好的仪态举止。共 1 条。《宋书》：“先太妃德履端华，徽景明峻，风光宸掖，训流国闱。”

e. 风物：6/3。

“风物”在此的含义有两种。其一，风光景致。共 5 条。如《陶渊明集》：“辛丑正月五日，天气澄和，风物闲美，与二三邻曲同游斜川，临长流，望曾城。”其二，风俗，习俗。共 1 条。《荆楚岁时记》：“以录荆楚岁时之风物、故事，自元日至除日，凡二十余事。”

f. 景物：6/6

“景物”在此的含义有两种。其一，风光景致。共 5 条。如《陆士龙集》：“时文唯晋，天祚有祥。圣宰作弼，受言既臧。有赫斯庸，勋格昊苍。景物台晖，栋隆玉堂。”其二，天气。共 1 条。《陶渊明集》：“时运，游暮春也，春服既成，景物斯和，偶影独游，欣慨交心。”

g. 景色：3/2。

“景色”在此的含义为“天气”。共 3 条。如《灵台秘苑》：“若风止有雨，景色温和，则不为征伐。”

h. 景致：0/0。

i. 景象：4/2。

“景象”在此的含义为“形状，形象”。共 4 条。如《后汉书》：“爱剑初藏穴中，秦人焚之，有景象如虎，为其蔽火，得以不死。”

j. 造园：0/0。

k. 地景：0/0。

l. 景园：0/0。

m. 山水：193/34。

“山水”在此的含义有三种。其一，泛指有山有水的风景，共60条。如《宋书》：“太祖宠爱殊常，为立第子鸡笼山，尽山水之美。”其二，山中之水，共85条。其三，山和水，共48条。（图1–12）

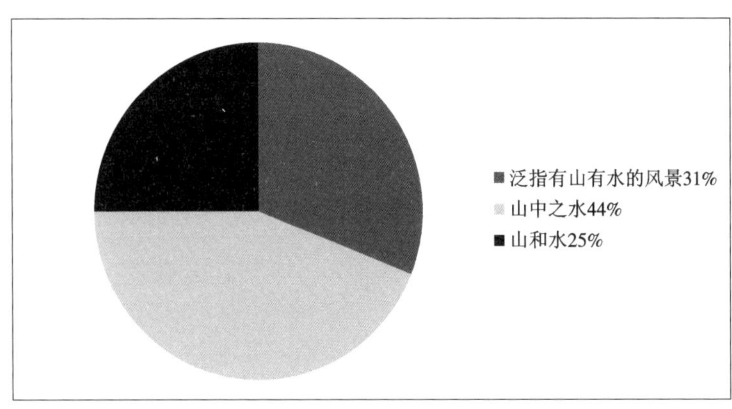

图1–12　魏晋南北朝“山水”语词含义词频饼状图

【统计小结】

魏晋南北朝时期，景观概念相关语词共有9组（图1–13）。其中4组已经具有景观的含义，按词频高低顺序排列为：山水，60次；风景，13次；风物和景物，各5次（图1–14）。另外，风土在此时还具有“风俗习惯及地理环境”的含义，但相对于景观含义来说，其是关于地理人情的客观介绍和描述，与以自然风物为主体欣赏和审美的内容和含义有差别。风水、风光、景色和景象这4组词虽然在此时不具有风景的审美含义，但其含义还是延续了先秦以来的传统，大都是指称自然界中的某类客观事物或状态。按照其在文献中的使用频率从高至低的顺序排列为：风水，达到22次；风光，达到12次；景象，达到4次；景色，达到3次。风水有“中医学病症名”和“风和水、风和雨”这两种含义；景色在此的含义为“天气”；景象在此的含义为“形状，形象”。其余4组语词景致、造园、景园、地景在文献中未曾出现。由此可见，此时山水审美的发展促成了景观概念相关语词的发展，其中“山水”和“风景”这两组语词的使用频率最高，成为当时表述景观概念的最热点语词。

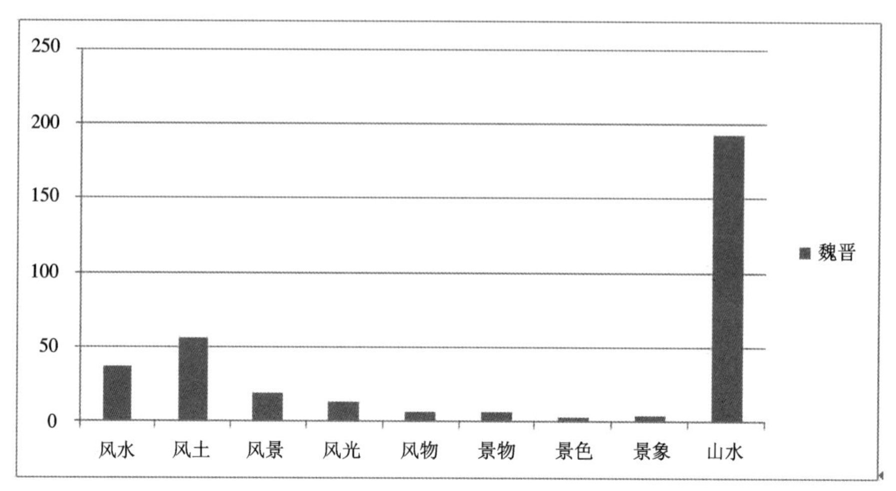

图 1-13 魏晋南北朝“景观”概念相关语词词频柱状图

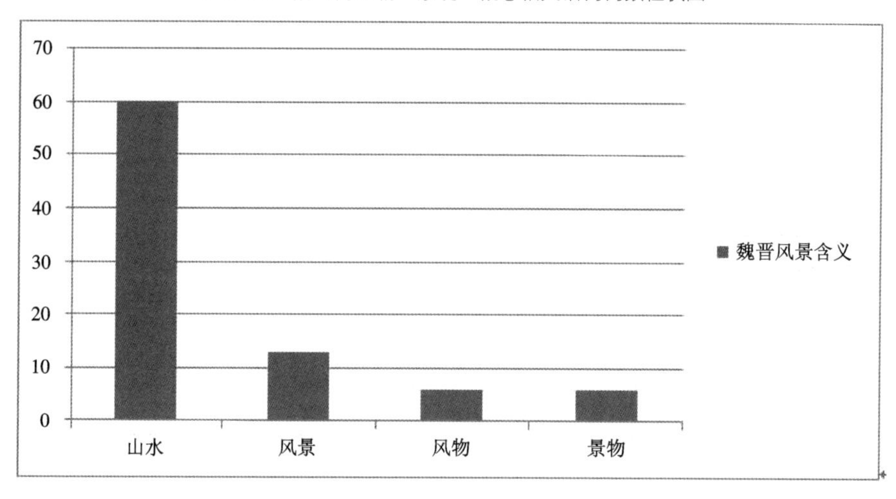

图 1-14 魏晋南北朝具有“景观”含义语词词频柱状图

4. 总结

根据前文的统计和分析，可以得出这样的结论：先秦时期，用以表述景观概念的专有名词“山水”已经出现；秦汉时期，却没发现能用以表述景观概念的专有语词；直至魏晋南北朝，随着山水文化的形成和发展，同时也是延续了先秦的思维方式，山水、风景、风物和景物都可用以表述景观的概念，而其中尤以“山水”和“风景”这两组语词的词频最高，最具典型性。根据相关数据的统计和梳理，笔者认为，山水和风景在这些语词中最能体现中国古人的思维传承，最适合用以表述当代汉语中的“景观”概念。

二、“山水”“风景”词频、语义与词源分析

同时，笔者也注意到，在“山水”与“风景”的词频统计中，具有当代汉语中“景观”含义的“山水”语词词频远高于“风景”一词（图 1-15）。

如前所述，“山水”语词在先秦时期便用以概括当代汉语中的“景观”概念，体现出整体环境审美的意蕴，魏晋南北朝时期则表现得更为精练和深刻。“风景”语词直至魏晋南北朝时期才用以表述与风景相关的内容，具有风景审美的意义。也就是说，至魏晋南北朝时期，“山水”与“风景”才都同时能用以表述当代汉语中的“景观”概念。因此，要比较“山水”与“风景”两组语词的词频，必须以魏晋南北朝为起始。另外，宋代中国的风景审美文化达到巅峰（图 1-16），明、清只是这种状态的延续，未有开拓性的进展。同时，又囿于笔者的时间和精力，语词的整体数据统计截至宋代[①]。宋代以后，

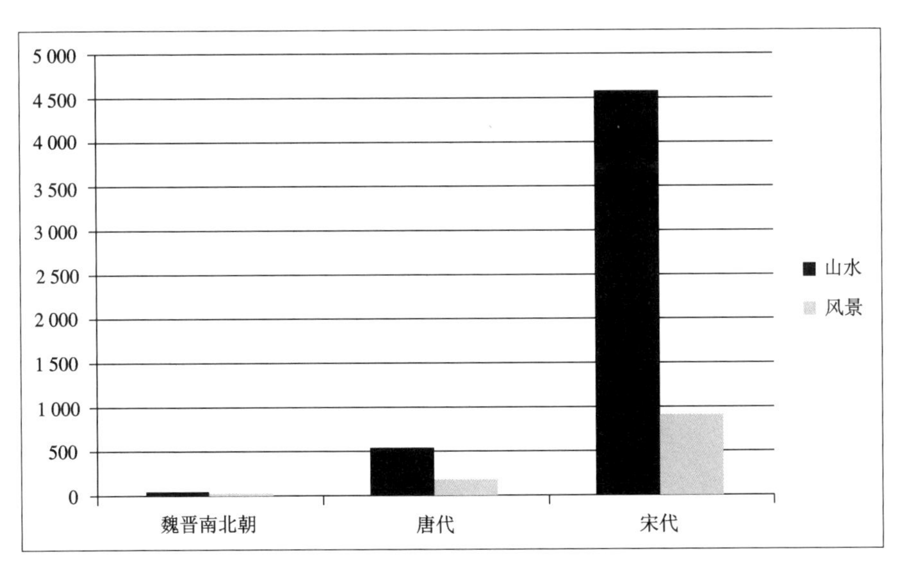

图 1-15　山水、风景语词词频统计柱状图（魏晋南北朝至宋代）

①鉴于“景”在中国风景概念中的重要性及与“风景”语词的关联性，本书将着重分析在这个历史时期与“景”相关语词的使用和发展情况。

范宽《雪景寒林图》（天津博物馆藏）

燕肃《春山图》（北京故宫博物院藏）

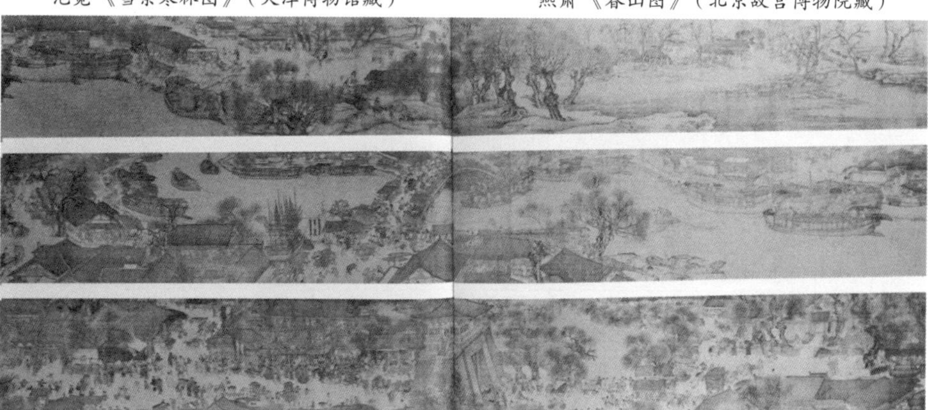

张择端《清明上河图》（北京故宫博物院藏）

郭熙《窠石平远图》（北京故宫博物院藏）

图1 16　宋代山水图
（引自《中国山水画全集 上卷》）

笔者通过精选典例的方式对“山水”及“风景”语词进行详细地剖析研究。通过这种整体与局部相结合的方式进行语词梳理，也基本能概括出“风景”与“山水”语词在这段历史时期的发展脉络。

1. 山水、风景词频统计（魏晋南北朝至宋代）

1）山水（共 5 190 条）

a. 魏晋南北朝：共 60 条。如《宋书》：“前后凡十三年，游玩山水，甚得适性，转在义兴，非其好也，顷之，又称病笃自免归。”

b. 唐代：共 552 条。如《晋书》：“迈是好山水之人，本无道术。”

c. 宋代：共 4 578 条。如《续资治通鉴长编》：“乃还洛，放旷山水，与布衣辈携妓载酒以自适。”

2）风景（共 1 111 条）

a. 魏晋南北朝：共 13 条。如《新治北窗和何从事诗》：“国小暇日多，民淳纷务屏。辟牖期清旷，开帘候风景。”

b. 唐代：共 181 条。如《江南逢李龟年》：“正是江南好风景，落花时节又逢君。”

c. 宋代：共 917 条。如《东坡全集》：“渐入西南风景变，道边修竹水潺潺。”

从词频统计来看，从魏晋南北朝至宋代，“山水”语词始终都适用于表述当代汉语中“景观”的含义，而且随着时间的推移，语词数量不断增多，这同魏晋以降山水文化的蓬勃发展，山水诗画的盛行这一文化现象正相吻合。而“风景”语词在文献中的绝对数量要远少于“山水”语词，所以能表述当代汉语中“风景”含义的语词数量就要要少。同时，通过研究汉语语言的用法，笔者发现，统计中的大量具有此类含义的“山水”语词，并不都是作为名词出现，而是被当作动词或充当状语。这种古汉语的语法习惯也是导致唐宋以来，具有当代汉语中“景观”含义的“山水”语词数量大大增加的一个主要原因。也就是说，在笔者统计的具有此类含义的“山水”语词中，有大量语词实际上是表示一种游览山水风景或描画山水风景、营造山水景园的动态语义或状态意义。如诗文中常出现的“性好山水”，此处之“山水”就应该理解为“游览山水风景”之意。

2. 山水、风景语义分析

总的说来，就中国传统历史文化语境而论，从先秦至宋代，“山水”语词是所有能表述当代汉语中“景观”概念的相关语词中时间跨度最长、词频最高的。也就是说，在这段历史时期，古人都习以“山水”语词来表述“景观”的概念，体现环境审美的内容。所以可以说，以“山水”语词表述当代汉语中“景观”的概念，具有深厚的历史文化基因。也可以说，中国古代文献中所言之“山水”，具有现代语中“景观”的意义。

其实，“山水”即是中国当代汉语中“景观”概念内容的源头，而且始终都是中国风景审美的主体。只要与风景、景观相关的内容，都可以用山水来涵盖。如钱学森于1990年提出的山水城市理念，就是以“山水”来涵盖整体的风景、景观内容。在这里，山水城市即是在中国传统“天人合一”哲学观、山水自然观基础上提出的城市构想。吴良镛认为:“山水城市是提倡人工环境与自然环境相协调发展的,其最终目的在于建立‘人工环境’与‘自然环境’相融合的人类聚居环境。”胡俊也认为，山水城市所倡导的是人文形态与自然形态在风景规划设计上的巧妙融合，山水城市的特色是使城市的自然风貌与城市的人文景观融为一体。此山水城市中之“山水”，正是中国当代汉语“景观”概念中人文与自然和谐、有机、统一的特征的体现。可见在当代学术界，学者们一致认为以山水语词表述当代汉语中的“景观”概念及相关内容，是具有一定的历史和现实意义的。

但是，为什么在当代学术界，“风景”语词却比山水语词使用得更为广泛？宋代以后，中国古人的语言习惯和思维规律是否有所改变？这也需要结合相应历史时期的文献典例分析判断。限于笔者的时间和精力，笔者仅选取宋代及明代的风景园林类典例《林泉高致》和《园冶》进行研究，以探讨“山水”与“风景”语词的使用及发展状况。

（1）典例中的“山水”“风景”和“景”

1）《林泉高致》[①]（宋代）

a. 山水：共19条。如：“君子之所以爱夫山水者，其旨安在？丘园，养素所常处也；

①《林泉高致》是中国北宋时期论述山水画创作的重要专著。它是北宋著名画家、绘画理论家郭熙对山水画创作的经验总结，由其子郭思整理而成。此书完整地探讨了山水画创作的各个方面(包括山水画艺术的起源、功用及审美方式等)，汇聚了郭熙卓越的山水审美艺术见解，阐前人所未发，因此被视为我国现知最早的较为系统、完备且具有代表性的山水审美理论著作，在画界、美学界和建筑界，向被推崇，殊多引征阐发，影响弥深。

泉石，啸傲所常乐也。”又如：“画山水有体，铺舒为宏图而无余，消缩为小景而不少。看山水亦有体，以林泉之心临之则价高，以骄侈之目临之则价低。”

b. 风景：共 0 条。

c. 景：共 17 条。如：“正面溪山林木盘折，委曲铺设，其景而来不厌其详，所以足人目之近寻也。”又如：“余因暇日，阅晋唐古今诗什，其中佳句，有道尽人腹中之事，有装出人目前之景，然不因静居燕坐，明窗净几，一炷炉香，万虑消沉，则佳句好意亦看不出，幽情美趣亦想不成，即画之主意，亦岂易及乎！”

2）《园冶》①（明代）

a. 山水：共 1 条。“游燕及楚，中岁归吴（江苏），择居润州。环润皆佳山水，润之好事者，取石巧者置竹木间为假山，予偶观之，为发一笑。”

b. 风景：共 0 条。

c. 景：共 25 条。如：“‘借’者：园虽别内外，得景则无拘远近，晴峦耸秀，绀宇凌空，极目所至，俗则屏之，嘉则收之，不分町畽，尽为烟景，斯所谓‘巧而得体’者也。”

从上文的典例研究结果来看，《林泉高致》中“山水”共出现 19 次，《园冶》中“山水”仅出现 1 次，但两书中都没有“风景”语词。不过，“景”的词频较高，分别为 17 次和 25 次（图 1–17）。由此可见，在山水文化大兴的宋代，中国古人还是更侧重以“山水”语词来表述当代汉语中的“景观”含义，这与前文有关宋代“山水”语词统计的结果一致②。

另外，《林泉高致》中所言“世之笃论，谓山水有可行者，有可望者，有可游者，有可居者。画凡至此，皆入妙品”，主要讲的是山水画的几种境界。“可行”“可望”“可游”“可居”是山水审美的更高要求。“可行”体现的是所绘山水自然风光栩栩如生、身临其境的可达性；“可望”是从整体对山水格局的把握和观望；“可游”指的则是在实际的山水中随着时空的变幻，体验风景的细微变化；“可居”正是君子归隐林泉、“卧

①《园冶》是明末造园艺术家计成的不朽之作，中国古代历史上第一部造园巨著，也是第一本有关园林艺术理论的专著。它的划时代意义，已为世人所公认。明代著名画家郑元勋曾说：“今日之国能，即他日之规矩，安之不与《考工记》并为脍炙乎？”可见其对《园冶》的评价极高。此书论述了宅园、别墅营建的原理和具体手法，反映了中国古代造园的成就，总结了造园的相关经验，是一部研究古代园林艺术的重要著作，并为后世的园林建造提供了理论基础及可供模仿的范本。

②如《林泉高致·山水训》中所言“真山水”“画山水”“看山水”“爱山水”中之“山水”都是同义，即与现代汉语中“景观”的含义相同。

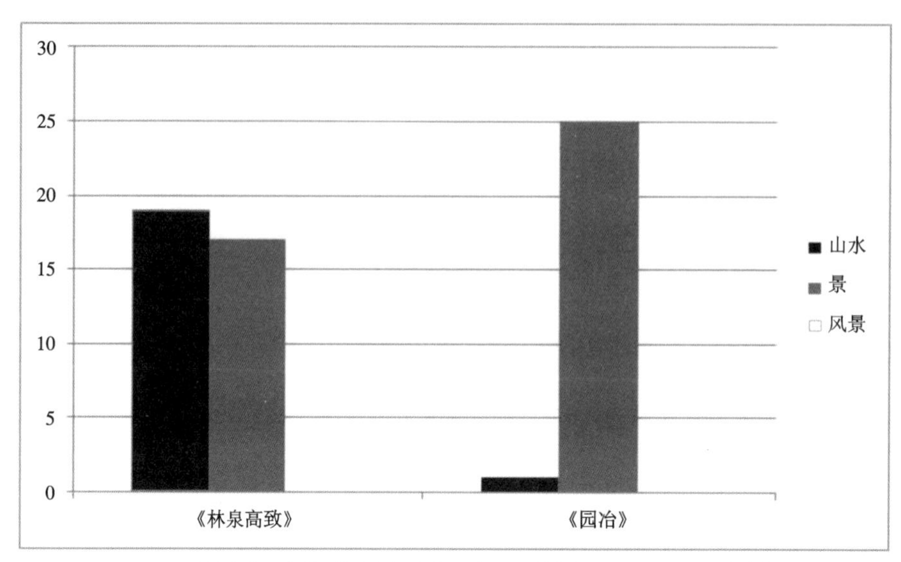

图 1-17 《林泉高致》和《园冶》中的山水、风景和景三组语词词频统计柱状图

游山水”的体现。其中“可游”“可居”最终落实于人居环境，构成中国古典园林的核心。“可行”“可望”“可游”“可居”这些针对“山水”而展开的审美行为方式，也正体现出中国景观概念的基本立场：对于同一个客观参照物从不同的行为方式切入，能获得不同的审美效果和审美体验。这从另一个侧面证明中国古代所言之“山水”，即为中国现代汉语“景观”的同义语。

正如前文所述，尽管“风景”语词从魏晋南北朝开始就用以表述当代汉语中的“景观”概念，但相对于当时的热点语词“山水”来讲，词频却低很多（在这两部典例中甚至都没出现）。作为“风景”语词词素的“景”，却一直是中国人风景审美活动的重要范畴，与“山水”相比较，更备受关注。在宋代的《林泉高致》中，“山水”与“景”的数量基本一致（如其中之“小景”“四时之景”“掇景”“定景”“晚景”“云景”等）。而在明代的《园冶》中，“山水”与“景”出现的次数相差悬殊，分别为 1 次和 25 次（如其中之“得景”“烟景”“借景”“即景”“摘景”“对景”“取景”等）。可见，文中关于园林设计的构思与考量，都在围绕“景”而运行，“景”在中国古人景观概念中的意义举足轻重。由此可知，尽管“风景”语词不是这两部典籍的热点语汇，但“景”却完全能用以概括中国古人的风景审美行为与实践活动[①]，为当代汉语中的“景观”概念奠定基础。

①“风景”与“景”的关系也完全符合前文所言之汉语语言的发展规律：古汉语多以单音词表述概念，现代汉语多以双音词表述概念。随着语言的发展，“风景”渐渐取代“景”，能更准确、更清晰地表述“风光、景致”的含义。

在现代社会，“山水”语词也很少被用来表述景观的含义，多是被“景观”和“风景”语词取代。这正如法国哲学家、汉学家朱利安所说：“无论是描述欧洲人共同指称的‘自然’，或是与其相关的绘画门类，汉语中与‘风景’一词对应的是‘山水’或‘山川’（现代汉语中还把‘风景画’称作‘山水画’）。”[①] 西方在翻译中国“山水画”之时，就是将其中之“山水”译为“landscape”，与“风景画”之“风景”同义。而“landscape”一词，在词典中即翻译为“风景”“景色”之义[②]。

为什么在现代社会，“景观”和“风景”语词能够一跃而起超过“山水”语词，成为当代学术界的热点语词？这与“景”在中国古人的山水审美活动与行为中具有举足轻重的意义密切相关。

（2）“景”的通释（先秦至清代）

“景”在中国的风景审美与实践活动中，无疑是一个重要范畴和核心内容。宋代郭熙所著的《林泉高致》这部享有极高声誉的山水画创作专著，在论述山水审美时就“景”的论述涉及“小景”“四时之景”“掇景”“定景”“晚景”“云景”等内容共计 17 处；明代计成所著的《园冶》这部具有极高理论水平的造园艺术专著，在论及园林创作时就“景”的论述涉及“得景”“摘景”“对景”“即景”“时景”“侧景”“触景”等方法。在中国古人的“景观”概念中，“景”的意义举足轻重。大家耳熟能详的，就有“西湖十景”“湖山十景”“圆明园四十景”“蔚州十景”“金陵四十景”“霞潜山十景”等，它们都以“景”来命名，以强调和丰富其风光、景致的特色和魅力。所以，笔者针对整个历史发展时期的文献内容，选取与“景”相关的语词进行用词频率检索，以对“景观”语词进行更深入的了解和研究。

从整体研究来看，既有意料之中的，也有意料之外的。意料之中的是，与景相关的词组中，用词频率最高的是“风景”和“景物”，“景象”排第二。“景区”“景点”“天景”等是建设风景名胜区后才想出来的。而景观是日本人对“landscape”的翻译，最早由陈植在 20 世纪 30 年代引进，但在 80 年代才被收入《辞海》。“地景”是吴良镛先

①吴欣：《山水之境：中国文化中的风景园林》，16 页，北京，生活·读书·新知三联书店，2015。

②根据《牛津高阶英汉双解词典》对“landscape”的释义“Scenery of an area of land”，将其翻译为“（陆上）风景，景色”。所用版本为由商务印书馆、牛津大学出版社联合出版的第四版增补本。

生对“landscape”的翻译，应该说很准确，可惜影响力还是敌不过适应商业利益的“景观”一词。意料之外的是，通过对这些相关词组的检索，发现这些词组还具有一些在《汉语大词典》和《汉语大字典》中不曾收录的含义，下面针对这些词组进行具体分析。

1）风景（共 3 448 条匹配）

a. 风光景色[①]。共 3 222 条匹配。最早出现在东晋[②]。东晋陶渊明《和郭主簿二首》：“和泽周三春，清凉素秋节。露凝无游氛，天高风景澈。”[③]

b. 天气，阳光。共 91 条匹配。最早出现在南朝。南朝梁姚思廉《梁书》：“是日，风景明和，京师倾属，观者百数十万人。”南朝萧子显《南齐书》：“每好风景，辄开库拍张向之。帝疑虎旧将，兼利其财，新除未及拜，见杀，时年六十余。”

c. 天色。共 55 条匹配。最早出现在唐朝。唐朝杜甫《送孔巢文谢病归游江东兼呈李白》：“深山大泽龙蛇远，春寒野阴风景暮。蓬莱织女回云车，指点虚无是征路。”

d. 景况，情景[④]。共 54 条匹配。最早出现在宋朝。南宋蒋捷《女冠子》：“吴笺银粉砑，待把旧家风景，写成闲话。”

e. 风望[⑤]。共 26 条匹配。最早出现在唐朝。唐房玄龄等合著的《晋书》：“正身率道，崇公忘私，行高义明，出处同揆。故能令义士宗其风景，州闾归其清流。”

2）景物（共 3 707 条匹配）

a. 景致事物，多指可供观赏者[⑥]。共 3 662 个匹配。最早出现在晋朝。西晋陆云《陆士龙集》：“景物台晖，栋隆玉堂。”

b. 景象、现象、状态。共 26 条匹配。最早出现在南朝。南朝梁武帝《答晋安王谢开讲般若启敕》：“为汝讲金字《般若波罗蜜经》。发题始竟，四众云合。华夷毕集，连雨累日，深虑废事。景物开明，幽显同庆。”

c. 天气、气温、阳光。共 14 条匹配。最早出现在宋朝。北宋《文苑英华》：“今高秋戒序，景物渐凉，伏乞听政馀闲，留情坟典。”

d. 一种道具，器物。共 5 条匹配。最早出现在宋朝。宋朝徐梦莘《三朝北盟会编》：

①《汉语大词典》2.0 光盘版。

②杨锐：《风景释义》，载《中国园林》，2010（9），1~3 页。

③也有说“肃景”。

④《汉语大词典》2.0 光盘版。

⑤《汉语大词典》2.0 光盘版。

⑥《汉语大词典》2.0 光盘版。

“急要牛车千辆，取景物、钟簴、司天台、浑天仪合台星象。”

3）景象（景像、影象）（共 956 条匹配）

a. 景色、现象、状况[①]。共 924 条匹配。最早出现在唐朝。唐朝郑谷《中年》：“漠漠秦云淡淡天，新年景象入中年。”

b. 迹象[②]。共 14 条匹配。最早出现在东汉。东汉班固《前汉书》：“著见景象，屑然如有闻。”

c. 形状、形象[③]。共 8 条匹配。最早出现在南朝。南朝宋范晔《后汉书》：“羌人云：爰剑初藏穴中，秦人焚之，有景象如虎，为其蔽火，得以不死。”

d. 事物。共 6 条匹配。最早出现在南宋。南宋阳枋《字溪集》：“目动心移，景象随变，恍然莫知。”

e. 同“影”。共 2 条匹配。 明朝朱珪《名迹录》：“五蕴皆空空亦空，悟迷虽异此心同。当知自在能规照，不落寻常影象中。”

f. 光阴。共 1 条匹配。最早出现在宋朝。南宋杨士瀛《仁斋直指》：“一以静处之，此等有大半日景象，不先说知，使方寸了然，鲜有不张皇者矣。”

g. 历象、天象。共 1 条匹配。最早出现在宋朝。南宋王应麟《玉海》：“景象皆动，动则必差。岁时迭更，更则必异。”

4）景色（共 583 条匹配）

a. 景致[④]。共 524 条匹配。最早出现在唐朝。唐朝张说《张燕公集・遥同蔡起居偃杭篇》：“清都众木总荣芬，传道孤松最出群。名接天庭长景色，气连宫阙借氛氲。”

b. 情况，样子。共 25 条匹配。最早出现在唐朝。唐温大雅《大唐创业起居注》：“谓大郎、二郎曰：‘今日之行，在卿两将。景色如此，天似为人，唯恐老生怯而不战。’”

c. 天气。共 17 条匹配，最早出现在北朝。北周庾季才《灵台秘苑》：“止辰伐东为夷，止未，伐南为夷，止戌，伐西为夷，止丑，伐北为夷，若风止有雨，景色温和，则不为征伐。”

d. 同“影”。16 条匹配。宋朝苏轼《观湖二首》：“升霞影色欹残火，及物气焰明

①《汉语大词典》2.0 光盘版。
②《汉语大词典》2.0 光盘版。
③《汉语大词典》2.0 光盘版。
④《汉语大词典》2.0 光盘版。

纤埃。可怜极大不知已，浮生野马悠悠哉。”

e. 光阴。1条匹配。最早出现在宋朝。南宋韩淲《涧泉集·和黄靖州适轩韵》：“山中轩槛几经秋，谁得如公肯自由。既把旌旄开两镇，且因香火奉真游。消磨景色棋成趣，排遣功名醉不忧。此话尽教儿辈觉，人生凡事岂难求。”

5）胜景（共458条匹配）

美景。共458条匹配。最早出现在晋朝。西晋陆云《陆士龙集》：“凝恨辅德以莫，举悲民鲜之孰，胜景照以妙，见音振响而摅，闻金淬坚以示，断芑靡质而效。”

6）景趣（共221条匹配）

由景色而生的情趣[①]。最早出现在唐朝。唐朝李复言《续玄怪录·麒麟客》：“敻家去此甚近，其中景趣亦甚可观，能相逐一游乎。”

7）景致（共151条匹配）

a. 风景[②]。共139条匹配。最早出现在唐朝。唐朝白居易《题周皓大夫新亭子二十二韵》：“东道常为主，南亭别待宾。规模何日创，景致一时新。”

b. 情况、样子[③]。共11条匹配。最早出现在五代十国。五代王仁裕《盆池鱼》：“九龄曰：‘盆池之鱼犹陛下任人，他但能装景致助儿女之戏尔。’”

c. 阳光、天气。共1条匹配。最早出现在宋朝。宋朝陈旸《乐书》：“唐明皇遇中春，殿庭景物明媚，柳杏将吐，因谓胜概若此。”

8）天景（共105条匹配）

a. 天气，天色[④]。共85条匹配。最早出现在南朝。南朝宋刘敬叔《异苑》：“衡山有三峰极秀，其一名华盖，又名紫盖，天景明澈，辄有一双白鹤，回翔其上。”

b. 风景。共12条匹配。最早出现在宋朝。宋朝楼钥《寄题台州倅厅云壑》：“千岩高下各异状，如障如锋亦如领。天景须凭意匠营，山不在高仙则名。”

c. 上天，天道。共7条匹配。最早出现在南朝。南朝江淹《江文通集》：“情哀理感，事尽于斯，伏愿一运天景，微见藿心。则物不逃形，臣何恨焉？不胜焦忧，狼狈之至。”

d. 天空。共1条匹配。最早出现在明朝。明朝黄宗羲《明文海》：“类为山兮擅雄，

①《汉语大词典》2.0光盘版。
②《汉语大词典》2.0光盘版。
③《汉语大词典》2.0光盘版。
④《汉语大词典》2.0光盘版。

鞶天景兮可踪，胡泰山兮弭节。”

9）景胜（共 90 条匹配）

优美的景色[1]。最早出现在唐朝。唐朝李君何《曲江亭望慈恩寺杏园花发》：“地闲分鹿苑，景胜类桃源。况值新晴日，芳枝度彩鸳。”

10）观景（共 18 条匹配）

a. 看情形、看形势。共 12 条匹配。最早出现在东汉。东汉班固《前汉书》：“夫观景以谴形，非明王亦不能服听也。”

b. 同“影”。共 2 条匹配。北宋《文苑英华》：“波心乍没，还疑观影之人。泉路不归，更似怀沙之客。然则渡河奏曲，曾不尔思。逝水沉魂，自招其咎。”

c. 欣赏风景。共 2 条匹配。最早出现在清朝。清朝谢启昆修《广西通志》：“相传唐时李御史明达公登岩观景，遂隐形为神。”

d. 观天象。共 2 条匹配。北宋《文苑英华》：“登台窥天，庶无乖于经纪；观景致日，方不越于躔次。”

11）地景（共 7 条匹配）

a. 地面上的景物[2]。共 5 个匹配。最早出现在明朝。明朝高启《泊德清县前望金鳌玉尘二峰》：“日落苍雾起。寒城动遥炊，晚渡罢孤市。岂唯地景幽，况乃民俗美。牛羊散树下，暧暧旧墟里。”

b. 修养境界[3]。共 2 个匹配。最早出现在唐朝。唐朝卢照邻《卢升之集》：“将弃余矣上座监斋某等，并流回左映，策地景于丹田；浩气中升，养天倪于紫室。”

12）景区

在《四库全书》中没有这个词组。

13）景点

在《四库全书》中没有这个词组。

14）景观

在《四库全书》中没有这个词组。

根据以上分析可知，与“景”相关的词组在《汉语大词典》和《汉语大字典》中不

①《汉语大词典》2.0 光盘版。
②《汉语大词典》2.0 光盘版。
③《汉语大词典》2.0 光盘版。

曾收录的含义可总结如下。

a. 风景：天气，阳光；天色；时间。

b. 景物：景象，现象，状态；天气，气温，阳光；一种道具，器物。

c. 景象：事物；历象，天象。

d. 景色：情况，样子；天气；光阴。

e. 胜景：美景。

f. 景致：阳光，天气。

g. 天景：风景；上天，天道；天空。

h. 观景：看情形、看形势；欣赏风景；观天象[①]。

在上文所研究的与景相关的语词中，“风景”是其中最早用来描述自然风光、景色的词组，并且在东晋到清代这段历史时期中的词频也是最高的（图 1–18）。另外值得注意的是，当西方的“landscape”传入中国时，并没有沿用中国画中已有的词“山水画”来翻译，而是用了“风景画”一词，同样也反映出中国古代思维方式的延续，不同类型的文化在互相衔接和转换的过程中选择了较为贴近的意义。“山水画”与“风景画”所

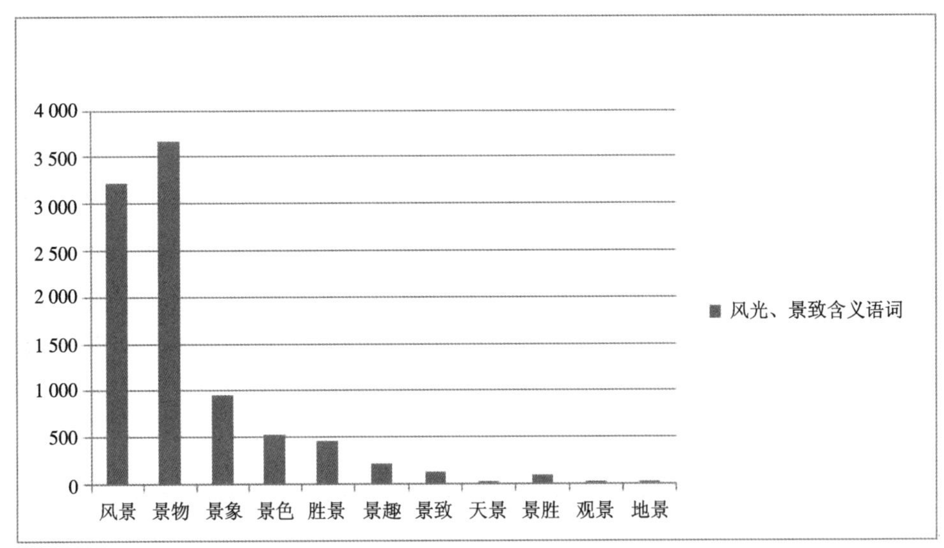

图 1–18　与“景”相关语词中具有“风光、景致”含义语词词频统计分析柱状图

①汉语大字典编辑委员会：《汉语大字典》，武汉，湖北辞书出版社，成都，四川辞书出版社，1990（第一版第一次印刷）。《汉语大词典》2.0 光盘版。

指称的内容是一致的，“风景”其实就是“山水”中的一个重要含义，即“泛指有山有水的风景”[①]。

3. 山水、风景语词词源探析

正如前文所述，“山水”与“风景”语词是本节所研究的与当代汉语中“景观”含义相关语汇中，最具有历史文化基因的两组语词。山水语词自先秦战国时期开始就具有风景审美的意义，风景语词至魏晋南北朝时期才产生，并自产生之时起就用以表达环境审美的内容。但是，在山水、风景语词形成之前，山、水、风、景早就具有的审美或人文意义，已为山水和风景语词在未来所具有的特定含义埋下了深深的伏笔。下文即通过对山水、风景语词词源的分析和研究，探寻中国古人的“景观”概念和审美思维。

（1）“山水”风景审美的起源和发展（上古时期至魏晋南北朝）

本书以山水语词中的“山”“水”为研究对象，以上古刻画符号，商周甲骨文、金文以及先秦至魏晋南北朝的经典文献为研究载体，尝试还原“山水”语词的审美起源，探寻中国古人的风景审美理念及思维规律。通过研究发现，从自然物象中抽象、提炼而形成的“山”“水”符号和文字，包含着远古人类对自然山水之形的概括、抽象和理解，包含着他们对以山水为主要内容之自然物象的认识、理解和审美。在先秦至魏晋南北朝的经典文献中，“山”“水”语词主要用来指称和描述自然环境中的某种特定客观事物。而自先秦时期始，文献中关乎山水自然的描绘和赞美已是不胜枚举，并已达到相当的高度。因此推论，从魏晋南北朝时期开始，中国人便习以“山水”语词表述现代汉语中的“景观”的概念，这既符合古人的思维规律，又体现出深厚的历史文化底蕴。

关于中国古代景观概念、风景审美观的研究，“山水”之于“风景”，是其中不可回避的关键话题。揭示和认知中国古代相关风景与其审美的创作艺术作品（诸如建筑、风景园林等），都离不开“山水”这个语词。山水语词在中国景观概念的起源当中，实际是景观和风景的同义语。也就是说，中国古代文献中所言之“山水”，具有现代语中“景观”的意义。

---

①《汉语大词典》2.0 光盘版。

但是，对于“山水”语词之于景观概念的研究，学术界始终存在一个盲区：它的发生、发展，反映了中国古代景观概念的历史走过了一条怎样的路，体现出什么思维规律？若不能将中国景观概念的源头——“山水”的起源、发展弄明白，将无法真正对中国古人的风景审美思维、中国古代的景观概念追根溯源。笔者通过研究古代遗留的丰富文献资料，针对“山水”语词作了详细的统计分析。

从魏晋南北朝至宋代的相关文献看，“山水”语词始终都适用于表述现代汉语中的“景观”的含义。而且随着时间的推移，词频不断增高，这同魏晋以降山水文化的蓬勃发展，山水诗画的盛行这一文化现象正相吻合[①]。可见从魏晋南北朝时期起，“山水”语词在中国风景审美文化中的地位和意义已十分凸显。然而，在这之前，“山水”语词在相关文献中出现的频率还相当低，更鲜有能用以概括和诠释风景审美概念的含义[②]。这点，同中国汉语词汇发展的内在规律紧密相联。

汉语词汇的发展经历了一个由单音词向双音词、复合词逐步转变的过程。最初，中国古代汉语中的词汇绝大多数都是单音词，它们既能充当词素，又能单独构成一个充当造句单位的词表达概念。但是，随着时代的发展，数量有限并“身兼数职”的单音词，无法满足人际交往更为精准化和明确化的要求，信息度和清晰度更具优势的复合词应运而生。另外，从词义的角度分析，复合词包含了两个或两个以上的词素，它们在构成复合词时，不是简单的拼凑，而是有机的结合；在构成之后所代表的，也不是它们所拼凑的意义，而是语言上应用的一个特有概念[③]。也就是说，复合词所具有概念的形成和由来，是可以通过词的词素找到源头的。研究复合词的词素，可以帮助我们了解词语所代表概念的由来[④]。因此，想要深入了解“山水”语词所具有的“景观”“风景”含义的由来，可以通过研究它的词素“山”和“水”入手。

①本章对山水语词的审美含义统计时段选在魏晋南北朝至宋代。魏晋南北朝时期是中国古代风景审美文化的质变期，宋代是中国山水文化集大成时期，也是具有风景审美含义的“山水”语词大量爆发的一个历史时期。

②在相关文献中所发现的具有“泛指有山有水的地理环境”含义的山水语词仅一条，《山海经》：“大泽方百（千）里，群鸟所生及所解。在雁门北。雁门山，雁出其间。在高柳北。高柳在代北。后稷之葬，山水环之。在氐国西。流黄酆氏之国，中方三百里，有涂四方，中有山，在后稷葬西。”《山海经》中的大多数内容被看作战国时人所作，其中“山水环之”很明显指的就是有山有水的自然环境，山水风景审美的意蕴在此已十分突显。

③张世禄：《古代汉语》，70页，上海，上海教育出版社，1978。

④张世禄：《古代汉语》，71页，上海，上海教育出版社，1978。

1）“山”“水”语词的风景审美探源

魏晋以前，“山水”语词中的“山”和“水”已是具有独立意义的单音词，而且运用相当广泛。重要的是，自上古时期的刻画符号开始，“山”和“水”即已表现出极强的审美特性。

从语言学[①]的研究角度看，语言和文字始终是文化传承的重要载体和方式，具有极强的人文特性。与西方语言相比，汉语的这一特征更加突出。汉民族从不把语言仅仅看作一个孤立、客观、静止的个体形象，而是将之与人的行为和思维密切关联，并视为与人及人文环境互为观照并且动态运作的表达和阐释方式[②]。正因为如此，汉语与西方语言相比较，体现出更强的思维意识性。对汉语的理解和分析，必须着眼于它的主体意识、语言环境、事理逻辑、表达功能、语言内涵[③]。

汉字作为中华民族思维与文化的载体，它的字形结构与内在含义的发生、演变无不透析出中古人类的思维发展规律，也为研究山水语词的发生演变提供了系统的依据。下文即根据中国语言、文字发展的历史进程，从上古时期的刻画符号，商周甲骨文、金文以及春秋至魏晋南北朝时期的经典文献中，探究“山”“水”语词的发生、发展及含义的演变，从中探寻中国古人的思维规律，论证“山水”语词在中国古代风景审美中的重要意义。

①从“山”“水”文字的产生谈起

陶器刻符是中国古代比甲骨文更为古老的一种文字，被视为中国象形文字[④]的先驱[⑤]。山东大汶口文化殷商遗址中发现的陶器刻符，是迄今为止发现的有关汉字“山”的最早图文记录：其上部画了一个圆形太阳，中部为一团火焰，下部为耸立着五个峰峦的山脉（图 1–19）。另外，二里头文化发现的陶器刻符，也有类似自然环境中山峰的刻符图案（图 1–20），推算其年代应该是夏王朝时期。

①语言学（linguistics）是以人类语言为研究对象的学科，探索范围包括语言的性质、功能、结构、运用和历史发展，以及其他与语言有关的问题。语言学被普遍定义为对语言的一种科学化、系统化的理论研究。并且语言是人类最重要的交际工具，是思想的直接现实。广义的语言学包括语文学，以研究古代文献和书面语（即文字）为主。

②这也正是古汉语名词意动用法等多种语法方式产生的原因。如将山水这一名词表达为去游历山水的一种状态，用以阐述人参与其中与自然景物相互观照的动态的过程。

③申小龙：《汉语与中国文化》，上海，复旦大学出版社，2008。

④所谓象形文字，是把客观事物的形象抽象或概括成一定图案的文字。

⑤文字的发生，并不是一蹴而就的，而是经历了一个漫长而艰难的发展历程。在文字产生之前，还经历有结绳时代和文字画时代，这些刻在某些物品或器具上面的符号或“绘画文字”，被视作象形文字的先驱，而汉字就是由象形文字发展而来的。中国第一部系统考究文字字形、字义的著作《说文解字》曾提到：“文者，物象之本。”陶器或铜器上的花纹、图案文字，都是以物象为依归的，其中自然物即为两种主要物象中的一种。

图 1-19　大汶口陶器刻符（引自刘勉怡《艺用古文字图案》）

图 1-20　二里头遗址陶器刻符（引自王蕴智《字学论集》）

大多数学者都认为，这种形似山体的刻符，应与原始社会的自然崇拜相关，其中都包含着一种具有崇拜感的审美意识[①]。可见从原始社会起，中国古人的自然山水审美意识就已潜藏于这种原始巫术的神秘互渗之中[②]。

殷商时期的甲骨文和金文，继承了陶纹的造字方法，以象形文字为主[③]。其中，“山”的甲骨文写作“”“”“”“”，像山峰并立之形。金文写作“”“”“”“”“”（图 1-21）。《说文解字》释义：“山，宣也。宣气散生万物，有石而高，象形。”水的甲骨文写作“”“”“”“”，金文写作“”“”“”“”（图 1-22）。《说文解字》释义：“像水流之形，其旁之点象水滴，固其本义为水流。”“水”字全然就是流水的实写，中间是一条长水纹，两旁各一条断纹[④]。

从文字的诞生和演变，可以清晰地看到，这种经过象形——象征的抽象过程的文字

①对原始人类而言，客观世界中的山川、鱼兽、鸟禽、花草等这些自然事物，它们在原始巫术礼仪活动中体现出的是一种氏族图腾的神圣感，是崇拜、欣赏和敬畏的对象，流露出的是人们对大自然的关爱和咏赞。他们对于大自然的审美，最初即是潜藏于原始巫术的神秘互渗之中。

②伍蠡甫：《山水与美学》，上海，上海文艺出版社，1985。

③正如宋人赵樵所言“六书也者，象形文本”，段玉裁所说“其书以形为主”。汉字以象形为基本法则，总体说都属于象形文字。许慎将汉字视为“易象”符号的推演，“易象”符号“尚象”，文字构造也必然“尚象”。而汉字的“尚象”，不利于逻辑思辨的传达，但与偏重直观感悟的思维方式相适应。汉字所遵循的内在原则，是人们认识世界的方式，也可以说，汉字创造的，是人对自然宇宙的全方位体认，强调的是一种由“观象”到“取象”，再到“味象”的审美体验。

④陈冠学：《象形文字》，台北，三民书局，1979。

图 1-21　“山”的文字演变（引自《汉语大字典》）

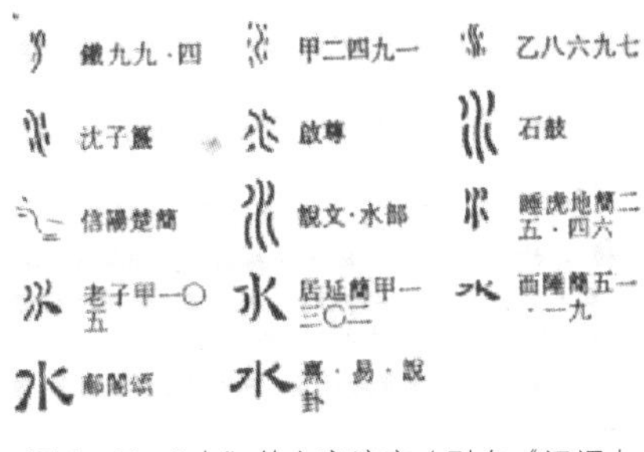

图 1-22 “水”的文字演变（引自《汉语大字典》）

图像，已不再是事物的自然之形，而是凝聚着人概括的事物本质[①]，是人对物象的概括和理解，是人对客观世界的认识从具体事物发展到抽象概念阶段的体现。这正如英国语言学家帕默尔所说，汉字是一种程序化、简化的图画系统，它通过视觉符号直接表示概念[②]。

也正如中国当代语言学家申小龙先生所说，中国古人的思维往往同形象交织在一起。中国古代哲学中所讲的“观物取象”，就是将这种事物之象加工成具有象征意义的符号以反映其客观规律。概念即是这种思维的抽象。它在用语词固定概念的形式时，中国古人便习惯于用相应的具象使概念生动可感而有所依托。他们的这种具象思维，要求人的思维要达到审美的境界，使人以一种审美、直觉的眼光来看待一切[③]。

据此推论，从上古时期的陶画刻符开始，山形的图案已不仅仅特指自然环境中山体的外观形态，甲骨文、金文中的“水”，也不仅特指透明液体之类的客观事物，而是凝聚着人们对大自然中整体自然环境的关注、认识和理解，体现出对整体山水环境的审美和感官愉悦。原始刻符、甲骨文、金文中这些从自然物象中抽象出来的“山”和“水”，既包含着原始人类对自然山水之形的概括、抽象和理解，又包含着他们对以山水为主要内容之自然物象的认识、理解和审美[④]。

---

①申小龙：《汉语与中国文化》，上海，复旦大学出版社，2008。

②L.R. 帕默尔：《语言学概论》，李荣，译，北京，商务出版社，1983。

③申小龙：《汉语与中国文化》，上海，复旦大学出版社，2008。

④更值得一提的是，云南沧源佤族自治县境内的山崖岩壁上，绘制着诸如村寨、云朵、太阳、月亮、树木、山、路、人物等一系列图文符号，尤其是其中的滚壤开岩画村落图，不但展现了整个村落的图形，而且其中与椭圆形村落相连的道路、行进的人物、房屋建筑等内容，更是用线条勾画得清晰细致，表现出凡俗的原始社会村社生活及生死无定的猎掠场景，体现出整体环境审美的意向。据推测，岩画为 2500~3500 年前所作。也就是说，大约在殷商时期，古人已开始从整体环境的角度进行观照和审美。这同山水及山、水语词所表达的整体环境审美理念如出一辙。

②文献中“山”“水”含义的分析

文字的成熟，也为文献的发展提供了很好的基础[①]。中国古文献可谓浩如烟海[②]，其中记载了我国古代人民的物质文化生活及其发展历程，记录了各时期政治家、思想家、文学家、艺术家的立论学说、哲学思想和理念愿望，对于我们研究古代的历史、文化和思想，都具有无可替代和不可估量的价值。然而，也正由于中国古文献时间跨度大、数量多、内容广博，作者实难覆盖浩瀚的典籍进行“山”“水”语词的研究分析和词频统计。因此，本文仅选取先秦至魏晋南北朝这段时期[③]最典型的文本为研究对象，以期窥探“山”“水”语词含义的发展演变历程以及中国古人的思维规律。

从语义学、语用学[④]的角度看，对于语义的理解和阐释，自先秦开始就成为古人认识世界、体验世界的一种重要方式[⑤]。同时，对于词义、语义的阐释，又必须结合全句、全章甚至全篇，在特定的情境、语境[⑥]中才能准确判定语词的含义。因此，结合文献中的段落、篇章和语句对语义进行定位分析，才更易于确定语词的含义，正所谓“望文生义”。下文即通过对先秦至魏晋南北朝经典文献[⑦]的研究分析，探寻“山”“水”字义

①汉字不仅能为我们提供远古时期的历史文化信息，还是记载历史的重要工具和手段。汉字发展的历史比中国古文献的历史长很多，直到商代后期，才基本成熟。而文字的成熟，也为文献的发展提供了很好的基础。正如恩格斯在其《家庭、私有制和国家的起源》一书中所说：“从铁矿的冶炼开始，并由于文字的发明及其应用于文献记录而过渡到文明时代。”用汉字记载的浩瀚的典籍，成为我们记录和传承丰富历史文化信息的重要载体。能见于历史记载的中文文献，最早可追溯至夏、商时代。但这一时期的文献典籍由于制作材料的局限、语言文字的障碍以及传阅范围的限制等原因，流传至今的甚少。直至春秋战国时期，随着诸子百家的兴起、民间学术的繁荣以及科学技术的发展，中国的古文献才得以迅速发展。

②明代《永乐大典》收书即达两万两千多卷，清代《四库全书》在录的也有一万零二百五十四部。

③选取这段时期的经典古文献为研究对象的原因为：如前所述，自春秋战国时期起，中国的汉字发展已相当成熟，而古文献也在这一时期得以迅速发展；魏晋南北朝时期，是中国景观概念发展的重要时期，也是山水审美文化发展的成熟期。从先秦至魏晋南北朝这段历史时期的古文献，基本能概括和体现出中国风景审美观及相关概念发展的状态。

④语言学至少包括五个研究方向：音系学、形态学、句法学、语义学和语用学。所谓语义学，它是研究语言单位和话语意义的科学，是语言学的分支科学。语用学是一门新兴的学科，目前为止，语用学涉及的领域主要有言语行为、会话含义、指示语和预设等内容。

⑤正如《尔雅》所言，“举古言，释以今语”，“约取常行之字，而以异义释之”，如此细密地辨析词义，反映出中古人对语义的高度重视。对此，王充在其著作《论衡》中也说，“文字有意以立句，句有数以连章，章有体以成篇”，词义乃是语义、句义乃至篇章义的基础。

⑥所谓语境，最狭义的理解是把它看作语言的上下文，即一个句子在最大的语言段落中所处的位置。这也是本书要论及语词语义的一个重要方面。语境应属于语言学中“语用学”的研究范畴。语义学研究的意义包括词义及相关内容、短语意义、句子意义，而语用学则在句子（或以上）这个层次上研究意义，而这个意义是具体语境中的意义。传统语言学中对语义早就有了研究。大量的古代经典的解释，都是落实在词义和句义上的，有词、句的一般性解释，也有随文释义，即根据词、句的上下文环境来解释其使用的价值。

⑦《诗经》《楚辞》《尚书》《文心雕龙》《世说新语》和四书（《论语》《孟子》《大学》《中庸》）以及汉赋是先秦至魏晋南北朝这段时期中最具典型性和代表性的文献典籍，本书对于“山”“水”语词的语义研究即是基于这些文献。

的发展和演变过程及蕴含于其中的审美思维规律[①]。

Ⅰ. 山

归纳起来，先秦至魏晋南北朝的相关经典文献中，“山”的含义主要有以下三种。

a. 本义：地面上由土石构成的隆起部分。共计 549 条。

b. 特指“五岳”。共计 2 条。

c. 像山的（东西）。共计 1 条。（具体内容见表 1–4，图 1–23、图 1–24）

表 1–4　先秦至魏晋南北朝时期经典文献中“山”的具体含义

语词	文献	含义	匹配数量	例句
山	《诗经》	（1）本义：地面上由土石构成的隆起部分。	84 条	《诗经·简兮》：“山有榛，隰有苓。云谁之思？西方美人。”
	《楚辞》	（1）本义：地面上由土石构成的隆起部分。	61 条	《楚辞·涉江》：“山峻高以蔽日兮，下幽晦以多雨。”
	《尚书》	（1）本义：地面上由土石构成的隆起部分。	27 条	《尚书·虞书·舜典》：“肆类于上帝，禋于六宗，望于山川，遍于群神。”
		（2）特指“五岳”。	2 条	《尚书·夏书·禹贡》：“禹敷土，随山刊木，奠高山大川。”
	四书	（1）本义：地面上由土石构成的隆起部分。	28 条	《论语》：“子曰：‘知者乐水，仁者乐山; 知者动,仁者静; 知者乐,仁者寿。’”
		（2）像山的（东西）。	1 条	《论语》：“子曰：‘臧文仲居蔡，山节藻棁，何如其知也？’”
	汉赋	（1）本义：地面上由土石构成的隆起部分。	222 条	《梁王菟园赋》：“西望西山，山鹊野鸠，白鹭鹘桐，鹯鹗鹞雕，翡翠鸲鹆。”
	《文心雕龙》	（1）本义：地面上由土石构成的隆起部分。	38 条	《文心雕龙·原道》：“山川焕绮，以铺理地之形：此盖道之文也。”
	《世说新语》	（1）本义：地面上由土石构成的隆起部分。	89 条	《世说新语·言语》：“周侯中坐而叹曰：‘风景不殊，正自有山河之异！’”

①有一点需要指出，汉字与拼音文字相比，它的突出特征是不怎么依赖语音，而是由字形直接达到字义，所以也被称为“表意文字”，与拼音文字由形及音再及义的方式相区别。此外，其中能与构字方式相接近、相匹配的含义，往往都是语词的本义。也就是说，汉字字形与字义的发生与发展，是一以贯之的。这是汉字区别于拼音文字的重要特征，也是中国古人思维规律的重要体现。本文所研究的“山”“水”字形、字义的发生与发展，同样也遵循这个规律。

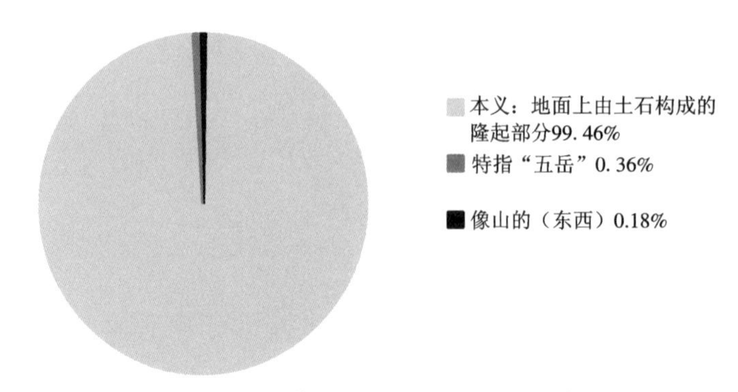

图 1-23　先秦至魏晋南北朝时期经典文献中“山”的各种含义词频统计饼状图

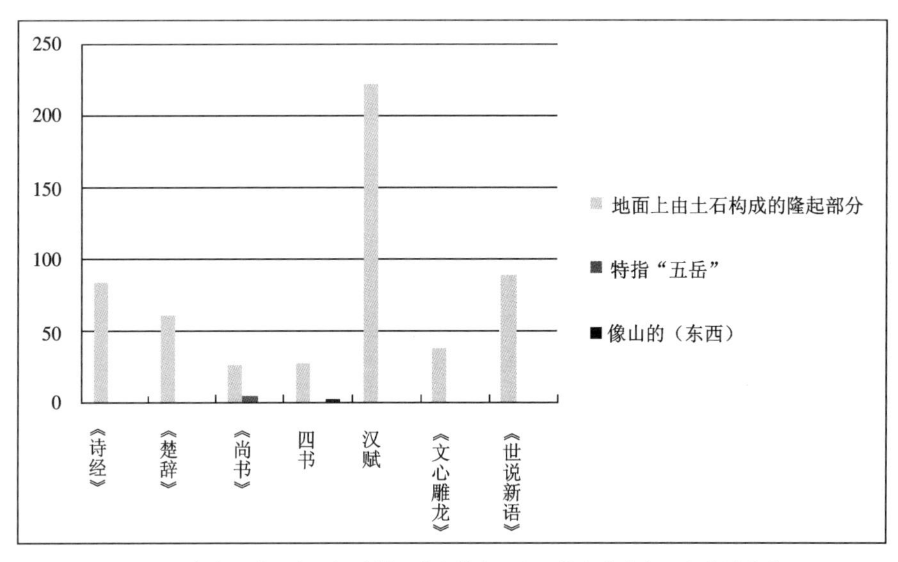

图 1-24　先秦至魏晋南北朝时期经典文献中“山”的各种含义词频统计柱状图

Ⅱ. 水

先秦至魏晋南北朝的经典文献中，“水”的含义主要有以下七种。

a. 本义：无色无味的透明液体。共计 196 条。

b. 河流。共计 109 条。

c. 江、河、湖、海的通称。共计 20 条。

d. 洪水、水灾。共计 15 条。

e. 水星。共计 1 条。

f. 阴。共计 1 条。

g. 五行之一。共计 2 条。（具体内容见表 1–5，图 1–25、图 1–26）

表 1–5　先秦至魏晋南北朝时期经典文献中“水”的具体含义

语词	文　献	含　义	匹配数量	例　　句
水	《诗经》	（1）无色无味的透明液体。	27 条	《诗经·泉水》：“毖彼泉水，亦流于淇。有怀于卫，靡日不思。”
		（2）河流。	21 条	《诗经·竹竿》：“淇水在右，泉源在左。巧笑之瑳，佩玉之傩。”
	《楚辞》	（1）无色无味的透明液体。	25 条	《楚辞·湘君》：“采薜荔兮水中。搴芙蓉兮木末。”
		（2）河流。	16 条	《楚辞·天问》：“北至回水，萃何喜？兄有噬犬，弟何欲？”
		（3）江、河、湖、海的通称。	8 条	《楚辞·九辩》：“登山临水兮，送将归。泬寥兮，天高而气清。”
	《尚书》	（1）无色无味的透明液体。	4 条	《尚书·周书·酒诰》：“古人有言曰：‘人无于水监，当于民监。’”
		（2）河流。	18 条	《尚书·夏书·禹贡》：“华阳、黑水惟梁州。岷、嶓既艺，沱、潜既道。”
		（3）洪水、水灾。	3 条	《尚书·商书·微子》：“若涉大水，其无津涯。殷遂丧，越至于今。”
		（4）五行之一。	2 条	《尚书·虞书·大禹谟》：“禹曰：‘於！帝念哉！德惟善政，政在养民。水、火、金、木、土、谷，惟修；正德、利用、厚生，惟和。九功惟叙，九叙惟歌。’”
水	四书	（1）无色无味的透明液体。	38 条	《论语》：“子曰：‘饭疏食，饮水，曲肱而枕之，乐亦在其中矣。不义而富且贵，于我如浮云。’”
		（2）河流。	1 条	《孟子》：“对曰：‘昔者大王好色，爱厥妃。诗云：古公亶父，来朝走马，率西水浒，至于岐下，爰及姜女，聿来胥宇。’”
		（3）江、河、湖、海的通称。	2 条	《论语》：“子曰：‘知者乐水，仁者乐山；知者动，仁者静；知者乐，仁者寿。’”
		（4）洪水、水灾。	11 条	《孟子·告子下》：“白圭曰：‘丹之治水也，愈于禹。’”

续表

语词	文献	含义	匹配数量	例句
水	汉赋	（1）无色无味的透明液体。	78条	《小言赋》："唐勒曰：'析飞糠以为舆，剖粃糟以为舟。泛然投乎杯水中，淡若巨海之洪流。'"
		（2）河流。	36条	《浮淮赋》："从王师以南征兮，浮淮水而遐逝。背涡浦之曲流兮，望马丘之高澨。"
		（3）阴。	1条	《梁王菟园赋》："接望何骖，披衔迹蹶。自奋增绝，怵惕腾跃，含意而未发。"
		（4）水星。	1条	《大将军临洛观赋》："夫广厦成而茂木畅，远求存而良马絷，阴事终而水宿藏，场功毕而大火入。"
		（5）洪水、水灾。	1条	《释诲》："今子责匹夫以清宇宙，庸可以水旱而累尧、汤乎？"
	《文心雕龙》	（1）无色无味的透明液体。	10条	《文心雕龙·铭箴》："观其约文举要，宪章戒铭，而水火井灶，繁辞不已，志有偏也。"
		（2）河流。	2条	《文心雕龙·定势》："断辞辨约者，率乖繁缛。譬激水不漪，槁木无阴，自然之势也。"
		（3）江、河、湖、海的通称。	5条	《文心雕龙·辨骚》："述离居，则怆快而难怀；论山水，则循声而得貌。"
	《世说新语》	（1）无色无味的透明液体。	14条	《世说新语·言语》："王云：'其地坦而平，其水淡而清，其人廉且贞。'"
		（2）河流。	15条	《世说新语·言语》："诸名士共至洛水戏，还。乐令问王夷甫曰：'今日戏乐乎？'"
		（3）江、河、湖、海的通称。	5条	《世说新语·言语》："谢中郎经曲阿后湖，问左右：'此是何水？'答曰：'曲阿湖。'"

根据以上统计分析可知，先秦至魏晋南北朝时期，"山"在经典文献中共出现552次，其含义99%以上都与自然环境中的山体相关；"水"在经典文献中共出现344次，其中有三种含义都与自然环境中的客观物质"水"以及由"水"生成的江、河、湖、海等自然水体相关，数量占到总数的94%。

由此可见，在本书所统计的经典文献中，"山"与"水"尽管在其原始意义的基础上衍生出了新的含义[1]，但其中的大部分还是"山""水"文字原始意义的延续。也就是说，"山""水"文字自产生时起，所表达的概念和描述的内容是一以贯之的。

①如"山"具有了"像山的东西"，"水"具有了"洪水、水灾""五行""水星"等含义。

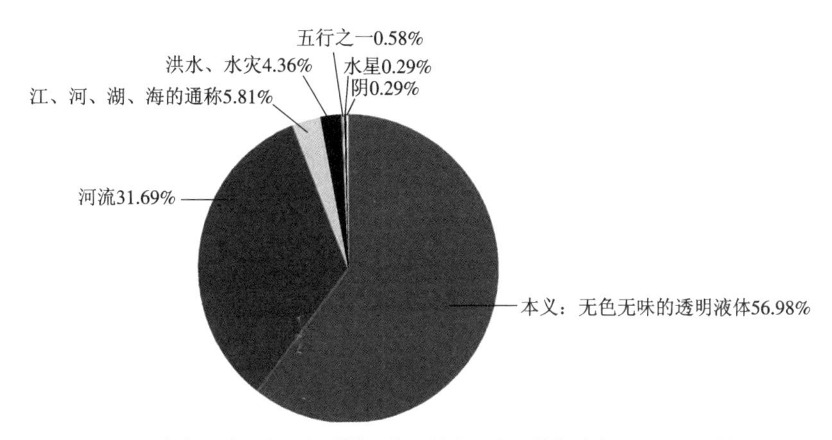

图 1-25　先秦至魏晋南北朝时期经典文献中“水”的各种含义词频统计饼状图

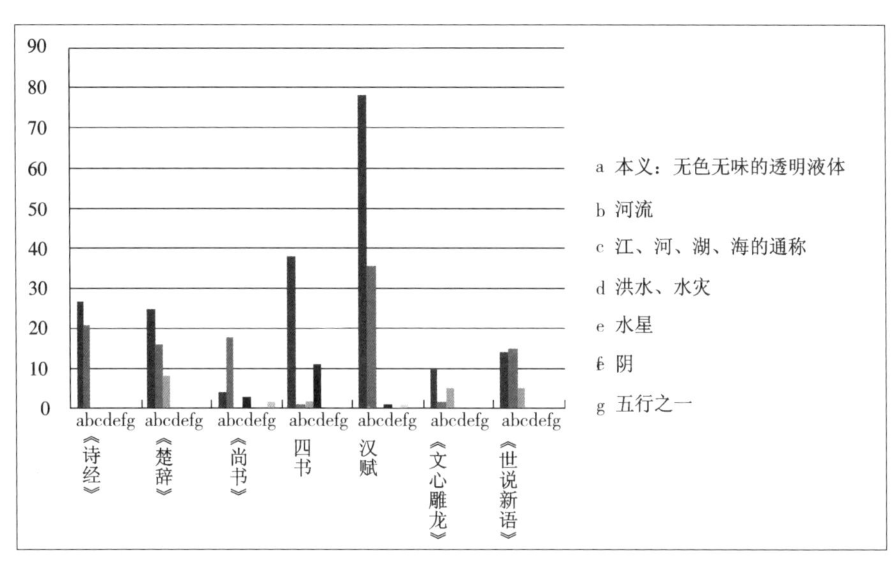

图 1-26　先秦至魏晋南北朝时期经典文献中“水”的各类含义词频统计柱状图

据此得出结论：从先秦至魏晋南北朝，“山”一直都主要用来描述和表达自然环境中“山”的含义和概念，“水”一直都主要用来描述和表达自然环境中的液态透明物质以及江、河、湖、海等水体的含义和概念。随着文明的发展和文化的演进，“山”“水”语词的风景审美特性得到进一步巩固，这才导致能概括整体风景审美的“山水”语词能在魏晋南北朝时期表现得更为精练和深刻，并成为在中国文字和语言中最能概括和表达现代汉语中“景观”概念的语词，并于山水文化集大成的宋代大规模使用。

2）先秦文献中的山水审美

从“山”“水”文字的产生和含义的演变来看，“山”“水”语词的风景审美特性日益突显。如结合当时文献中所表达的思想内涵和展现的艺术意境，则更有利于证实山、水作为自然环境中的重要客观存在物，始终是中国古人风景审美中的主体。“山”“水”语词作为自然界各种山体、水体的总称，由它们所组成的复合词“山水”，最能体现中华民族深厚的风景审美渊源。

先秦时期，是中国古人自然美审美意识飞跃发展的重要时期。这时期形成的自然美审美观及建构的相关理论体系，不仅具有划时代意义，而且影响极其深远，为中国后世独特自然美审美意识和理论思维的发展奠定了深厚的根基。研究先秦时期的古文献，对厘清中国古人的风景审美思维意义重大。

山与水，概括了人类赖以生存的重要物质环境。这一认识，在古老的《周易》中早有体现。其中所谓“八卦”，实际就是先民概括的与人发生关系的种种自然现象。“艮”和“坎”[①]，就代表山与水。《周易·说卦》曰“润万物者，莫润乎水。终万物始万物者，莫盛乎艮”，即是以朴素的哲学观点，在“道”的层级和包括审美在内的哲学本体论上，概括了山水对于万物和人类的重要性及其功用。自先秦时期开始，中国古人对自然环境的认识就已表现出强烈的审美意识。

就山和水而言，尽管在诗文中有的只是作为比兴象征、叙事场景出现，或作为背景气氛烘托之用，但无可否认，这一时期的自然山水与人们的现实生活关系已十分密切，且已成为审美吟咏的对象。

如在《诗经》中，诗人对山、水的咏叹和赞美有的含蓄隐秘，有的直抒胸臆。《诗经·斯干》中的“秩秩斯干，幽幽南山”一句，就对宫室建筑有山有水的整体环境进行了形象而生动的描绘：清溪涧水潺潺流着，远处的终南山幽静而深远。通过对自然山水客观形态的直观描绘，表达出作者对自然山水的关爱和咏赞。《诗经·扬之水》中，对风景审美意蕴以及物我、景情关系的表达则更胜一筹。其开篇即以“扬之水”起兴，描绘了一个平静安详的环境：小河之水缓缓地流淌，流经水底之白石，清澈见底，波光粼粼。全诗也是通过对“扬之水”的反复歌咏、层层推进，以反衬紧张而又神秘的环境氛围。这类诗歌都采取以自然山水起兴的方式烘托主人公的情思，从而寄托对现实生活的感情

①“艮”和“坎”是八卦中的两个卦象。

意趣和审美体验，达到物我浑然、情景交融的审美意境。

山水“比德”是儒家对孔子山水审美的概括。它是一种以自然山水的形态特征比附人道德品质的山水审美活动，是建立在对客观山水事物的感性形象特征全面而充分观察的前提下，以之比拟人的仁、智等道德品质，是主客体之间能获得充分交流和沟通的一种山水审美活动。《论语·雍也》云：“子曰：‘知者乐水，仁者乐山；知者动，仁者静；知者乐，仁者寿。’”这正如《孔丛子》所言：“夫山，草木植焉，鸟兽蕃焉，财用出焉，直而无私焉，四方皆伐焉；直而无私，兴吐风云以通乎天地之间，阴阳和合，雨露之泽，万物以成，百姓咸飨，此仁者所以乐山也。”[①]这就是说，自然中山、水等客观事物和现象，只要具备与人的某种情操、精神以及品质同形同构之处，都能引起人精神上的共鸣和感应，获得自然美审美的喜悦。这一以孔子为核心的儒家诸子建构的自然美审美观，从精神、情感、道德的角度将审美主体与审美客体紧密联系，使之相互协调。

山水“比道”，是孔子提出的审美境界更高的又一自然美审美命题。《论语·子罕》记载孔子“逝者如斯夫，不舍昼夜”这一临川观水的感慨，为后世描绘出极具诗意的“川上”图画意境[②]。在这里，情感与时间相互交织，体现出生命的生机与活力。这种由自然山水引发的关于人生、生命的感悟和体验就是山水“比道”的境界。这正如李泽厚先生在《华夏美学》中的评价：“孔子对逝水的深沉喟叹，代表着孔门仁学开启了以审美替代宗教，把超越建立在此岸人际和感性世界中的华夏哲学——美学的大道”。

《中庸》阐述天地之道，也引出了中国古代自然山水审美“泉石勺水”的理念：“今夫山，一卷石之多，及其广大，草木生之，禽兽居之，宝藏兴焉。今夫水，一勺之多，及其不测，鼋、鼍、蛟、龙、鱼、鳖生焉，货财殖焉。”“泉石勺水”以“一”而“多”[③]，即从个别的具体事物——泉水引出事物的普遍象征意义和特征，使人摆脱对“原型”山水的简单再现和摹仿，而通过艺术的抽象和概括，以具有象征意义的“泉石勺水”来完成对“原型”山水的再现。这种自然山水的审美不再拘泥于山水的原型特征，而是强调“寓意于物，虽物微足以为乐”（苏轼《东坡集》）的美学思想，以“小中见大”“以大观小”的审美观照方式，实现人对客观世界的认识和观照。“泉石勺水”的自然山水观照方式，

①山中草木茂盛、鸟兽繁衍，财用所出、正直无私，百姓皆可取用；正直无私，便可通达往来于天地之间。阴阳和合，万物得以生长，四方之民都能享受到恩惠，这就是仁德之人喜欢山的原因。

②对于时间和生命，孔子追求和关注的不是它的永恒存在，而是将之放在当下，追求在短暂和感性的人生现实中赢得生命的永恒不朽。这表达了孔子对生命、对人生的领悟以及对生的执着。

③即《大戴礼记》中“察一而关于多”为其思想根源和审美观照方式。

为自然美审美哲学和理论的大飞跃，也奠定了中国古人自然山水审美的基调和文化心理结构。

由此可言，先秦时期，尽管鲜有用以表述现代汉语中“景观”概念的语词，但古人以山水为主要审美内容的风景审美品位和审美意蕴已达到了相当的高度。上文无论《诗经》还是《论语》《孔丛子》《中庸》，都从不同角度诠释出古人对自然美的理解，传达出他们的山水审美感受和审美体验，也从一个侧面体现出山、水在风景审美中的重要价值，并证明由“山”“水”组合形成的“山水”复合词确是中国古代最适合用以表述现代汉语中“景观”概念的语词。

3）小结

“山水”语词在先秦时期鲜有能用以概括和诠释风景审美概念的，直至魏晋时期才用以更为精练地表述风景审美的概念和相关内容，在风景审美集大成的宋代大规模使用，但其词素“山”和“水”，从文字产生之时起就已体现出风景审美的价值和意义。所以说，作为现代汉语“景观”“风景”同义语的“山水”，它所具有的自然山水审美意义在中古文字产生之时起便已产生。随着文字和文献的发展和演变，它的自然美审美价值和意义也得到更广泛的运用，内涵也更加精练、深刻。因此推论，从魏晋南北朝时期开始，中国人便习以“山水”语词表述现代汉语中的“景观”的概念。

（2）风景语词词源考辨：人文与自然的结合（先秦至秦汉时期）

同山水语词一样，古人在使用风景语词表述与风景审美相关内容之时，也特别强调自身的审美体验，体现出主观与客观、自然与人文的多重集合，这是山水和风景的共性。风景与山水存在之最大不同点，即在于风景语词所反映的客观对象——人文环境同自然环境一样，也占有很重要的分量。如各种人类活动的痕迹，包括城镇、村落、道路、桥梁、建筑以及园林等人文构筑物或空间实体等，都属于风景审美的主体内容，但山水语词所表述的风景内容，则侧重于与山、水相关的自然环境。可见在当代学术界，风景语词能超过山水语词成为最热点语词，其中一个很重要的原因，就是风景语词比山水语词的涵盖面更广，囊括了更多的审美内容，同时还兼具山水语词所具有的主客体相融、物我相谐的审美特征，更能深刻体现出中国古人“风景”概念人文与自然的双重特性。而风景语词这种人文与自然相结合的特性，在其词素“风”和“景”的形成和发展过程中，就已体现出明显的优势。下文即通过研究先秦至秦汉时期[1]“风”和“景”的词频及词义，对“风景”语词的人文与自然特征探本溯源。

正如前文所言，语言是文化传承的重要载体和方式，表现出极强的人文特性。与西方语言相比较，汉语的这一特征更加突出。汉民族从不把语言仅仅看作一个孤立、客观、静止的个体形象，而是将之与人的行为和思维密切关联，并视为与人及人文环境互为观照并且动态运作的表达和阐释方式[2]。因此，在汉语的分析和理解中，人的主体意识有更多的、积极的参与。如果说西方语言是思维客体化的产物，那么汉语则是思维主体化的产物，汉语的理解和分析，必须着眼于它的主体意识、语言环境、事理逻辑、表达功能、语言内涵[3]。汉字作为中华民族思维与文化的载体，它的字形结构与内在含义的发生、演变无不透析出中国古人的思维发展规律，也为中国“景观”概念及中国古人风景审美观的研究提供了系统的依据。

1）风

①先秦时期

“风”字最早出现于甲骨文中，以“风”为“风”[4]，“[illegible]”（凤）为头上有冠之鸟[5]，其本义指空气流动的自然现象[6]。如《尚书·洪范》云“月之从星，则以风雨”，后由此引申为动词表“刮风”“吹风”之意，名词表“风灾”之意，如《诗经·终风》中“终风且暴”，“终风”即为整日刮风之意。后来“风”的含义有了新的拓展变化，具有了“讽谏”“风化”“教化”“风俗”以及“作风”等人文相关的含义。其中尤以《诗经》中的“国风”最为典型。《诗大序》言：“风，风也，教也。风以动之，教以化之……上以风化下，下以风刺上。”这种解释最符合《诗经》的实际情况。钱鍾书也认为：“‘风’之一字而于《诗》之渊源体用包举囊括……”“‘风’字可双关风谣与风教两义。”他又说，“风”为“诗”之体，在于土风和风谣，此处的“风”是“土地风俗”的含义；“风”

①魏晋南北朝时期，风景语词即已形成，而且其固定含义“风光、景致”也已很明确。因此，本书对其词素的研究选择了魏晋南北朝之前的历史时期。

②这也正是古汉语名词意动用法等多种语法方式产生的原因。如将山水这一名词表达为去游历山水的一种状态，用以阐述人参与其中与自然景物互为观照的动态的过程。

③申小龙：《汉语与中国文化》，1~2页，上海，复旦大学出版社，2008。

④徐中舒：《甲骨文字典》（第二版），1430页，成都，四川辞书出版社，2006。

⑤徐中舒：《甲骨文字典》（第二版），428页，成都，四川辞书出版社，2006。

⑥王力：《王力古汉语字典》，1654页，北京，中华书局，2000。

为“诗”之用，在于讽谏和风教，这里的“风”有“风化”“教化”的含义[1]。另外，又如《左传·昭公》中的“天子省风以作乐”、《管子·版法解》中的“万民乡风”之“风”皆表“风俗”之意，等等。但这些都与人文和自然的客观环境无关联，而且词频较低，不具普遍性（表1–6）。

表1–6　先秦时期“风”的含义

语词	含义及出现频率	文献及具体内容示例
风	（1）空气流动的现象。共432条。	《管子·形势》：“蛟龙得水，而神可立也；虎豹得幽，而威可载也。风雨无乡，而怨怒不及也。贵有以行令，贱有以忘卑，寿夭贫富，无徒归也。” 《墨子·辞过》：“凡此五者，圣人之所俭节也，小人之所淫佚也。俭节则昌，淫佚则亡，此五者不可不节。夫妇节而天地和，风雨节而五谷熟，衣服节而肌肤和。” 《韩非子·扬权》：“数披其木，毋使木枝外拒；木枝外拒，将逼主处。数披其木，毋使枝大本小；枝大本小，将不胜春风；不胜春风，枝将害心。”
	（2）风灾（新）。共1条。	《管子·四时》：“夏行春政则风，行秋政则水，行冬政则落。是故夏三月以丙丁之日发五政。一政曰，求有功，发劳力者而举之。”
	（3）刮风、吹风。共3条。	《论语》：“子曰：‘何伤乎？亦各言其志也。’曰：‘莫春者，春服既成，冠者五六人，童子六七人，浴乎沂，风乎舞雩，咏而归。’” 《孟子》：“孟子将朝王。王使人来曰：‘寡人如就见者也，有寒疾，不可以风；朝，将视朝，不识可使寡人得见乎？’”
	（4）风俗、风气。共33条。	《左传·昭公》：“泠州鸠曰：‘王其以心疾死乎？夫乐，天子之职也。夫音，乐之舆也。而钟，音之器也。天子省风以作乐，器以钟之，舆以行之。’” 《荀子·乐论》：“乐者，圣王之所乐也，而可以善民心，其感人深，其移风易俗。故先王导之以礼乐，而民和睦。”
	（5）《诗经》六义之一。共52条。	《左传·隐公》：“君子曰：‘……可羞于王公，而况君子结二国之信，行之以礼，又焉用质？《风》有《采蘩》《采蘋》，《雅》有《行苇》《泂酌》，昭忠信也。’” 《孟子·告子下》：“曰：‘《凯风》，亲之过小者也。《小弁》，亲之过大者也。亲之过大而不怨，是愈疏也。’” 《荀子·儒效》：“《诗》言是其志也，《书》言是其事也，《礼》言是其行也，《乐》言是其和也，《春秋》言是其微也，故风之所以为不逐者，取是以节之也。”
	（6）教化、感化。共2条。	《逸周书·大聚》：“复亡解辱，削赦轻重，皆有数，此谓行风。” 《管子·版法》：“兼爱无遗，是谓君心。必先顺教，万民乡风。旦暮利之，众乃胜任。”

①钱锺书：《管锥编》，101~102页，北京，生活·读书·新知三联书店，1979。转引自杨锐：《“风景”释义》，载《中国园林》，2010（9）。

续表

语词	含义及出现频率	文献及具体内容示例
风	（7）作风、风度。共6条。	《孟子·万章下》："故闻柳下惠之风者，鄙夫宽，薄夫敦。孔子之去齐，接淅而行，去鲁，曰：'迟迟吾行也，去父母国之道也。'" 《孟子·万章下》："孟子曰：'……当纣之时，居北海之滨，以待天下之清也。故闻伯夷之风者，顽夫廉，懦夫有立志。" 《孟子·尽心下》："孟子曰：'闻柳下惠之风者，鄙夫宽，薄夫敦。奋乎百世之上；百世之下，闻者莫不兴起也。非圣人而能若是乎，而况于亲炙之者乎？'"
	（8）通"讽"。讽谏，劝告；讽诵。共1条。	《管子·君臣下》："称德度功，劝其所能，若稽之以众风，若任以社稷之任。若此，则士反于情矣。"
	（9）恣意、任意地发表言论，散布消息（新）。共2条。	《诗经·小雅·北山》："或湛乐饮酒，或惨惨畏咎；或出入风议，或靡事不为。" 《庄子》："孔子见老聃而语仁义。老聃曰：'……吾子亦放风而动，总德而立矣！'"
	（10）中医术语。共10条。	《墨子·节用》："其为宫室何？以为冬以圉风寒，夏以圉暑雨。" 《墨子·节用》："冬可以避风寒，逮夏，下润湿，上熏蒸，恐伤民之气，于是作为宫室而利。然则为宫室之法，将奈何哉？子墨子言曰：'其旁可以圉风寒，上可以圉雪霜雨露，其中蠲洁，可以祭祀，宫墙足以为男女之别，则止。'"
	（11）指兽类雌雄相诱。共2条。	《左传·僖公四年》："楚子使与师言曰：'君处北海，寡人处南海，唯是风马牛不相及也。'" 《尚书·费誓》："马牛其风，臣妾逋逃，勿敢越逐，祗复之，我商赉汝。"
	（12）姓、名（新）。共13条。	《左传》："三月辛亥，葬我小君成风。" 《竹书纪年》："二十一年，命畎夷、白夷、玄夷、风夷、赤夷、黄夷。"
	（13）指某些虫子不经直接交配而生育（新）。共5条。	《庄子》："夫白鸱之相视，眸子不运而风化；虫，雄鸣于上风，雌应于下风而风化。类自为雌雄，故风化。"
	（14）指一种道术（新）。共5条。	《庄子》："古之道术有在于是者，关尹、老聃闻其风而悦之。" 《庄子》："彭蒙之师曰：'古之道人，至于莫之是莫之非而已矣。其风窢然，恶可而言？'"

就此而言，先秦时期，作为独立文字的"风"，含义包括以下三种：其一，与客观自然现象相关的含义；其二，具有人文内涵的含义；其三，与人文或自然环境无关的含义（包括声音、医学用语、姓名等）。通过分析语词含义的词频可知，"风"在先秦时期的含义主要是第一和第二种，各占总数的76.9%和16.9%，"风"所具有的"与客观自然现象相关的含义"为其所具有的"人文内涵含义"的5倍左右（表1-7、图1-27）。由此可见，"风"字含义在其发展演变的过程中，除保留其原始含义"一种客观自然现

象”，还产生了具有人文因素的内涵，如“风俗、风气”“作风、风度”“讽谏”以及“教化、感化”等，与人的习性、情感、行为等因素相关联。

表 1-7　先秦时期“风”的含义统计分析

语词	使用类型	具体含义	总数	出现次数	出现条数百分比
风	（1）与客观自然现象相关的含义。	（1）空气流动的现象。	567 条	432 条	76.9%
		（2）刮风、吹风。		3 条	
		（3）风灾。		1 条	
	（2）具有人文内涵的含义。	（1）通“讽”。讽谏，劝告；讽诵。		1 条	16.9%
		（2）教化、感化。		2 条	
		（3）风俗、风气。		33 条	
		（4）作风、风度。		6 条	
		（5）《诗经》“六义”之一。		52 条	
		（6）恣意、任意地发表言论，散布消息。		2 条	
	（3）与人文或自然环境无关的含义。	（1）姓、名。		13 条	6.2%
		（2）指某些虫子不经直接交配而生育。		5 条	
		（3）指兽类雌雄相诱。		2 条	
		（4）中医术语。		10 条	
		（5）指一种道术。		5 条	

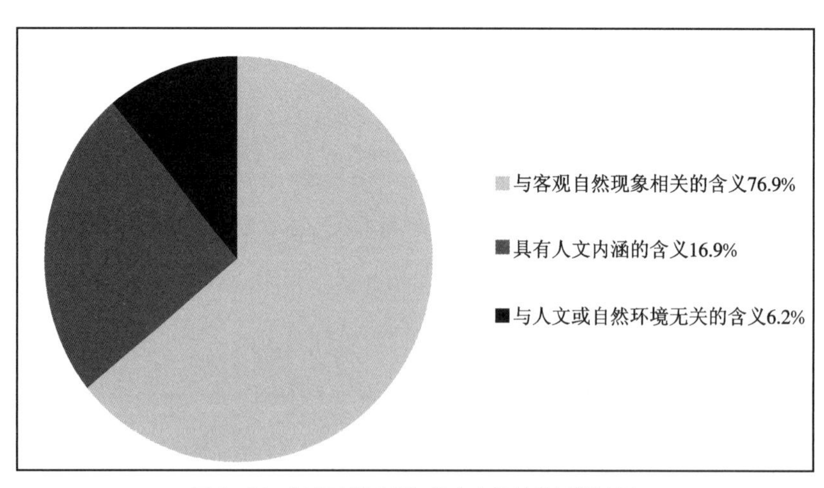

图 1-27　先秦时期“风”的含义统计分析饼状图

② 两汉时期

两汉时期，随着文献典籍的大量涌现，“风”字的出现频率也相应增高。但其含义大部分都还与先秦时期保持一致。如《淮南子·原道训》中“风与云蒸”，其中之“风”即是指其本文“空气流动的自然现象”，而《太平经·甲部》中的“淳风稍远”，“风”为“风俗、风气”之意；《昌言》中的“叛散五经，灭弃风、雅”之“风”即与《诗经》六义中之“风”相同，表“教化”之意，等等（表 1–8）。

表 1–8　两汉时期“风”的含义

语词	含义及词频	文献及具体内容示例
风	（1）空气流动的自然现象。共 1120 条。	《淮南子·原道训》：“风兴云蒸，事无不应；雷声雨降，并应无穷。” 《太平经·乙部》：“每屈伸者益快意，心中忻忻，有混润之意，鼻中通风，口中生甘，是其候也。”
	（2）刮风，吹风。共 4 条。	《论衡·明雩》：“何以言必当雩也？曰：《春秋》大雩，传家（在宣）、公羊、谷梁无讥之文，当雩明矣。曾皙对孔子言其志，曰：‘暮春者，春服既成，冠者五六人，童子六七人，浴乎沂，风乎舞雩，咏而归。’”
	（3）风俗，风气。共 735 条。	《淮南子·俶真训》：“其所守者不定，而外淫于世俗之风，所断差跌者，而内以浊其清明，是故踌躇以终，而不得须臾恬淡矣。” 《太平经·甲部》：“今天地开辟，淳风稍远，皇平气隐，灾厉横流。”
	（4）《诗经》六义之一。共 39 条。	《昌言》：“百虑何为，至要在我。寄愁天上，埋忧地下。叛散五经，灭弃风雅。” 《新语·无为》：“昔舜治天下也，弹五弦之琴，歌《南风》之诗，寂若无治国之意，漠若无忧民之心。”
	（5）教化、感化。共 63 条。	《太平经·来善集三道文书诀》：“今故风诸真人，教其丁宁，敕此行书之事。故诸真人悚悚倦倦，是天使也。” 《春秋繁露·玉杯》：“《礼》制节，故长于文；《乐》咏德，故长于风。”
	（6）作风、风度。共 59 条。	《论衡·率性》：“闻伯夷之风者，贪夫廉而懦夫有立志；闻柳下惠之风者，薄夫敦而鄙夫宽。” 《风俗通义》：“元服子夏甫，前后征命，终不降志，亚作者之遗风矣。”
	（7）通“讽”。讽谏，劝告；讽诵。共 67 条。	《资治通鉴·汉纪》：“汉数使使者风谕婴齐。婴齐尚乐擅杀生自恣，惧入见要用汉法，比内诸侯，固称病，遂不入见。” 《汉书·荆燕吴传》：“张卿大然之，乃风大臣语太后。太后朝，因问大臣。”

续表

语词	含义及词频	文献及具体内容示例
风	(8)恣意、任意或自由广泛地发表议论;风声,消息。共9条。	《盐铁论》:"故布衣皆得风议,何况公卿之史乎?《春秋》士不载文,而书咺者,以为宰士也。" 《太平御览·人事部》:"今复定河北,以义征伐,表善惩恶,躬自克薄,以待士民,发号响应,望风而至。"
	(9)中医术语。共228条。	《论衡·道虚》:"凡人禀性,身本自轻,气本自长,中于风湿,百病伤之,故身重气劣也。" 《神农本草经》:"鬼注蛊毒,以毒药。痈肿疮瘤,以疮药。风湿,以风湿药。各随其所宜。"
	(10)癫狂病。共2条。	《中论·观本住品》:"离眼耳等先无别神。复次如风狂病人。"
	(11)姓名或地名。共23条。	《论衡·语增》:"夫以千钟百牛,百觚十羊言之,文王之身如防风之君,孔子之体如长狄之人,乃能堪之。" 《汉书·地理志》:"县七:无盐,有郈乡。莽曰有盐亭。任城,故任国,太昊后,风姓。莽曰延就亭"。

就此而言,两汉时期,作为独立文字的"风",多用于第一种和第二种之中,各占总数比例的47.9%和41.4%(图1–28)。与先秦时期的统计结果相比较,"风"字在其发展演变过程中,各类含义的词数都大大增加,其中尤以"具有人文因素的内涵"的语词数量增加最为突出,达到972条,基本与其作为"客观自然现象"的含义相对持平。由此可见,先秦至两汉时期,"风"在保留其原始含义"一种客观自然现象"的前提下,

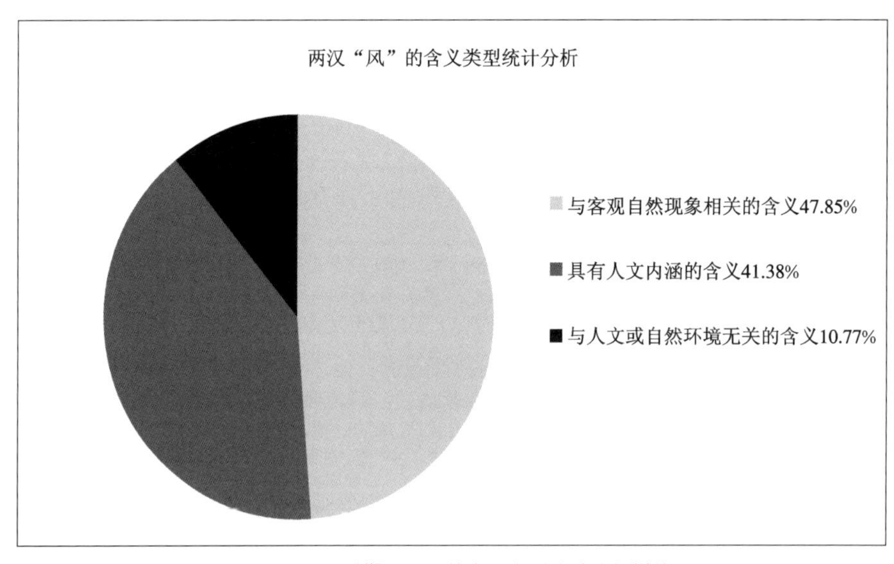

图1–28 两汉时期"风"的含义类型统计分析饼状图

伴随有更多的人文因素和内涵。“风”的自然物属性和人文属性特征都已十分突显（表1-9、图1-29）。

表 1-9　两汉时期“风”的含义统计分析表

语词	使用类型	具体含义	总数	出现次数	出现次数百分比
风	（1）与客观自然现象相关的含义。	（1）空气流动的现象。	2 349 条	1120 条	47.85%
		（2）刮风、吹风。		4 条	
	（2）具有人文内涵的含义。	（1）通“讽”。讽谏，劝告；讽诵。		67 条	41.38%
		（2）教化、感化。		63 条	
		（3）风俗，风气。		735 条	
		（4）作风、风度。		59 条	
		（5）《诗经》“六义”之一。		39 条	
		（6）恣意、任意地发表言论，散布消息。		9 条	
	（3）与人文与自然环境无关的含义。	（1）姓名或地名。		23 条	10.77%
		（2）癫狂病。		2 条	
		（3）中医术语。		228 条	

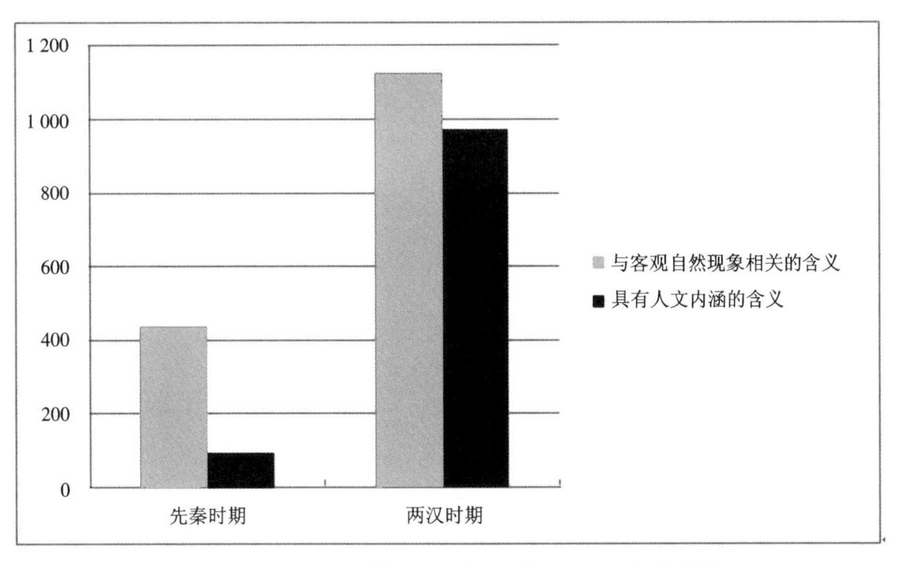

图 1-29　先秦和两汉时期“风”的两种含义类型统计分析柱状图

2）景

①先秦时期

甲骨文中没有“景”字。金文和篆书中均有其字形。“景”是会意兼形声字[①]，其本义指称的是一种客观存在的事物，表“日光”之意。《说文解字》：“景，光也。从日京声。”段玉裁注：“光所在处，物皆有阴。”“后人名阳曰光，名光中之阴曰影”。《广韵·梗韵》：“景，光也。”[②]之后由此又衍生出“光影”“光色”之意，如《荀子·解蔽》中“故浊明外景，清明内景”，其中之“景”为“光色”之意；《荀子·解蔽》：“水动而景摇”，此处之“景”通“光影”之意。另外，如《楚辞·七谏·谬谏》中“龙举而景云往”，此处之“景”被用作星、云、山等自然物之名，表“祥和”之意。除此之外，“景”大部分被用作姓氏或表“强、大”之意，与人文和自然环境的关系都不大（表1–10）。

表1–10 先秦时期“景”的含义统计表

语词	含义及出现频率	文献及具体内容示例
景	（1）表祥和之意（新）。共10条。	《楚辞·七谏·谬谏》：“虎啸而谷风至兮，龙举而景云往。”
	（2）强也，大也。共9条。	《逸周书·谥法》：“由义而济曰景，布义行刚曰景，耆意大虑曰景。” 《逸周书·谥法》：“隐，哀之方；景，武之方也。施，为文也；除，为武也。辟地为襄，服远为桓。” 《诗经·定之方中》：“升彼虚矣，以望楚矣。望楚与堂，景山与京。降观于桑，卜云其吉，终然允臧。”
	（3）姓。共452条。	《左传·宣公十五年》：“潞子婴儿之夫人，晋景公之姊也。酆舒为政而杀之，又伤潞子之目。” 《国语·太子晋谏灵王壅谷水》：“王卒壅之。及景王多宠人，乱于是乎始生。景王崩，王室大乱。” 《论语·颜渊》：“齐景公问政于孔子。孔子对曰：‘君君，臣臣，父父，子子。’”
	（4）阴影。共57条。	《管子·宙合》：“景不为曲物直，响不为恶声美。是以圣人明乎物之性者必以其类来也，故君子绳绳乎慎其所先。” 《荀子·解蔽》：“高蔽其长也。水动而景摇，人不以定美恶，水势玄也。”
	（5）光色（新）。共2条。	《荀子·解蔽》：“故浊明外景，清明内景，圣人纵其欲，兼其情，而制焉者理矣。夫何强？何忍？何危？”

①杨锐：《“风景”释义》，1页，载《中国园林》，2010（9）。

②汉语大字典编辑委员会：《汉语大字典》（第一版），1520页，武汉，湖北辞书出版社，成都，四川辞书出版社，1990。

续表

语词	含义及出现频率	文献及具体内容示例
景	（6）钟乳，即钟面上隆起的部分。共1条。	《周礼·考工记·凫氏》："钟带谓之篆，篆间谓之枚，枚谓之景。"
	（7）通"颢"，白色（新）。共1条。	《管子·五行》："昔黄帝以其缓急作五声，以政五钟。令其五钟，一曰青钟大音，二曰赤钟重心，三曰黄钟洒光，四曰景钟昧其明，五曰黑钟隐其常。"
	（8）同"憬"，远行的样子。共1条。	《诗经·二子乘舟》："二子乘舟，泛泛其景。愿言思子，中心养养！"

就此而言，先秦时期，作为独立文字的"景"，含义包括以下三种：其一，与客观自然现象相关的含义；其二，具有人文内涵的含义；其三，与人文或自然环境无关的含义（包括作为姓氏使用、表强和大之意、形容远行的样子等）。与"风"不同，"景"在先秦时期大部分语词都是作为姓氏使用，无具体含义。其与人文或自然环境无关的含义占到了总数的86.7%，与客观自然现象相关的含义和具有人文内涵的含义分别只占到总数的11.4%和1.9%。由此可见，先秦时期，"景"的自然和人文特性都并不十分突显，但其与生俱来的自然性特征却一直得以延续，人文性特征也已初见端倪（表1–11、图1–31）。

表1–11　先秦时期"景"的含义统计分析表

语词	使用类型	具体含义	总数	出现次数	出现次数百分比
景	（1）与客观自然现象相关的含义。	（1）阴影。	533条	57条	11.45%
		（2）光色（新）。		2条	
		（3）通"颢"，白色（新）。		1条	
		（4）钟乳。即钟面上隆起的部分。		1条	
	（2）具有人文内涵的含义。	（1）表祥和之意（新）。		10条	1.88%
	（3）与人文或自然环境无关。	（1）姓。		452条	86.68%
		（2）强也，大也。		9条	
		（3）远行的样子。		1条	

②两汉时期

两汉时期，“景”字的词频大大提高。与先秦时期相同，“景”的主要含义还是作为人称姓名使用，如《史记》《汉书》《东观汉记》《汉纪》中所提到的景王、景驹、景丹、景帝、孝景等，都没有具体含义。而其原始意义“日光”在此段时间又衍生出新的“太阳”“光照”之意，原有的“光影”“光色”之意也继续保留。如《汉书·礼乐志》中“芬树羽林，云景杳冥”，“云景”即指云和日；《释名》中“齐鲁谓光景为柱矢”，“光景”即为“光照”之意。另外，“景”还被用来指称某种形状或状态的云、风、星等自然物，表“四方祥和”之意，人文气息也得到进一步延续。如《史记·律书》《汉书·礼乐志》《东观汉记》中提到的景星、景云、景风等。更值得注意的是，此时《释名》中对“景”的释义也提出了独到的见解。《释名·释天》中云：“景，境也，明所照处有境限也。”这是中国历代文献中第一次从整体空间环境和情境的角度对“景”作出诠释，为之后“景”作为空间与环境的代名词奠定了历史文化根基。（表 1–12）。

表 1–12　两汉“景”的含义统计分析表

语词	含义及词频	文献及具体内容示例
景	（1）表四方祥和之意（新）。共 53 条。	《史记·律书》：“景风居南方。景者，言阳气道竟，故曰景风。” 《淮南子·天文训》：“虎啸而谷风至，龙举而景云属，麒麟斗而日月食，鲸鱼死而彗星出，蚕珥丝而商弦绝，贲星坠而勃海决。”
	（2）强也，大也。共 8 条。	《史记·三王世家》：“‘高山仰之，景行向之’，朕甚慕焉。所以抑未成，家以列侯可。” 《淮南子·说山训》：“撰良马者，非以逐狐狸，将以射麋鹿；砥利剑者，非以斩缟衣，将以断兕犀。故‘高山仰止，景行行止’，向者其人。”
	（3）不具备实际意义的称谓。共 1112 条。	《史记·周本纪》：“十四年，简王崩，子灵王泄心立。灵王二十四年，齐崔杼弑其君庄公。二十七年，灵王崩，子景王贵立。” 《汉书·高帝纪》：“东阳宁君、秦嘉立景驹为楚王，在留。”
	（4）光影。共 91 条。	《淮南子·原道训》：“经霜雪而无迹，照日光而无景。” 《太平经·知盛衰还年寿法》：“事各有可为，至光景先见，其事未对，豫开其路。天之垂象也，常居前，未尝随其后也。”
	（5）光。共 3 条。	《说文解字》：“景，光也，从日，京声。” 《诗经·二子乘舟》：“二子乘舟，泛泛其景。愿言思子，中心养养！”
	（6）照。共 3 条。	《释名》：“齐鲁谓光景为枉矢，言其光行若射矢之所至也，亦言其气枉暴有所灾害也。”
	（7）指太阳。共 4 条。	《汉书·礼乐志》：“《安世房中歌》十七章，其诗曰：大孝备矣，休德昭清。高张四县，乐充官庭。芬树羽林，云景杳冥，金支秀华，庶旄翠旌。”

综上所述，作为独立文字的“景”，在两汉时期大部分情况仅作为姓氏使用，无具体含义。其中“与客观自然现象相关”的含义和“具有人文内涵”的含义分别只占到总数比例的7.9%和4.2%，但数量较先秦时期都有所增加。与此同时，“景”所具有的“与客观自然现象相关”的含义内容也得到新的扩展，在保留原有含义“日光”“光影”“光色”的基础上，又产生了“太阳”“光”“照”等含义，“景”所包含的客观自然物内容变得更加丰富。除此之外，此时之“景”已开始被用来描述整体的场所和环境，具有了情境和空间特性（表1–13，图1–30、图1–31）。

表1–13　两汉时期“景”的含义统计分析表

<table>
<tr><th>语词</th><th>使用类型</th><th>具体含义</th><th>总数</th><th>出现次数</th><th>出现次数百分比</th></tr>
<tr><td rowspan="11">景</td><td rowspan="5">（1）与客观自然现象相关的含义。</td><td>（1）光影。</td><td rowspan="11">1 279 条</td><td>91 条</td><td rowspan="5">7.98%</td></tr>
<tr><td>（2）光。</td><td>3 条</td></tr>
<tr><td>（3）照。</td><td>3 条</td></tr>
<tr><td>（4）指太阳。</td><td>4 条</td></tr>
<tr><td>（5）时光（新）。</td><td>1 条</td></tr>
<tr><td rowspan="2">（2）具有人文内涵的含义。</td><td rowspan="2">表祥和之意（新）。</td><td>53 条</td><td rowspan="2">4.23%</td></tr>
<tr><td>1 条</td></tr>
<tr><td rowspan="3">（3）与人文或自然环境无关的含义。</td><td>（1）迹象（新）。</td><td>2 条</td><td rowspan="3">87.73%</td></tr>
<tr><td>（2）姓。</td><td>1 112 条</td></tr>
<tr><td>（3）强也，大也。</td><td>8 条</td></tr>
<tr><td>（4）空间含义。</td><td>（1）场所、情境（新）。</td><td>1 条</td><td>0.08%</td></tr>
</table>

3）小结

综上而言，风景语词形成时间虽相对较晚，但“风”“景”二字却在先秦时期即已产生，其最初的含义都是指一种客观自然物。先秦至两汉时期，“风”的含义从以描述客观自然现象为主，转变为以描述客观自然现象与人文内涵并重。而“景”在此过程中，其原始含义的自然性特征也得到进一步的延续和拓展，人文性特征也已初具端倪。除此之外，此时之“景”也开始被用来描述整体的场所和环境，具有了情境和空间特性。由此可见，先秦、两汉时期，“风”和“景”已具备人文和自然的双重特性。

魏晋南北朝时期，“风景”语词形成。此时之“风景”，主要是用以表述“风光、

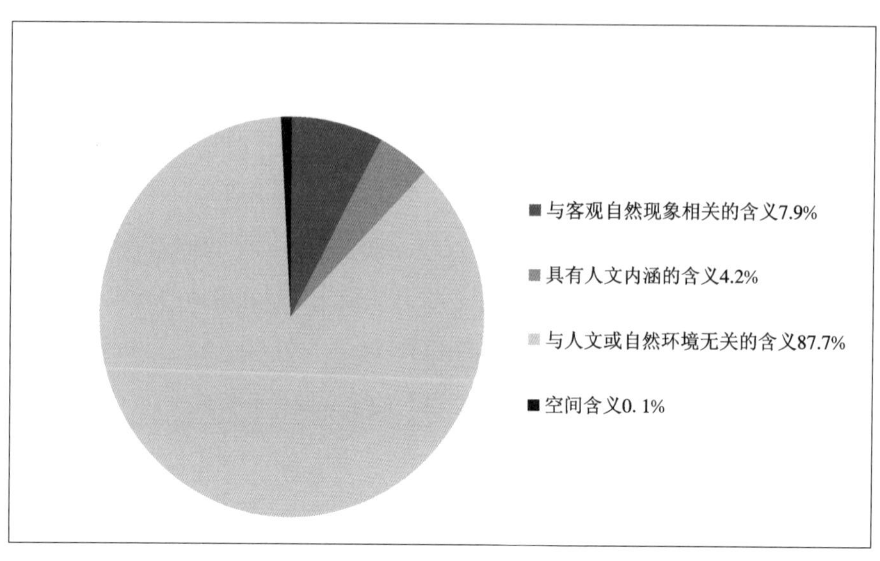

图 1-30　两汉时期“景”的含义类型统计分析饼状图

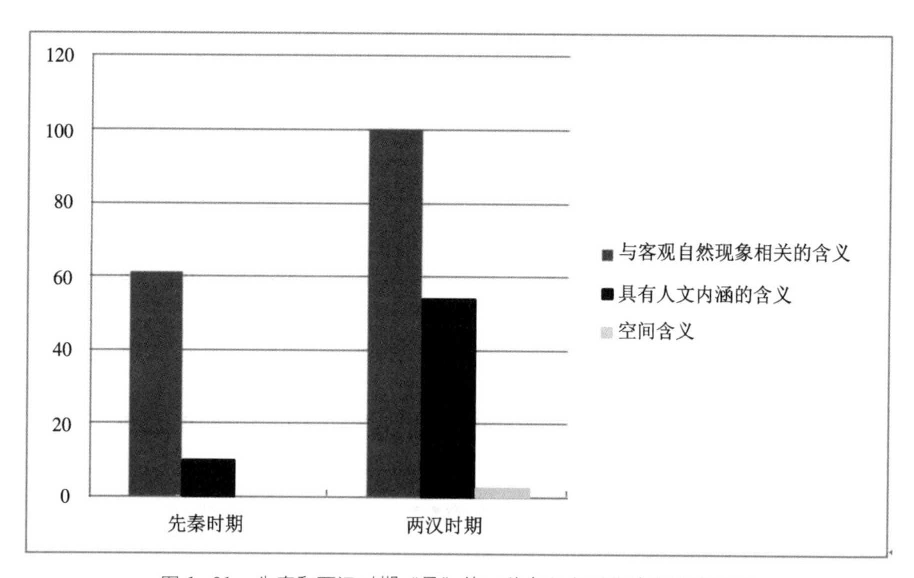

图 1-31　先秦和两汉时期“景”的三种含义类型统计分析柱状图

景致”的含义，体现出整体环境审美的意义。此外，与后来的“山水”语词一致，“风景”语词也经常被用来指称人文建构的物质空间环境①，如唐代白居易《忆江南》中“江南好，风景旧曾谙”，杜甫《江南逢李龟年》中“正是江南好风景，落花时节又逢君”，等等，

①编者在针对山水和风景语词含义的统计分析中，发现风景语词在很多文献中都被用以表述具有人文含义的风景，而山水语词具有人文风景含义的词频相对要低很多，但并不是不存在。

其中的“风景”，多是以江南地区、杭州城市的社会生活、风土人情、自然景物为指称对象，包含建筑、城市、园林、道路等与人的活动、行为密切相关的环境因素。也就是说，从审美内容来讲，此时风景的指称内容已包括自然和人文两方面。

与之相比，“山水”语词的词素“山”和“水”在其产生和发展的各个历史时期，尽管含义很丰富，但都与客观自然事物相关联。“山水”语词形成时间较早，先秦时期就已具有了“山中之水”“山和水”的含义，同时还能表述整体环境审美的意义。如《山海经》中“后稷之葬，山水环之”。但这里所指的“山水”环境，也是指以自然山水为主体的环境。秦汉时期，山水语词的含义也基本都是与客观自然山水相关。魏晋南北朝时期，随着山水文化的发展，“山水”语词才逐渐产生了自然风景和人文风景的审美含义，而其原始的自然山水之意也一直作为其语词的主要含义得以延续和保留。由此可见，“山水”语词的形成和发展始终都是以客观自然山水环境为基础的。因此，笔者认为，“风景”相对于“山水”，能囊括更为丰富的物质环境内容，体现更加深厚的人文基础。

第二章

先秦风景审美意识的形成

在中国文化的“史前时代”[1]，审美和文化的痕迹还不能用文字记载下来。史前人类行为痕迹中潜藏的、具有美感的天赋创造，都“写”在被风化的岩壁和被后人发掘的遗物上。从丁家村[2]略有规范的尖状、球状、橄榄形石器，到山顶洞人磨制光滑的、带钻孔或刻纹的骨器；从卫宁北山地区[3]数以千计的岩画，再到半坡[4]具有动物形象纹样的彩陶，都体现出先人超于物质功利的精神和意识形态内容。正如李泽厚先生所言：“这种原始的物态化的活动便正是人类社会意识和上层建筑的开始。它的成熟形态便是原始社会的巫术礼仪，亦即远古图腾活动”[5]。这种图腾活动的“艺术行迹”，正是早期人类感性意识与理性思维结合的产物。潜藏于这些原始时代“艺术品”之中的，是先民朴素的审美意识。

商、周以来，农业和手工业高速发展，青铜器制造技术发展，先进的劳动生产工具的使用，使先民们在长期的自然选择与作用过程中，逐渐意识到人与自然是不可分地统一在一起的。自然不再处处被看作一种支配和威胁人的神秘力量，人们开始逐步发挥主观能动性，积极地适应自然、与自然相协调。人的地位、人与自然的统一开始得到了肯定。

进入春秋战国时期，社会变革加剧，生产力的发展推动社会进步，促成了更加璀璨的文明。诸子争鸣、百家蜂起，理性思潮的开拓和创造开始挣脱传统，奠定汉民族的文化心理结构[6]。其中最突出的就是以孔子为代表的儒家学说及其相应的审美观。儒家把人的思想、观念、情感从过去神秘的宗教崇拜引向现实的人世生活，将情感的抒发引向心理与伦理的人生社会。这种思潮日渐成为中国审美艺术的重要特征，并为中国独特的自然美审美意识奠定了深厚的文化根基，确定了基本的发展方向。

《诗经》和《楚辞》作为这一时期的代表性文本和具有永久审美价值的杰作，其中赋、比、兴思维所反映出的自然美审美意蕴及审美意识，对我们考察先秦时期古人自然山水审美意识的演进具有极高的价值。

另外，建筑与园林的审美价值亦日益彰明。受到理性精神的影响和“礼”制思维的

①从距今约170万年的元谋人至夏王朝建立之前。

②位于鹊儿山镇东北部，现为山西省大同市左云县鹊儿山镇。

③经岩画专家考证，宁夏卫宁北山地区的岩画带遗存了数量惊人的史前岩画，这一地区是中国迄今唯一的“岩画主要地区”，其早期岩画可追溯到旧石器时代晚期，距今2万至3万年左右。

④半坡文化，中国原始社会新石器时代的一种文化，属黄河中游地区新石器时代的仰韶文化，是北方农耕文化的典型代表。1952年发现于陕西西安市半坡村，考古人员在陶器上发现22种符号，可能是一种原始文字。

⑤李泽厚：《美的历程》，3页，北京，生活·读书·新知三联书店，2009。

⑥李泽厚：《美的历程》，51页，北京，生活·读书·新知三联书店，2009。

制约，建筑主要体现出以“礼”“乐”“和美”为主体的思维导向，体现出对环境构成要素诸如空间、尺度、结构、布局、序列与形态等秩序的思考，也体现出理性与感性相互交织的环境审美价值取向。园林则主要表现出受原始山岳、湖河崇拜影响而形成的，以自然山水为基调并以山、水、台、池为主要构景元素的景观环境特性，彰显出中国古典园林的基本构景模式和审美发展倾向。

第一节　上古时期朴素的风景审美意识

一、潜藏于自然崇拜中的自然审美意识

上古社会的发展过程是先人不断认识、利用自然的过程。各种自然对象，如日月、山水、动植物等，都开始成为图腾活动中创作和描摹的对象，并被赋予了人类特有的观念含义及感官愉悦。如在内蒙古、甘肃、青海、新疆、云南等地的岩画中，有以太阳、动物、植物、人物为题材的图案；云南耿马石佛洞出土的陶器，其纹饰就涉及鱼纹、鸟纹、草叶划纹等；河南汝州洪山庙遗址出土的陶器上，则刻有太阳、月亮、树叶、花蕾形的符号。这些原始的“艺术品”和“装饰物”，都带有原始宗教的色彩和意义。尽管此时它们的创作并不是以审美为动机，但审美和艺术却确实潜藏于其之中[①]。通过这些丰富多彩的自然形态图案和刻划符号，不难揆度出上古人类思维与行为中潜藏的、朴素的自然美审美意识（图 2-1）。

图 2-1　画面中有北山羊、植物和人骑，画面密度大，形象生动，表现了人们对农收的期盼（引自《中国美术全集》）

由此看来，中国古代之岩画、陶器、陶纹这类原始的“艺术品”和“装饰物”，它们作为原始巫术礼仪活动延续和发展的产物，远远不同于为了合乎逻辑而进行自觉加工的使用工具，而是原始人类意识形态的产物，是一种将人的观念和幻想外化而高度凝

①李泽厚：《美的历程》，51 页，北京，生活·读书·新知三联书店，2009。

图 2-2 新石器时代绘鹳鱼石斧图彩陶缸（仰韶文化）（引自《珍本中国美术全集（上卷）》 鹳鸟昂首挺立，六趾抓地，二目圆瞪，口衔一条大鱼）

图 2-3 彩陶蛙纹壶(引自《中国审美文化史·先秦卷》)

图 2-4 新石器时代陶兽（大汶口文化）（引自《中国美术全集》）

图 2-5 新石器时代陶水鸟壶（良渚文化）(引自《中国美术全集》)

结的符号和标记。尽管它们并不能被称为审美或艺术，但对原始人类而言，客观世界中的山川、鱼树、鸟禽、花草等这些自然事物，它们在原始巫术礼仪活动中体现出的是一种氏族图腾的神圣感，是崇拜、欣赏和敬畏的对象，流露出人们对大自然的关爱和咏赞。他们对大自然的审美，最初即潜藏于这原始巫术的神秘互渗之中[①]（图 2-2~ 图 2-6）。

①陈炎，主编，廖群，仪平策：《中国审美文化史·先秦卷》，山东，山东画报出版社，2007。

图 2-6　陶缸上的彩绘图案 2（引自《河南早期刻画符号研究》）

二、潜藏于实用理性中的人文审美意识

上古时期，也并不是所有的岩画和陶纹等“艺术形式”都是以宗教巫术活动为目的的，它们有的还具有记事和传递信息的功能，能反映出一定时期人们的生产和生活状况。德国艺术史家、社会学家格罗塞[①]曾强调：艺术形式具有实用目的性。原始装饰的起源并不是以装饰为目的，而是作为一种有实际意义的象征或标志，具有实用目的性。原始艺术与原始社会的生产与生活密不可分[②]。因此，与原始人类生产和生活密切相关的建筑、村落、道路、池塘等这些人工建造物也成了岩画、陶器和陶纹的题材。如新疆阿勒泰地区吉木乃县塔特克什阔拉斯的岩画图案为塘边群兽（图 2-7），画面中有一人工水池，周围群兽聚集。

由此看来，上古时期，建筑、池塘、道路等这些与人类生产、生活密切相关的人工建造物，也与自然物一样，已开始引起了人类足够的关注，成为岩画、陶纹这些艺术形式记录、表达和诠释现实世界的主体内容。尽管此时他们刻画此类人工构筑物更多是出于实用、功利关系的考虑，而并非以审美为目的，但实际却取得了远超物质功用的、更为曲折和复杂的精神内容和意义，审美的情感即已潜藏于其中（图 2-8~ 图 2-10）。

通过上古人类在岩画、陶纹等原始文化遗存物件中所诠释和描绘的自然和人为事物，

①格罗塞（Ernst Grosse，1862—1927），德国艺术史家、社会学家，现代艺术社会学奠基人之一，曾任弗赖堡大学教授。主要著作有《艺术的起源》、《艺术科学研究》等。

②格罗塞：《艺术的起源》，第 2 版，蔡慕晖，译，北京，商务印书馆，1984。

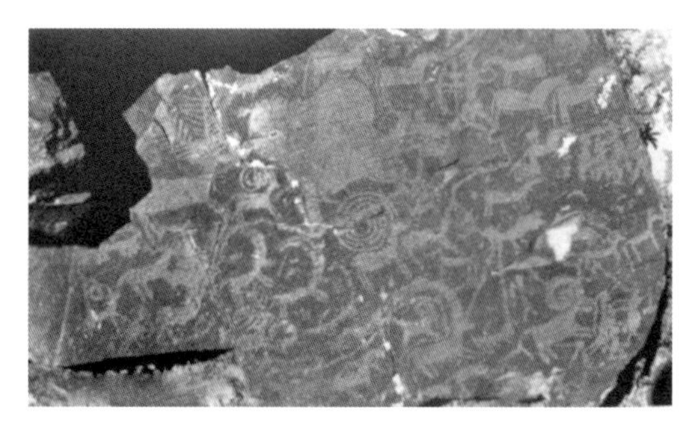

图 2-7 画面中有一水塘，周围群兽聚集，主要有大角羊、牛、马和鹿等动物。画面右侧有两个亲昵拥抱的人像（引自《中国美术全集》）

图 2-8　主景为十八个帐篷组成的村落，下有三名骑士（引自《中国美术全集》）

图 2-9　画面为一个房屋和两棵树（引自《中国美术全集》）

图 2-10　新石器时代的陶屋（青莲岗文化），陶屋形象简约，结构、比例和形态刻画具体、协调又生动（引自《中国美术全集》）

我们实可窥探出蕴含于其中以物质功用为出发点，以崇拜、敬畏、关爱为特征的原始的、朴素的审美情感特质。这即奠定了后世自然美审美意识和人文环境审美意识的根基，给予中华儿女敏锐而深刻的风景审美文化基因。

第二节　先秦时期风景审美意识的理性发展

一、先秦自然美审美意识的发展

1. 传统自然观影响下的生态观和价值观

春秋战国时期，哲学和政治思想也发生着重大的变化，出现了“百家争鸣”的文化繁荣景象。与孔子同时期的诸子学派如道家、法家、墨家等，也都纷纷登上历史舞台，对社会、自然、政治等种种问题发表观点，著书立论。在针对山水自然的哲理思辨中，孔子在天人关系方面的协调，“参天地，赞化育”的价值观，“智者乐水，仁者乐山”的君子比德观以及“逝者如斯夫，不舍昼夜”的比道思维等，对后世山水审美意识的形成和山水文化的发展都有着最直接和深刻的影响。

（1）重视人与自然协调发展的生态观

天与人的关系，是孔子关注的重要问题之一。在儒家的哲学思维中，“天”是一切自然现象和变化过程之根源。儒家既看重“天”的自然属性，又注重其向着理性非人格化方向的发展。因此，他们强调人要以爱护、友善的态度对待“天”，强调人与自然万物的和谐统一。儒学以“仁学”为核心，“仁学”以血缘关系所产生的亲子之爱为基础来把握个体和社会的发展关系。孔子认为，“孝”是“仁”的基石，是人类最本源的情感。由爱亲之“孝”推而广之，就能爱人、爱民，进而珍爱自然界的生命万物。这种将自然天道与人世道德行为和谐统一的思维观念，体现出精神的至高境界。这种对大自然的尊重与关爱之情，促使人们把自然事物当作关注甚至审美的对象加以歌颂、赞美与欣赏。自然美审美意识在传统生态观的影响下获得进一步的发展。

此外，孔子在不断认识客观自然界的过程中，还意识到了自然资源的可贵性，主张人类在采集使用自然资源的同时，还要注重珍惜和有效地利用自然资源以维持生态的可持续发展。在此基础上，孔子还提倡在日常生活中当以“节用”为原则。他强调：“君子食无求饱，居无求安”（《论语·学而》），“食求饱”“居求安”就破坏了“节用”

的原则，不可取。因此，他提倡“奢则不孙(逊)，俭则固；与其不孙也，宁固”（《论语·述而》）的节俭生活方式。

孟子紧随孔子，也是以“仁”道主义为其德行的基本原则，主张人与人之间应该相亲、相爱，自觉履行各自在社会中所承担角色的责任和义务。在此基础上，他又提出以“善”为基础的“亲亲、仁民、爱物”思想。这种“爱”，即是对“物”的尊重、保护、爱惜和不干涉，是对自然客观规律的遵循，也是孟子重视自然生态资源保护的体现。

由此可见，儒家对自然事物有了更理性、全面的认识，提出了更现实、合理的应对方式。不过，他们的言行更多是从生存的角度来考量自然事物的实用价值，而不是将其视为审美的对象。但是，对大自然的审美意识和审美情感在进一步的认识和关注中也渐渐成熟。

（2）“参天地，赞化育”的价值观

孔子的价值观包含于政治和道德范畴中，涉及人与自然、人与社会的协调关系，并由此引出了《周易》《中庸》和孟子所提倡的“参天地，赞化育”的儒学核心思维。

“参天地，赞化育”是儒家一贯倡导的个人与自然“天人合一”思想的具体表达。孔子认为，“天道”即蕴含于“人性”与“万物”之中。“人”在万物宇宙之中，应该尽可能发挥积极的主观能动效应以促进天地万物的生长化育，协调相互的关系。孔子对“天地”万物如此之看重，不但将其视为人一切行为活动的基准、原则，而且还认为人作为宇宙万物的主体，最重要的就是要积极发挥自己的主观能动性以促进天地大系统的顺利运行。由此可见，在儒家的观念中，自然天地万物早已不仅是作为崇拜、尊重的对象而存在，而且成为人生行为活动的准则和人生价值观的标准。从“惟天地，万物父母；惟人，万物之灵”（《尚书·周书·泰誓上》），到“天生德于予”（《论语·述而》），再到“人者，天地之心也”（《礼记·礼运》）等等，都突显出他们对宇宙万物、对整个自然界倾注了极大的热情、关注与关爱，并将之与人生的目标视为一脉相承的整体。这种主客相融、人地相携的自然美审美思维，为后世自然美审美意识的发展奠定了深厚的思想和文化根基。

2. 新的审美境界：自然美审美与人生、精神的融合

先秦时期，随着生产力水平的提高和人类认知能力的增强，人们对自然事物及其规律的认识和掌控能力也逐步增强，为自然美审美的进一步发展创造了条件。同时，人们也开始不以生产实践的实用性为目的，而是把注意力放在客观自然事物的外在形式和结构上，表现出对自然事物外在特征的关注，并在此基础上投入了更加丰富的情感、理解与想象等。如孔子在自然美审美层面最早提出的“比德”与“比道”山水审美命题，比德有“知者乐水，仁者乐山”，比道则有“曾点言志”“子在川上曰”等典例。

这一时期，以儒家为主体的士族阶层构成风景审美的主体。他们以山水比德、比道，参悟自然、曾点气象的超然审美行为，证明从上古时期开始，华夏人类在自然生存作用过程中潜藏的审美基因，已然形成明确的自然审美观。尽管此时自然山水还并未成为独立的风景审美对象，但历史上第一次山水审美命题的提出，为后世自觉风景审美意识的形成提供了强大的内在动力。

（1）天地有大美而不言：比德

山水“比德”是中国历史上首次提出的自然山水审美命题。它从伦理道德角度建构自然山水与人的精神的交流，体现先秦儒家诸子的山水审美观，对后世中华民族的自然山水审美意识、山水文化的发展都产生了深远的影响。

“比德”说最早出现于《诗经》。如《诗经·卫风·淇奥》云：“瞻彼淇奥，绿竹如箦。有匪君子，如金如锡，如圭如璧。宽兮绰兮，猗重较兮。”在此，作者运用“比兴”[1]的手法，分别以圭璋和金锡这两组客观物品比附君子的本质和修养。后来，孔子又提出“仁山智水”的审美思维，将比德思想发展到新的审美境界。对此，朱熹这样解析：“知者达于事理，而周流无滞，有似于水，故乐水。仁者安于义理，而厚重不迁，有似于山，故乐山。”（朱子《论语集注》）他认为：孔子所论及的自然美审美，包含丰富的道德品质内容。在孔子看来，自然物的某些特征与人的道德品质有类似之处，因此，人在欣赏自然山水之时，很容易将两者联系到一起，将自然物视为人的道德属性的一种象征。

①朱光潜先生指出：“（比兴）是用物态比拟人的情感思想和活动。它们是形象思维的一种方式，在《诗经》中最常用，在后来山水诗中也是一种主要的手法。”“比兴”引出了人的伦理道德与自然万物比附的新境界。

这种主客体之间获得充分沟通与交流的山水审美方式，要远胜于《诗经》等作品中出现的简单物态比附。

同时，这些论题也反映出这样一个重要事实：人对自然事物的审美和观照，并不只是简单的对客观事物的感觉反应，而是将人的情感、精神等融入其中，并建立与之同形同构的关系。在这种联系中，人们能自然而然地感受到自然事物的美，产生愉悦的心境。这是人类自然美审美意识发展中的一次重大飞跃，也是人类对自然事物中与之同形同构对应关系的重大发现。用现代西方心理美学理论来概括，即为“审美移情”。

“移情”审美理论在西方最早由德国的两位学者费舍尔父子[①]提出。他们认为，我们对客观物质世界的审美观照，不只是简单的主体对客体的感受活动，而是一种将自己心灵情感投射于我们所能见之客观对象的外射活动。“它不是Einempfindung（感受），而是Einfuhlung（移情）。外射的动作是紧接着知觉而来的，并且把我们的人格融合到对象中去，因此，他不可能被说成是一种联想或回忆。”[②]

20世纪德国心理学家、美学家立普斯[③]在此基础上又作了新的诠释，他主要总结为以下四点[④]：

a. 审美移情作为一种审美体验，其本质是一种对象化的自我感受；

b. 审美移情的基本特征是主客消融，物我两忘、物我同一、物我互赠；

c. 审美移情发生的原因是同情感与类似联想；

d. 审美移情的功能是人的情感的自由释放。

立普斯所提出的“审美移情”理论，西方20世纪所发现和认同的这种“主客相融”“物我两忘”“物我同一”审美旨趣和审美境界，早在两千多年前先秦时期的中国就已得到儒家学者极高的赞誉和追求。它通过与儒家“天人合一”哲学思想相结合，将人与自然、天、地的共性相对应、相协调发展为一种重要的审美观照方式，将中国山水的审美文化带入一个超越天地宇宙的新境地。

①最先提出“移情”概念的是德国美学家弗里德里希·费舍尔（1847—1933）的儿子罗伯特·费舍尔。此外还有德国的洛采、谷鲁斯，英国的浮龙·李等人。

②童庆炳：《中国古代心理诗学与美学》，150~157页，北京，中华书局，1992。

③立普斯（Theodor Lipps, 1851—1914），德国心理学家、美学家，德国“移情派”美学主要代表，慕尼黑大学教授，曾任该大学心理系主任20年。著有《空间美学和几何学·视觉的错误》《美学》《论移情作用，内摹仿和器官感觉》《再论移情作用》等。

④童庆炳：《中国古代心理诗学与美学》，150~157页，北京，中华书局，1992。

（2）人生的领悟：比道

山水“比道”是孔子提出的又一个自然美审美命题。所谓“道”，即指行走之路，在此抽象引申为“人生之路”，指人处世的某种法则与规范，某种生活方式、思想模式或政治路线。与西方国家的“逻各斯”不同，中国的“道”着眼人生[①]。对于人生、生命价值的体悟与审美是中国儒学思想的重要构成部分。

孔子坚守并执着于现实人生的实用理性，以协调人际关系、建构社会秩序、服务政教伦常为其目标。如其所言“逝者如斯夫，不舍昼夜”（图 2–11）。在此，孔子认为没有永恒不变的时间和生命，因此，我们应该去追求如何在这短暂的人生中赢得生命的不朽。这是孔子由自然山水而引发的对于生命和人生的感悟和体验，即以山水“比道”的审美境界。

在此基础上，孔子又强调，若想在这短暂的人生中实现生命的价值，就必须努力奋斗。《论语》云：“唐棣之华，偏其反而。岂不尔思，室是远而”，“子曰：‘未之思也，夫何远之有？’”孔子认为，人生没有真正的困难，最大的问题就是不够努力：如若真想念风中摇曳的“唐棣之花”，再远的距离都不能阻止。诗以人对远方“康棣之花”的追求引发对人生、生命价值的感慨和感悟，正是儒家“比道”审美思维的体现。

在孔子的“比道”审美思维中，客观自然规律即存在于这天地万物之中，既深刻又

图 2–11　在川观水（引自刘彤彤《问泉哪得清如许，为有源头活水来——中国古典园林的儒学基因及其影响下的清代皇家园林》）

①张皓：《中国美学范畴与传统文化》，67 页，武汉，湖北教育出版社，1996。

平凡，生命的生生不息、循环往复也遵循着这客观规律自然运行。面对这些，欣赏者所感受到的就不仅是花木鸟兽所带来的感官刺激，而是能升华到与宇宙万物共感同乐的天地境界、审美境界[①]。

3. 审美意趣的创造性发展：《诗经》——以文本形式传载的自然美审美意识

山水自然从原始社会的宗教崇拜转变为艺术审美对象，经历了一个非常漫长的过程。而这一转变的发生就在春秋末期。这一时期，正值中华民族理性思维大发展和文化心理建构阶段。以孔子为代表的儒家山水审美观，从“智者乐水，仁者乐山”的山水“比德”，到“莫春者，春服既成，冠者五六人，童子六七人，浴乎沂，风乎舞雩，咏而归”的“曾点气象”，再到“岁寒，然后知松柏之后凋也”与“逝者如斯夫，不舍昼夜”的山水比道，都充分显示出这一转变的历史功绩。

然而，这里体现的仅仅是当时士族阶层这部分群体对自然山水审美的认识和理解。就整个世俗社会而言，自然风物的审美活动则更为广泛和久远。这种更具普遍性的审美风尚，在《诗经》作品中表现得最为充分[②]。

《诗经》是中国最早的一部诗歌总集，具有极高的艺术价值，对后世的诗歌艺术影响也极为深远。其中对自然风物的形象描绘，使其成为反映中国古代传统自然审美观的理想载体。《诗经》中的赋比兴，不只作为表现方式而存在，更代表了先秦古人的审美观和思维方式。

《诗经》中的情感和思维主要通过山川风物传达。但由于不同诗歌要表达的思想内容和意境不同，因此运用了不同的表达方式，呈现出不同的审美层级。本节试从赋、比、兴的角度讨论《诗经》中的自然风物审美旨趣。

---

①冯友兰先生从人与宇宙人生的双向过程来规定境界概念，并将人可能有的境界分为自然境界、功利境界、道德境界和天地境界四个层级，天地境界为生命的最高层级，其根本特征是它和天地（自然、宇宙）规律是合一的。在天地境界中，人的体悟、感觉已发展至最高的程度，在此种境界中的人，谓之圣人。对此，李泽厚先生也说：“冯先生所说的‘天地境界’即是我所讲的‘审美境界’，在这境界中的人，是‘参天地，赞化育’，启真储善的自由人生。”此种说法即是从自然美审美的角度对孔子儒学及冯先生所宣扬之天地审美境界的高度肯定和赞许，也是孔子“天人相谐”“天人合一”理论不断发展的成果。

②杨滨：《诗经“比、兴”中自然风物描写的审美旨趣》，载《西北第二民族学院学报（哲学社会科学版）》，1995，（3）。

(1)赋中的自然风物审美

《诗经》的赋诗中，自然风物审美经历了一个从自然崇拜到物质功用，再到审美娱乐的完整过程[①]。

诗中有提及相关自然风物（如动物、植物、地形、地貌等），但注意力并未集中于它们的客观形态和结构特征。在此，自然风物只是被客观陈述和记录，并未引起审美情感。如《生民》中虽有提及牛羊、树林、寒冰、鸟儿、大豆、禾穗、麻、瓜等动植物，但诗中基本没有关于它们形态特征的描绘，审美也无从谈起。

为了能更形象生动地再现故事情节，诗中运用比喻、排比等修辞手法，以自然风物来比拟客观对象。在此，自然事物不再只是作为客观物象而存在，它的外部形态体现出一定的艺术特质，这对提升整个诗文的艺术感染力也起到一定的积极作用。如《常武》中，取群鸟起飞、雄鹰突击之态，以宽广的江水、密密群立的山峰和滚滚奔流的大河之势，连作四个排比来凸显周王军队的强大气势[②]，触发读者的想象和联想。在这里，自然风物能烘托出环境气氛，凸显出军队的强大气势。

诗文对自然风物形态的描述包含多角度、多层次。在此，对客观物象形态特征的审美已十分凸显，能传达出诗人积极的思想态度和愉悦的心理感受。自然风物已经成为审美对象，对诗文整体艺术形象的提升也起到积极作用。如《斯干》中，诗文一开始便赞美环境的优美“秩秩斯干，幽幽南山”，清溪涧水潺潺地流着，终南山幽静而深远。此地面山临水，松竹环抱，形势优雅。接着，又通过“如竹苞矣，如松茂矣”一句盛赞主人高洁的品格。

诗中描写自然事物形态特征的诗句反复出现。在此，景物已成为诗文中极其重要的审美对象，其艺术形态特征也不断得到强化，诗文的整体气氛和艺术感染力也不断得到增强。如《东山》中，“我来自东，零雨其蒙”一句便是对主人公返乡途中景象的描绘：在我返回家乡的路上，濛濛的细雨下个不停。而这种阴雨蒙蒙的景象，更好地烘托出主人公悲喜交加的复杂心境。

由此可见，《诗经》中的赋所涉及的自然风物经历了从实践、实用到烘托气氛、再

①在《诗经》的赋中，可以发现自然风物在古人的思维中经历了从崇拜到物质功用审美的一个完整过程。而比兴中体现的是自然审美发展过程中的某个或某几个层级。

②如飞如翰，如江如汉。如山之苞，如川之流。

到审美的转变。同时，又由于赋所具有的“随物赋形”特点，诗人的情感都是通过自然景物得以物化和客观化的。但在赋诗中，景与情之间缺乏直接的联系，更未能达到景情交融。

（2）比兴中的自然风物审美

在《诗经》的比诗和兴诗中，作者的主观情感与自然风物之间建立了一定的关联，自然风物审美意识已十分突出。如在兴诗中，诗人的主观情志与客观物象之间就存在好几种联系方式：有的诗文中景物与主观情志之间只存在意义上的联系，有的则在情境之间建构了一定的联系，还有的则将诗人的内心情感完全渗入外物，情与景达到了有机的统一。

诗中的情与物只存在形式上的联系，无意义上的关联，情与物未达到完美融合的状态。如《草虫》中，第一章首先用一幅草虫鸣叫，阜螽蹦跳的画面起兴“喓喓草虫，趯趯阜螽”。草虫、阜螽这些客观物象与作者要表达的思念之情只存在形式上的联系，意义上毫无关联。

诗中的情与物已不再彼此孤立，而存在一种比附或譬喻的关系。但这里的比附仅仅是表达意义或内容上的关联，情物之间并未达到和谐交融的状态。如《防有鹊巢》中，诗的每段前两句分别以“防有鹊巢，邛有旨苕”“中唐有甓，邛有旨鹝”起兴，并采取比附的方式，以客观事物的不和谐搭配来比喻诓骗之言，诱发出作者的忧虑之情。在此，景与情存在一种比喻关系，在意义上也相互关联。

诗中的情物关系有了进一步发展，诗人的主观感情与客观物象紧密结合。通过这些客观物象的形象刻画，读者能体悟到诗人隐微的深情。如在《菁菁者莪》中，诗中前三段都以描写葱葱茏茏、生长茂盛的萝蒿起兴——“菁菁者莪”。通过描绘萝蒿在不同环境中不同生长的情况，来暗喻故事中情侣两人日渐亲密的感情。

诗中主人公的内在感情完全渗入外物，情与景高度统一。这种统一使得诗文所展示的客观形象不只是为了比喻和象征而存在，而是成为主导因素，诗人的主观情志在这里已经完全物象化了。如《葛生》中，诗文前两段都以葛藤起兴：墙外的葛藤生长茂盛，蔹草更是蔓延至整个山坡。这两处景物的描写烘托出荒凉的气氛。诗人由此触景生情，诱发出他对逝去之人的无限怀念。

无需质疑，在《诗经》的比、兴诗中，自然事物已经作为审美对象而存在，只是审美的层级及物我、景情的关系各有区别。虽然两者都是借助于具体客观物象来展开对艺术形象的创造和构思[1]，但在兴诗中，诗人的内心情怀能更深入地渗入外物，实现情与物的有机统一，达到物我浑然、情景交融的意境。

赋、比、兴作为诗歌艺术中至关重要的艺术表现方式，在艺术形象的塑造和思想情感的传达中都起到极为关键的作用，并且它们都能引发艺术的想象和联想，成为联结主观情感与客观形象的桥梁。但由于它们具有不同的艺术特质，也塑造出了不同的艺术形象，造成了不同的审美体验。尽管《诗经》赋比兴中对自然风物的描摹还比较简单、直白，对客观物象的审美尚处于自发阶段，但其中却也包含着丰富的审美感知和审美体验，为后世自然美审美意识和审美思维的发展奠定了基础。

4. 自然美审美的新高度：《楚辞》——自然美审美意识的进一步强化

《楚辞》作为我国文学发展史上具有永久审美价值的杰作，其中的山水艺术形象成为考察中国古代自然美审美经验传承及变化的合适载体，历来备受学者关注。《楚辞》在《诗经》之后约三百年的南方出现，具有一定的时代特征和地域特点。其中的自然风物也主要作为比兴出现，体现对《诗经》自然风物审美方式的传承，但其审美的高度和广度又远胜于《诗经》。本节试对《楚辞》中的山水审美意识进行考察，以此探究《诗经》至《楚辞》中自然风物审美意识的演进及发展状态。

《诗经》诞生二三百年后的战国，是中国古代诗歌由集体创作进入个人独立创作的新时代。这一时期，在楚国出现了一种具有浓厚地方特色的新体诗——楚辞。相对于《诗经》，《楚辞》在自然美审美意识上无疑有很多惊喜的突破：它善于通过感性的自然物描绘来显现蕴含于其中的抽象思维意识，善于以自然美的审美特质来展现其理性美的思维内涵，创造出心境相契、物我合一的审美境界。同时，它还拓展了后世山水诗表现自然的广度与深度，促进了山水诗的迅速成长发育。

如前所述，《诗经》中的自然山水意识经历了一个由敬畏崇拜到赞美欣赏其物质功

①朱桦：《“赋、比、兴”与艺术审美的有机性》，载《文艺理论研究》，1988(04)。

用，再到以自然山水为比兴材料及审美愉悦对象的变化过程。而《楚辞》从一开始便表现出对山川河流等自然风物的亲近、热爱和审美。它的艺术形式和思想内容和谐统一，自然形象与主观情致有机融合。《楚辞》中的自然美审美意识能达到如此之高度，固然与诗人的杰出才华分不开，但南楚自然环境和社会环境的影响力也是不可忽视的。

楚国山水瑰丽奇美，自然风物丰富多彩，为《楚辞》中的自然美审美提供了得天独厚的客观条件。据《战国策·楚策一》中载："楚，天下之强国也。楚地西有黔中、巫郡，东有夏州、海阳，南有洞庭、苍梧，北有汾陉之塞、郇阳，地方五千里。"《汉书·地理志》云："楚人信巫鬼、重淫祀"，可见，楚国宽广而优厚的自然环境与传统而独特的民风习俗共同孕育和成就了《楚辞》的艺术审美品味。

尽管如此，《楚辞》和《诗经》一样，其中的山水景物还不能算作具有独立审美价值的客观物象，仅作为比兴艺术手法起到背景与气氛烘托之功用。但同《诗经》相比，《楚辞》比兴中对自然风物的刻画则更加细致，描写更为丰富，手法更加灵活，所体现出的自然山水审美意蕴也更加浓郁。具体而言，其明显的进步性主要体现在以下几个方面。

（1）《楚辞》比兴的审美意境

《楚辞》比兴中的多种自然风物艺术形象完整统一，能充分抒发诗人的主观感情，创造更加生动的审美意境。

《诗经》的很多作品都运用了比兴的艺术手法，其中关于自然景物的描写也非常之形象而贴切，同时蕴含了作者丰富的内在情感。但是，这些客观形象都是孤立而单一的存在，难以构建完整而丰富的意境。因此，这种艺术方式只能应付片段的场景或相对单纯的情绪，难以表现稍微复杂的场景内容。即便其中个别作品中也能显现出情景交融、物我相谐的审美意蕴，但描绘的客观景象都相对简单，艺术渲染力也极为有限，如前文中提及的《葛生》《君子于役》《菁菁者莪》等篇均属此列。

而在《楚辞》中，诗歌开始自觉运用多种自然物象的"神合"，以更生动地描绘和凸显客观物象的形态特征，更深刻地传达作者的思想与情感。如《九歌·湘夫人》中，作者通过描写洞庭湖水烟水微茫、烟波浩渺的种种景象，将男神思念湘夫人而不得相见的哀怨意绪和感伤情怀淋漓尽致地诠释和表达出来。诗歌开篇即以"袅袅兮秋风，洞庭波兮木叶下”二句先描绘洞庭凄凉的秋景以营造感伤的环境氛围，再将主人公惆怅而落寞的情感融入这八百里洞庭的烟波浩渺之中，以达到主客相谐、情景交融的审美艺术境界。

（2）《楚辞》比兴的景物虚实

《楚辞》比兴中的自然风物描写采取虚实结合的方式，既有实景又有虚景。所谓虚景，即是以作者主观意志为先导，用夸张的方式对自然物象进行描绘，使之能突破时空的限定、超越实景的局限，达到相对自由和放松的状态。在这里，自然事物的个性特征能够完整突显，而其原始本性也被充分保留，能高度强调创作者的主观情志以形成物我相谐、情景相交、主客观统一的自然美审美意识，无限拓展审美者的想象和联想[①]。

《诗经》的大多数作品中，自然山水景物多取自眼所能见的真实场景，极少数显现出虚拟自然山水之端倪。但在《楚辞》中，有相当一部分的客观物象在作者主观意识的引导下有意识地进行了夸张变形，作者根据自己的情感目的和艺术动机对其形态和内容进行有意识、有目的的取舍。如在《远游・招魂》中，动植物的形态、气度、力量、数量、高度、体积等特征均是根据作者的创作意识有意地夸张变形而来的，以此来凸显其形象特征和渲染环境意境，烘托出作者愁满山泽的情绪，给读者以情感的暗示。

（3）《楚辞》比兴的审美特质

《楚辞》比兴中自然美审美的另一个重要特质是：突破《诗经》比兴中自然美托物取喻、借物发端以言志抒情的审美层次，自然美上升为人格美，感性的自然物与抽象的政治道德沟通联系，将人对道德、生命的体悟与天地自然相协调、相融合。

《楚辞》中对自然风物的审美不仅作为铺陈或背景烘托材料出现，同时蕴含了对生命价值、社会责任等的体悟，如“扈江离与辟芷兮，纫秋兰以为佩”（《离骚》），“余既滋兰之九畹兮，又树蕙之百亩”（《离骚》），“鸟飞返故乡兮，狐死必首丘”（《九章・哀郢》）等句均彰显出这一特征。诗人寄情于自然环境，以对山川风物的摹仿和比拟来塑造具体的艺术形象，使自然美人格化，达到物我和谐、主客一体的审美艺术效果。

①敦玉林：《论〈楚辞〉自然美的艺术表现》，载《求索》，2002(05)，160页。

（4）《楚辞》比兴的全方位侧写

《楚辞》比兴中的自然事物是关于视觉、听觉、感觉、触觉等多种感官的全面体验，并将自然的色彩、形状、音响、气味及季节变幻等一一描摹，生动而细腻。关于色彩，有“悬火延起兮，玄颜烝”（《招魂》）中描写的黑烟腾起、红火耀天的景象；关于声音，则有“大鸟何鸣，夫焉丧厥体”（《天问》）中对大鸟金乌大声鸣叫的描写；关于气味，则有“纷郁郁其远承兮，满内而外扬”中对缕缕幽香飘洒远播的描写如此种种。正如刘勰在《文心雕龙》中所云：“及《离骚》代兴，触类而长，物貌难尽，故重沓舒状，于是嵯峨之类聚，葳蕤之群积矣。”尽管如此，这里的自然风物也仅用以烘托环境气氛，不具有独立的审美价值。

尽管在春秋战国时代，人们尚未把山水自然景物当做独立的审美对象，但就《楚辞》中所体现的审美旨趣而言，的确在《诗经》的基础上有了新的飞跃，反映出审美思维的进步性。

二、先秦人文环境审美意识的发展

1. 实用理性影响下的建筑风景审美

春秋战国时期，随着社会变革的发生、生产力水平的提高，人文精神不断高涨，人文环境引起人们的高度关注。建筑作为人文环境中的主体，蕴含着极高的审美价值。这种以“礼”为规范，以现实人生理想为追求并受到理性精神不断渗透的客观艺术形式，通过其丰富的艺术构成要素诸如空间、尺度、结构、布局、序列与形态等，塑造出井然有序而又富于变化，情感丰富而又理性执着，对立统一而又自由活泼的建筑和建筑组群实体形象，具有显著的美学性质和意义，同时也表达出这一时期人们对建筑美审美的价值取向。

关于建筑的空间价值，老子在《道德经》中最早描述：“凿户牖以为室，当其无，有室之用。故有之以为利，无之以为用。”这是老子通过哲学思辨的方式，对建筑之实体与空间、有与无的相生关系的体察与探索，也反映出早在两千多年前的中国，先哲们已经意识到建筑空间的存在。

《诗经·小雅·斯干》中对建筑整体形象的评价和认识，彰示了当时的建筑观。如文中“秩秩斯干，幽幽南山，如竹苞矣，如松茂矣。兄及弟矣，式相好矣，无相犹矣”，描绘了良好的生态环境与优美的自然景观，强调人与自然的合谐与合同，并指出这是建筑选址的首要原则；“似续妣祖，筑室百堵，西南其户。爰居爰处，爰笑爰语”一句则从建筑组群整体规划布局的角度强调人与自然和谐共生，同环境建立有机统一关系的重要性。

此外，建筑艺术作为审美对象，还应具备教化与陶冶心性情操的精神功能。“殖殖其庭，有觉其楹。哙哙其正。哕哕其冥。君子攸宁”一句，强调建筑艺术形象的优美、亲切感不容忽视。在先哲们看来，建筑不是孤立而冷漠地存在于人世的一类实体构筑物，而是与人的精神、心性和情感直接关联的客观对象。这是中国古代关于建筑审美的典例。

受儒学思维的影响，中国古人的思维和观念符合以氏族血缘为社会纽带，以人际关系为组织基础，贯彻于现实人世、执着于人间世道的实用理性主义哲学。这种注重实践、实用与关注人生的哲学思维在建筑艺术审美中也多有反映。伍举就建筑美之本质而论：“夫美也者，上下、内外、大小、远近皆无害，故曰美”（《国语·楚语上》）。这是中国古籍中最早关于美的明确定义，同时也反映出：在以实用理性传统思维为基础，关注现世人生环境的先人看来，对于建筑环境艺术中诸如“上下，内外，小大、远近”等因素的考虑都需以适合人的心理、生理需要，符合社会伦理的需求，以人的生活安适为目标，以维持适宜人与人之间情感亲切交流的合理尺度与空间环境，以创造合乎“人情”的建筑环境关系，并求取得艺术审美上的成功。这些理念后来在儒家的哲学体系中也有所体现。

“礼”最初源于周礼，其基本特征是在原始巫术礼仪基础上的晚期氏族通知体系的规范化和系统化[①]，后作为上层建筑和意识形态延续下来。孔子竭力维护周礼，并将之视为其文化—心理结构的思维基础，是其建构正常社会秩序和规范，以组织正常社会生产、生活，维系整个社会的生存和活动的思维方式和行为准则。先秦诸子关于“礼”在建筑中的意义，关于建筑以“礼”为美的审美方式，在《周礼》《逸周书》《考工记》《礼记》等典籍中均有详略不同的记载。在此，“礼”既是制约，也是审美的标准。如《考工记》中规定：“匠人营国，方九里，旁三门。国中九经九纬，经涂九轨。左祖右社，

①李泽厚：《中国古代思想史论》，2页，北京，生活·读书·新知三联书店，2008。

面朝后市，市朝一夫。夏后氏世室，堂修二七，广四修一。五室，三四步，四三尺。九阶，四旁两夹窗白盛；门堂三之二，室三之一。殷人重屋，堂修七寻，堂崇三尺，四阿重屋。周人明堂，度九尺之筵，东西九筵，南北七筵，堂崇一筵，五室，凡室二筵。室中度以几，堂上度以筵，宫中度以寻，野度以步，涂度于轨。庙门容大扃七个，闱门容小扃三个。路门不容乘车之五个，应门二辙三个。内有九室，九嫔居之；外有九室，九卿朝焉。九分其国，以为九分，九卿治之。王宫门阿之制五雉，宫隅之制七雉，城隅之制九雉。经涂九轨，环涂七轨，野涂五轨。门阿之制为都城之制。宫隅之制以为诸侯之城制。环涂以为诸侯经涂，野涂以为都经涂。”这即是中国古代建筑史上众所周知的城市营建制度，它将整个城市的规划布局方式及其尺度尤其是建筑组群的空间尺度进行了合理、规范的控制，并建立起相关的制度体系，以确保“营国制度”能正确、有序实施。

还有一点值得注意的是，建筑中之“礼”还反应在对环境的尊重和对客观自然规律的遵循，即“因天才，就地利”（因地制宜）营造观念的建构。《管子·心术》中曾曰：“因也者，舍己而以物为法者也。”舍己，就是要摈弃自己的主观想法，客观地对待已有的条件。“以物为法”与“因地制宜”的含义相同，都要求以实践为指导，在遵循客观事物及其规律的情况下达到主客体的和谐统一。因此，其又曰，“凡立国都，非于大山之下，必于广川之上，高毋近旱而水用足，下毋近水而沟防省，因天才、就地利。故城廓不必中规矩，道路不必中准绳”（《管子·乘马》），以突显“因天才、就地利”基本原则在城市规划建设中的作用。

不过，在《管子》中还涉及有关建筑审美的另一个问题，即对“度”的把握。《管子·法法》中曰：“太上以制制度，其次失而能追之，虽有过，亦不甚矣。明君制宗庙，足以设宾祀，不求其美；为宫室台榭，足以避燥湿寒暑，不求其大；为雕文刻镂，足以辨贵贱，不求其观。”在这里，建筑的功能性固然是放在第一位的。但除了这些“利”，适当的“雕文刻镂”等美化手段也是可以接受的。到底要怎样来把握和衡量建筑的这个“度”呢？这正如其在《管子·八观》中所明确强调的“宫室必有度”。按《左传·昭公二十年》记载，管仲之后，齐景公与齐国卿相晏婴就以“和”为美的论题展开讨论：“清浊、大小、短长、疾徐、哀乐、刚柔、迟速、高下、周疏，以相济也。”其中深刻指出：包含建筑艺术形式美在内的“和”美的特征，就在于能协调各方对立因素，在于相互矛盾的对立统一，并使之能达到合乎规律与目的的相互联系、渗透与协和。这种“和”美审美境界，不只是形式的统一与和谐，还包括主观与客观、客观物象与人的心志、精神的和谐共融，在这里，即体现为人与建筑及其客观环境之间的相互联系与沟通。

2.“外师造化，中得心源”：人工风景的营造——“园林”

中国古典园林艺术是四千多年以来中华文明延续发展的一种艺术形式，它所蕴含的思想、文化和审美内涵在世界文化艺术史中都占有重要的地位。中国古典园林以“虽由人作，宛自天开”“外师造化，中得心源”为特征，即通过人工方式艺术地再现自然，创造出能将主体情感、心绪、性情融入客体的审美意境。这种主客相融、天人相谐的风景审美观取向，在先秦园林中就已初现端倪。

先秦时期，受自然崇拜观念影响，先民竭力模仿自己所崇拜的自然物。而在众多的自然崇拜中。山岳崇拜是最基本、最普遍的。山岳象征人间某种不可企及的权力和力量，因此模仿山岳景象的建筑形式“台”应运而生。《山海经》中与台有关的文字描述有多处，如：“有轩辕之台，射者不敢西向射，畏轩辕之台”（《山海经·大荒西经》），“有系昆仑山者，有共工之台”（《山海经·大荒北经》），在这里，台作为人们以建筑模仿山岳的一种形式，不仅象征统治者至高无上的权力，而且是沟通天神与人王的纽带。与山岳类似，水对于古人来说，也同样有着相似的崇拜，这大概是因为水与人们的生产生活有着最密切关系的缘故[1]。因此以水造泽——“池”也成为人们心目中的神明居所。而且在他们看来，池与台密不可分，这与昆仑山“在八隅之岩，赤水之际”（山海经·《海内北经》），“有大山，名曰昆仑之丘……其下有弱水之渊环之”（山海经·《大荒西经》），等景象相一致。以后历代园林的最基本形式——以人工山体与水体相配置而构成骨架——其肇端即是灵台与灵沼的结合[2]。可见在上古时期，园林建筑和园林环境都受到原始崇拜的直接影响。

西周时期，园林的性质发生重大转变，由“娱神”转向“娱人”，自然环境美遂成为园林构筑首要考虑的问题。如前所述《诗经·小雅·斯干》中营建的华美建筑，就是选址于西周优美的园林环境之中。《诗经·大雅·灵台》中更是对台与环境的关系进行了详细描述，体现出此时园林注重游玩享乐，关注自然资源与风景审美的特征：灵台周

①陈志东：《殷代自然灾害与殷人的山川崇拜》，载《世界宗教研究》，1985(2)。
②王毅：《园林与中国文化》，27页，上海，上海人民出版社，1990。

边建有灵囿（即园林），牡鹿悠悠肥壮，白鹭嗷嗷飞翔，囿中开挖了灵沼，满沼游鱼跳跃，园中还建有辟雍。灵台和灵沼相映生辉，展现出纯朴、和谐的景境。

春秋以后，各国诸侯竞修宫室筑台，造园运动大兴。而此时园林的审美娱乐功能也进一步增强[①]。如《国语·楚语上》云："灵王为章华之台，与伍举升焉，曰：'台美夫！'……夫美也者，上下、内外、小大、远近皆无害焉，故曰美。"这里虽是批评的口吻，却道出此刻人们对台榭苑囿的性质、规模、空间等相关环境的美学标准已经有了更加深刻和理性的认识。据史载，章华台上的章华宫极为华丽壮观，曲栏拾阶而上，得休息三次才能到达，故又称为"三休台"。

先秦园林尽管在空间形态和审美内容上远不及后世园林那样丰富、精致而富于变化，但其以山、水为构景主体，以自然环境为背景，强调建筑与环境和谐相融的营建理念为中国古典园林的进一步发展确定了基本的审美方向。

①从考古遗址的发掘和现有史料记载来看，春秋战国时期的著名台有齐桓公的柏寝台、齐宣王的渐台、齐威王时的琅琊台、瑶台，楚灵王的章华台、荆台等。

第三章

两汉时期极盛的风景审美形式

两汉时期是中华民族的政治、文化、经济“大一统”的历史时期。以风景审美而论，也是一个承前启后、继往开来的时代。如果将先秦时期的风景审美文化发展视为“自发”阶段，魏晋南北朝时期视为“自觉”阶段，那么，两汉时期恰好可以看作由“自发”向“自觉”过渡转化的一个重要历史时期。以自然山水审美来论，它是先秦以敬畏崇拜、喻道比德为主要内容向魏晋南北朝怡情畅神审美观的转变和过渡。从人文环境审美来讲，则是由物质功用向娱目欢心、空亭纳景等的转变和过渡。这一时期，原始神话在相对褪色，历史、人世和现实占据了愈加重要的位置。这种富于想象而又充满理性的艺术思维，以不同的形式在汉代的绘画、建筑、园林以及文学艺术中展现得淋漓尽致。

第一节　汉画中的万千风景意向

汉代是中国绘画史上第一个充满生机和活力的时期。潘天寿说：“吾国明了之绘画史，可谓开始于炎汉时代”[①]，明确反映出这一时期艺术所达到的审美高度和其中蕴含的巨大能量。汉代绘画艺术由壁画、帛画、画像砖、画像石、瓦当纹样、漆器纹样等门类构成。其中以画像石、画像砖、壁画数量为多，影响力最大。

汉代绘画艺术根植于现实土壤，在蕴含原始巫术文化遗存的同时，大量吸收了儒家文化的内涵及意蕴，从而塑造出自身独特的审美气质和与众不同的艺术风格。从题材来讲，内容极其丰富：奇禽异兽、神话传说、历史故事、社会生活，无所不有。汉画对神仙世界和神话天地的感性向往，对现实世界和历史演进的理性关注，对感物造端、慷慨雄放文化风貌的发扬以及对雄壮博大、质朴神妙艺术风格的追求，对魏晋及其以后包括风景艺术在内的各类艺术形式都产生了深远的影响。通过研究其中所表现的各类动物、植物、山水、建筑及城市等相关标志和图案，基本能窥探出汉代自然物和人文构筑物的文化内涵及审美意蕴。在早期人类伴随生存行为而潜藏并衍生的图腾式审美行迹之外，汉画又发展了更加丰富、更多视角并富含文化气息的综合表达风景的形式。

①潘天寿：《中国绘画史》，16页，北京，东方出版社，2012。

一、自然景物在汉画中的表现

深受楚地民俗文化意识的影响，汉画中与远古图腾崇拜观念相关的内容非常凸出。在图腾崇拜中，某种植物、动物或天体都被看作氏族的象征或标志，被当成保护神来崇拜。如汉画中经常会出现“青龙”“白虎”“朱雀”“玄武”四方之神的形象（图3-1、图3-2）。龙是中华民族的象征，其形象是在以蟒蛇为基础的前提下吸取了鹿、牛、羊、鱼等图腾符号的特征拼凑而成的，“青龙”是镇守东方的神灵；虎是威严与正义的象征，是镇守西方的“神灵”；朱雀即凤凰，是神鸟，尔雅《释鸟》注，“鸡头、蛇颈、燕颔、龟背、鱼尾、五朱色、高七尺许，”朱雀为镇守南方之神灵；玄武是龟蛇合体的产物，为镇守北方之神灵。此外，汉画艺术中有关星宿题材的内容也不少。其中太阳、月亮、牛郎织女星、北帝星座等都是汉画中常见的内容，如马王堆T形帛画上就有月亮和太阳的图形。另外，尾宿、女宿与牛宿出现时多位列于月之两旁，预示着“子孙繁息于尾，日月后当

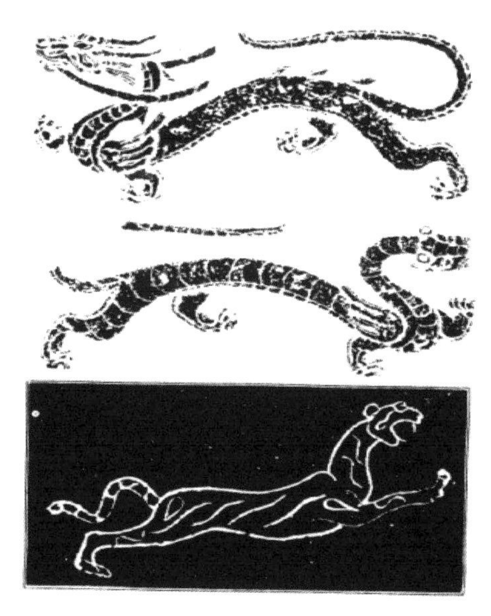

图3-1　汉代画像砖，上为青龙纹，中为白虎纹（四川卢山县王晖墓出土），下为虎纹（河南洛阳出土）（引自《中国历代装饰纹样》）

图3-2　上为东汉末期铜镜，西王母、青龙、白虎纹，下为东汉铜镜，青龙、白虎、人物纹（引自《中国历代装饰纹样》）

图 3-3　西汉卜千秋墓壁画（引自《中国名画鉴赏辞典》）
多种生动奇异的艺术形象的使用，是此墓壁画的显著特色。画面上所展现的是墓主卜千秋持弓乘蛇（龙），其妻子捧金乌三头凤鸟，在仙翁执节引导下，遨游于太空之中，彩云袅绕，青龙、白虎、朱雀、玄武奔腾，狐、兔、翼兽飞驰，一派升仙景象

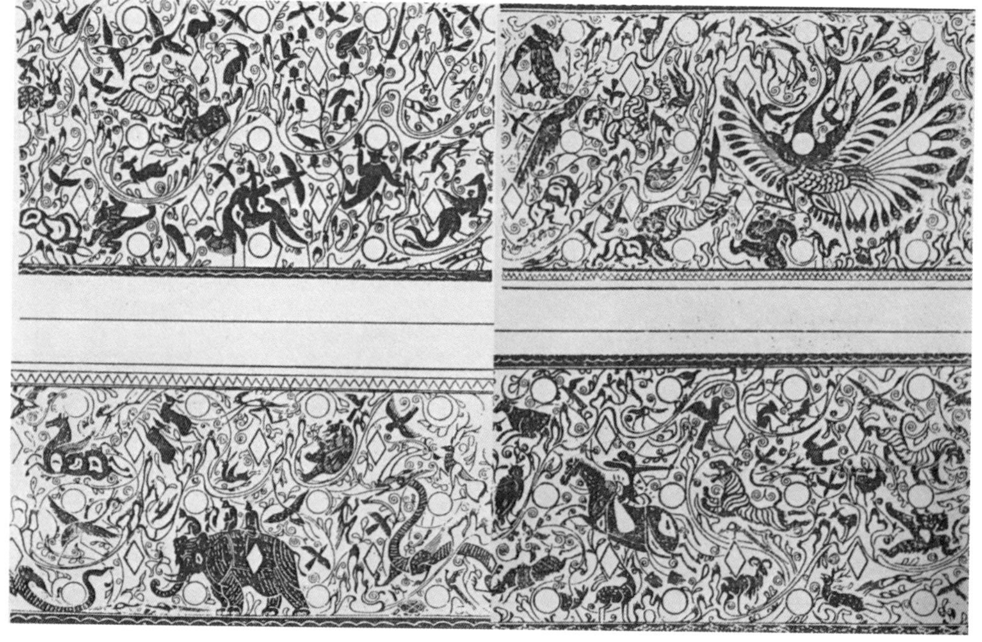

图 3-4　秦汉时期的铜器图案
此图案以各种飞禽走兽和人物为主题，既有幻想中的龙凤，也有现实中的马、羊、虎、象等等，刻画得栩栩如生（引自《艺用古文字图案》）

盛也”[①②③]。由此可见，各种天文星象与星术相结合构成了汉画中有关自然事物的又一重要主题。太阳、月亮以及北斗七星等各类星宿遂成为汉画艺术重点关注、表达甚至审美的对象（图3-5）。

尽管阴阳五行、原始巫术文化的遗存对汉代绘画的影响在不同历史发展时期都有强弱不同的体现，但自从汉武帝推行“罢黜百家，独尊儒术”的文化方针之后，儒家文化

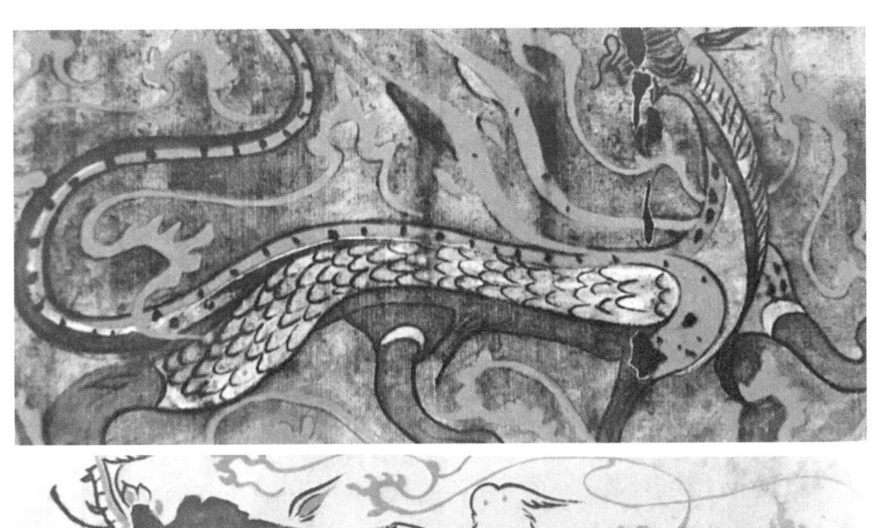

图3-5　上为汉代（新莽时代）新莽墓壁画，风神（箕星）飞廉图；下为汉代（新莽时代）新莽墓壁画，岁星（木星）苍龙图（引自《中国名画鉴赏辞典》）

此墓壁画以具体形象表现上述星宿神祇，似乎怪诞奇异，但受到“今文经学”思想的影响，天文学和星象占卜盛行，“天人感应”“阴阳谶纬”的成分极其浓郁

①在测量工具方面，有张衡的“浑天仪”，贾逵的“黄道铜仪”，耿寿的“混仪”等多种发明创造，在天文记录方面，对月食、日食、太阳黑子等都有详细的记录。

②所谓星象占卜，就是一种通过天象变化来预测人事的迷信活动。

③孔智光：《中国审美文化研究》，221页，济南，山东文艺出版社，2002。

渐渐具有了时代精神的意义，成为正统文化。在孔子“天人感应”“天人合一”理论框架下形成的重人生、重人世、重现实的思想也促进了人间化、世俗化、生活化的审美文化题旨的发展，人与自然和谐统一与相互渗透的美学思想逐渐成为汉代绘画艺术审美意蕴的主流，人世间客观存在的山水自然环境遂成为汉画艺术中的另一重点内容。尽管数量不多而且多是以背景的形式出现于人物画中，但是，山水自然的审美意识已初见端倪（图 3–6、图 3–7）。

新都出土的采莲画像砖，其中山水审美意蕴已十分凸显（图 3–8）。《采莲》中描绘了男女采莲游戏的场景：湖水荡漾，荷叶田田，莲蓬低垂；池中水鸭肥鱼，嬉戏游弋，小船在河水中穿行，男女分坐于船只两侧，载歌载舞。这是何等的闲情逸趣！正如唐代诗人王昌龄的《采莲曲》生动描绘的那样：“荷叶罗裙一色裁，芙蓉向脸两边开。乱入池中看不见，闻歌始觉有人来。”

河南南阳方城东关汉墓出土的山林狩猎图画像石（图 3–9），画面中部重峦叠嶂，动物和人物在其中呈现狂奔之势，山峦充满整幅画面。可见山已构成画面的焦点而并非衬景。

山西平陆枣庄村园村汉墓出土的《山与飞鸟图》壁画也被视为考察我国早期山水作品的重要实物（图 3–10）。此画作上绘多层山峰，山上有树，有飞翔的鸟，山脚下有一座四合院式的建筑[①]，整幅图画生趣盎然。

图 3–6　汉代树纹画像石（山东嘉祥武氏祠，引自《中国历代装饰纹样》）

图 3–7　汉代双凤衔瑞草纹石板彩绘（河北望都出土，引自《中国历代装饰纹样》）

①此外，山西夏县王村东汉壁画墓、咸阳龚家湾一号新莽画像石及壁画墓、内蒙古和林格尔新店子一号东汉壁画墓、甘肃武威韩佐乡红花村五坝山汉壁画墓等都保留了很多有关山川景致的图画，记录了当时人们心目中的自然山水美景。

图 3-8　新都出土的东汉时期采莲画像砖（引自《从汉代画像砖石中看山水画的雏形》）

图 3-9 河南南阳方城东关汉墓出土的山林狩猎图画象石（引自《汉墓出土的山水图像——对中国山水画起源问题的再思考》）

图 3-10　东汉壁画　《山与飞鸟图》（引自《中国名画鉴赏辞典》）

在汉代，尽管山水画、山水审美意识还没有像魏晋时期那样独立和成熟，但自然界的山水景象已然成为绘画和审美中的重要元素。可以说，中国的山水画及山水审美意识在汉代已见雏形。

二、人文景物在汉画中的表现

人文建筑的审美艺术在这一时期也取得了重大进展。两汉四百多年相对稳定的政治格局，促成了经济和社会的长足发展，帝王权贵纷纷修建苑囿、宅院和宫殿。如鲁恭王刘余“好宫室、台榭、苑囿、狗马”，造灵光殿，图画天地、山海、神灵[①]。对于广川王刘去所营之宫室房舍，《汉书》则言之：“其殿门有庆画，短衣大绔长剑。去好之，作七尺五寸剑，被服皆效焉。”[②]贵族的喜好驱使汉代的建筑在结构处理、装饰纹样和空间格局上日臻完善，形成了汉代独有的建筑形式和风格，对后世民族建筑的发展和人文环境的审美都产生了直接而深远的影响。保存下来的大量汉画图像，为我们了解汉代人文建筑的基本面貌和审美意蕴提供了最直接而形象的资料(图 3–11)。

图 3–11　汉代画像砖上的建筑纹。上为四川成都扬子山十号墓出土，下为四川成都扬子山二号墓出土(引自《中国历代装饰纹样》)

1.“工”巧而“质”美：强调建筑的形态和结构美

中国古人对建筑的审美涵盖了空间、色彩、装饰、结构、工艺及材料等。正如《周礼·考工记》中所言：“天有时，地有气，材有美，工有巧，合此四者，然后可以为良。”其中“工之巧”，即为工艺设计巧妙、做工精细之意。将之运用于建筑，即指建筑的整体结构、细部构造和材料工艺等都要有所考究，正所谓“观其器，而知其工之巧”[③]。这也正如《淮南子·修务训》[④]中对美的评判：“曼颊皓齿，形夸骨佳，不待脂粉芳泽而性可悦者，西施、阳文也；啳吻哆吻，蘧蒢戚施，虽粉白黛黑弗能为美者，嫫母仳倠也。”就建筑美而言，其完整的架构、优美的形态及精巧的构造等就如同是人之“曼颊皓齿，形夸骨佳”，均为审美中最实质的要素。至于是否“粉白黛黑”，则并不影响建筑的整体美观。

汉代是我国木结构建筑创新和发展的重要时期，奠定了中国古代木构建筑的结构基础和空间格局[⑤]。从其丰富的类型来看，殿堂、庭院、庄园、楼阁、邮亭、苑囿、亭榭、廊桥甚至祭庙、佛堂等各类不同形态和功能之建筑在汉画中均有充分的展现，其结构方

①孔智光:《中国审美文化研究》，199 页，济南，山东文艺出版社，2002。
②孔智光:《中国审美文化研究》，199 页，济南，山东文艺出版社，2002。
③见《礼记:礼器第十》，此处之“器”即包括宫室建筑。
④《淮南子》(又名《淮南鸿烈》《刘安子》)，西汉淮南王刘安及其门客集体编写的一部哲学著作，杂家作品。
⑤李亚利:《汉代画像中的建筑图像研究》，1 页，长春，吉林大学，2015。

式和组合模式更是丰富多样。如厅堂是汉画中比较常见的建筑类型，其结构至上而下分为屋顶、构架、屋身和台基四部分，而屋顶又分为硬山顶、悬山顶和四阿顶三种结构，构架又分为抬梁式与穿斗式两种，屋身则分为封闭式和回廊式两种，地基也分为在台基上建造和直接在平地上建造两种。这样，这四部分不同的结构方式相互组合，能形成的建筑形态更是各具千秋。

此外，汉画对建筑构造和结构特征的描绘也是深入而细腻的。如庭院在汉画中主要有立面图和立体图两种表现方式。从立面图来看，庭院院门和阶梯的位置、楼阁的规模和层数以及建筑的高度和面宽等清晰可辨，有的甚至能根据阁楼和大门的位置推测出庭院的整体布局（图 3–12）。立体结构的庭院图则更倾向于表达院落的空间结构。在汉代的画像石和壁画中，庭院立体图可分为三进式长方形、日字形、田字形、仅一个中心建筑的正方形、曲尺形和以中间院落为中心左右院落基本对称的多进庭院等多种布局模式。这些立体庭院图不仅详细描绘了院落的空间组合模式、院落的规模，建筑的结构和形式等，有的甚至连院中的池苑、亭榭、水井、食案、架子等都刻画得生动而细致（图 3–13 至图 3–15）。

图 3–12　西汉晚期庭院画像砖（引自《中国历代园林图文精选》）

2. “非壮丽无以重威”：以“大”为美的文化气象

汉相萧何在汉高祖刘邦平定叛乱之后，即在长安大兴宫舍，并提出“且夫天子四海为家，非壮丽无以重威，且无令后世有以加也”（《史记・高祖本纪》）的治国决策。“非壮丽无以重威”本是萧何在天下尚未安定之时，提议修葺大型豪华宫舍以壮天子之威严的一

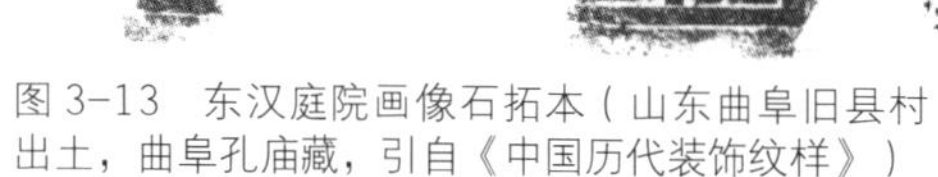

图 3-13　东汉庭院画像石拓本（山东曲阜旧县村出土，曲阜孔庙藏，引自《中国历代装饰纹样》）

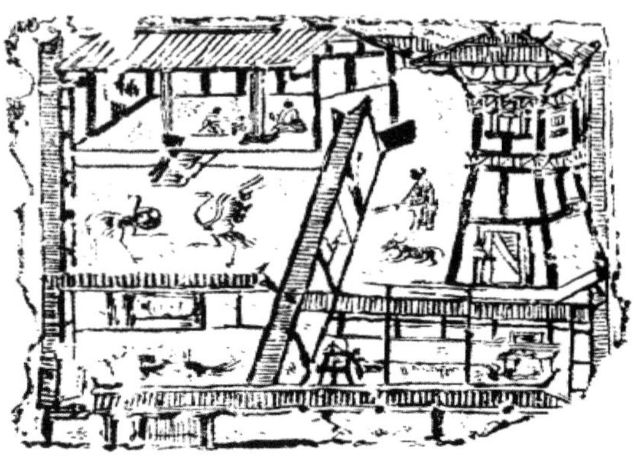

图 3-14　汉代庭院建筑画像砖（四川成都扬子山出土，引自《中国历代装饰纹样》）

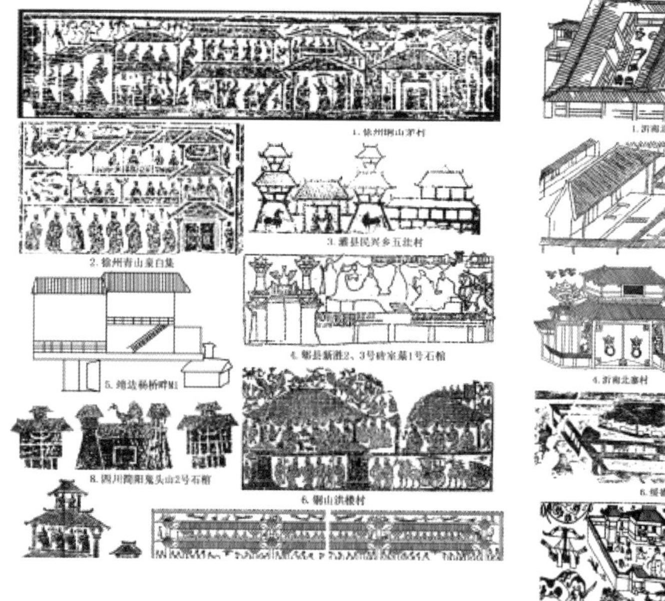
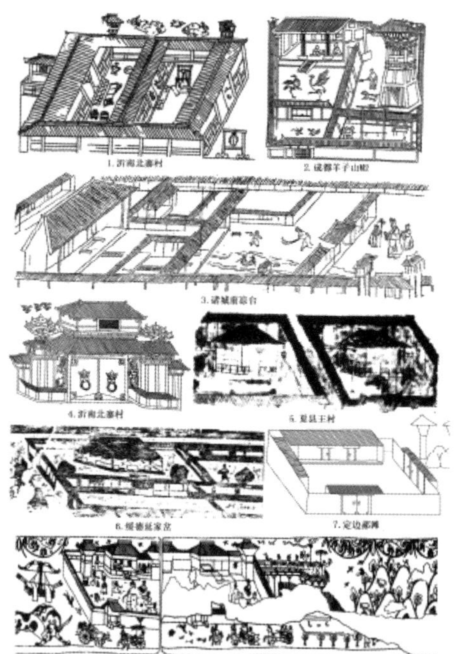

图 3-15　庭院立面图和立体图（引自《汉代画像中的建筑图像研究》）

种治国之法，喻示形式对内容、外在对内在的重要性。将其运用于审美，则是“不全不粹之，不足以为美也”（《荀子·修身》）的直观体现。另从汉代哲学著作《淮南子》，即《淮南鸿烈》的书名也可见，“鸿，大也；烈，明也。以为大明道之言也”（高诱注《淮南子》)，“大”即为美的基本题旨。可见，这种以“全”“大”为美的审美思想在汉人的心中已根深蒂固，成为汉代审美文化的典型特征。具体到建筑和城市艺术的审美艺术中，则主要体现于类型之多、空间之阔、体量之大，给人以宏阔、博大、铺张及壮美的强烈感受。

两汉庄园承载着包含农耕、畜牧养殖和粮食加工、纺织、制曲酿酒等手工业在内的生产和生活功能，人口数量和建筑、庭院规模必然不小。如此重要的构筑物，相关的图文描述不在少数，典型图像如四川成都曾家包画像砖墓中的庄园和内蒙古和林格尔大店子壁画墓中的庄园(图3-16)，安平逯家庄壁画墓图像中的庭院(图3-17)等，都拥有建筑数量极多、建筑规模巨大的院落。

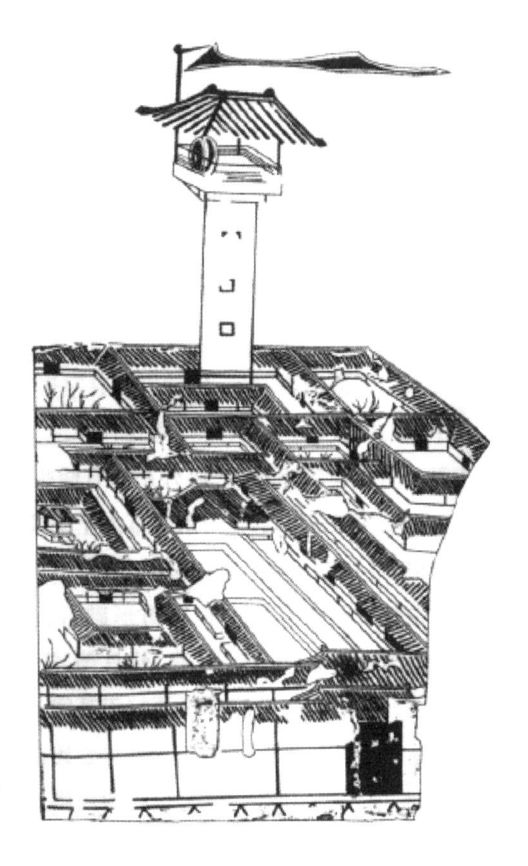

图3-17　安平逯家庄壁画墓图(引自《汉代画像中的建筑图像研究》)

a. 成都曾家包

b. 和林格尔大店子

图3-16　庄园图(引自《汉代画像中的建筑图像研究》)

城与市的描绘在汉画中的数量虽不算多，但其刻画场面之宏大、气势之宏伟、内容之丰富以及描摹之细腻都给观者留有深刻的印象。据《三铺黄图·汉宫》中所描述：“未央宫，周回二十八里，前殿东西五十丈，深十五丈，高三十五丈。营未央宫，因龙首山以制前殿”，可见汉初长安都城之宏大壮丽。典型的汉画案例如内蒙古和林格尔壁画墓中绘制的武城、土军城、宁城图、离石城等边塞小城。

成都新都区新繁镇出土的市场平面布局图（图 3–18），完整地再现了东汉时期市场的布局结构和规模：市场四面均设有门，四周设有围墙。中心设有二层楼高的旗亭，旗亭的二楼还悬挂有一面大鼓。市场内部店铺规划整齐一致，在旗亭周围的空地上自由摆放着各种摊位，商业氛围极其浓郁。

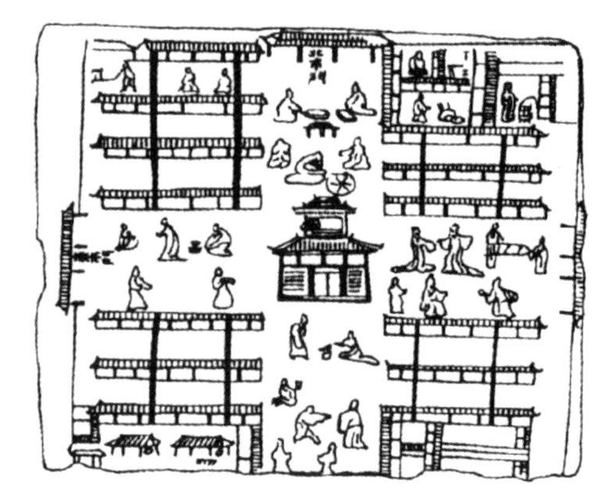

图 3–18　成都新都区新繁镇出土的市场平面布局图（引自《汉代画像中的建筑图像研究》）

3.“因天才，就地理”：与自然环境的和谐统一

在汉代，董仲舒被看作群儒之首（《汉书·董仲舒传》），他的美学思想是对先秦儒学的继承。他将孔孟“天人合一”说贯穿于他全部思想的始终，即将人事与自然、伦理与“天理”统一起来，从而建构了一个宏大的天人感应宇宙论图式和“天人合一”的语话系统[①]。他强调人与自然的统一性，认为人与自然不应该相互隔绝相互敌对，而是能够并且应该彼此相互渗透、和谐统一的[②]。《淮南子·要略》也云：“‘精神’者，所以原本人之所由生，而晓寤其形骸九窍取象与天地同，其血气与雷霆风雨比类，其喜怒与昼宵寒暑并明。”其文强调人是自然的一部分，没有人与自然的统一就绝不会有美。崇尚自然与天地之美的观念深刻影响着这一时期的美学思想和审美观念。反映在建筑创作艺术中，则体现于审慎周密地考察自然环境，顺应自然，有节制地利用和改造自然，创造良好的居住环境，以臻向天时、地利、人和诸吉咸备，达到“天人和谐”的至善境界[③]。

①陈炎，主编，廖群，仪平策，著：《中国审美文化史·先秦卷》，276 页，山东，山东画报出版社，2007。
②李泽厚，刘纪纲：《中国美学史》，485 页，北京，中国社会科学出版社，1987。
③王其亨：《风水理论研究》，2 页，天津，天津大学出版社，2005。

两汉时期，苑囿就是这样一类既有规模庞大的人文建筑群，同时又具有宜人的天然山水环境，风景多变、景物丰富的人间仙境。四川彭州义和乡出土的桑树园画像砖和河南郑州南关外北二街5号墓出土的苑囿画像砖最具代表性：彭州义和乡桑树园画像砖（图3–19）中尽管建筑描绘较为简单，仅有一小段围墙和一小扇门刻画于桑园的左下方，但成片的桑树错落有致地矗立于建筑所围合的庭院内部，与建筑和谐统一，尽显环境之美。郑州北二街5号墓画像砖（图3–20）描绘的也是一座有围墙和大门的院子，院中则种满了各种植物，数量和种类都相当丰富。

亭榭类建筑多出现在汉画像石中。如山东枣庄曹埠出土的亭榭图画像砖（图3–21），四座榭亭相互簇拥支撑凌空建于池塘之上。虽然池面没有描绘，但池中之鱼足以证明水面的存在。又如邹城下镇头、微山两城镇和滕州驳山头等地出土的亭榭图画像砖（图3–21），其中的亭榭建筑都是由楼蹬连接池陂从而高临水面，从楼梯下伸出的斗栱结构承托非常之稳固，亭榭边水体和游鱼的轮廓及形态清晰可见。

综上所述，汉画作品所呈现的风景艺术，不仅为我们带来了一场丰盛的视觉审美盛宴，而且其所体现的独特审美气质，所达到的审美艺术高度和所展现的与众不同的艺术风格，为我们研究汉代的风景审美意蕴提供了直观、翔实而确凿的图像资料，也为魏晋南北朝时期山水画的诞生埋下伏笔。

图3–19　四川彭州义和乡的桑树园画像砖（引自《汉代画像中的建筑图像研究》）

图3–20　郑州南关外北二街5号墓的苑囿画像砖（引自《汉代画像中的建筑图像研究》）

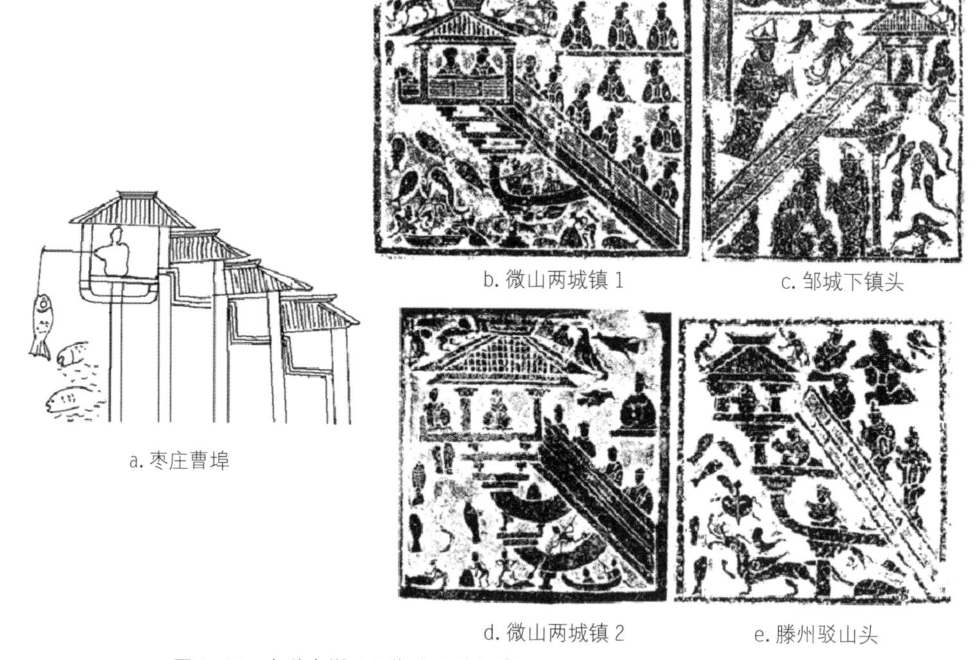

图 3-21　各种亭榭图画像砖（引自《汉代画像中的建筑图像研究》）

第二节　汉赋中对风景审美旨趣的极致追求

继《诗经》《楚辞》之后，汉赋已然成为文本传载中国风景审美意识及其观念的极致形式，极尽风光景致的刻画和描写。经由《诗经》《楚辞》赋比兴的发展，到了汉代，赋已完全独立，并成为当时最为流行的文体。本节选取汉赋作品中的典型案例为研究对象，通过对其中所描述的各类自然景物和人文环境进行分析研究，以寻觅蕴含于其中的风景审美意蕴，窥探汉代文人的整体环境观和风景审美意象。

西汉初期，制度方面的"汉承秦制"并未影响其在意识形态，尤其是在文学艺术领域继续保持南楚故地浪漫主义色彩的乡土本色。从远古传留下来的种种神话和故事几乎成了当时不可或缺的主题或题材，具有极大的吸引力。但从西汉到东汉，受到汉武帝"罢黜百家，独尊儒术"的影响，汉代艺术的特点也随之发生了改变，以历史经验及现实世界为主题的先秦理性精神日渐取代原始神话幻想，成为人们思维观念和文艺领域的主流。

人世、历史以及现实的题材和故事在各类艺术表现形式中日益占据重要的位置，人对客观世界的征服，成为汉代艺术的真正主题。

与这种艺术相平行的文学便是汉赋。尽管从《楚辞》中脱胎而来，却已成为脱离原始歌舞的纯文学作品。对汉赋，从创作宗旨、特征、表现手段到社会意义、功能、价值评估，自古文人各持己见而褒贬不一。但作者认为，蕴涵于其中的具体审美意蕴及由此而透视出的汉代艺术审美高度和旨趣，才是它价值的真正体现，也是本节研究汉赋需要把握的重点。汉赋通过对古今人物故事的铺陈直述，将对现实世界的审美巧妙地融合于其中，体现出中华民族在汉代所具有的伟大创造力和所达到的极高艺术欣赏水准[①]。它与《诗经》《楚辞》等这些诗类文体的不同之处在于：其主要审美特性体现在它对外部世界的感性体认、写实、摹拟和再现。它偏重于对对象的客观把握而非心灵的主观抒写，偏重对外在感性世界的穷形尽相和遍观总揽，而非对主体行为的价值评估和伦理反省[②]。这也正如左思在《三都赋》序中所言："发言为诗者，咏其所志也；升高能赋者，颂其所见也"，陆机在《文赋》中所言"赋体物而浏亮"，即以对大千世界、自然万物的体认和摹拟为其主要审美特性。这也正是两汉时期风景审美的最主要特征。

汉赋中对客观对象的描述多是铺天盖地、包罗万象的，诸如山、水、林、木、鸟、兽、城市、建筑、园林等都是汉赋作品中主要展现和审美的内容。本节通过研究费振刚所编的《全汉赋》，发现其所收录的 90 余家[③]的汉赋作品中，涉及风景类题材的作品共计 105 篇，占总量三分之一还多。山川的壮丽、宫殿的巍峨、城市的繁荣、鸟兽的奇异、土地的辽阔在汉赋中无不刻画细腻，描绘生动，展示出汉代繁荣富强、充满活力与自信的世界图景，也反映出这一时期的文人对现实世界中自然与人文环境的浓厚兴趣、热情和审美的意趣[④]。通过研究发现，汉赋作品中对自然和人文环境的审美在承继传统思维观念和审美旨趣的前提下，又增添了更多的维度、视角和层次，深入细微而极富创造力。下文主要从审美意象、审美内容、审美方式和审美知觉四个层面解析汉赋中的风景审美。

①李泽厚，刘纪纲：《中国美学史》，563 页，北京，中国社会科学出版社，1987。

②陈炎，主编，仪平策，著：《中国审美文化史·秦汉魏晋南北朝卷》，97 页，山东，山东画报出版社，2000。

③共计 319 篇，包括存目和残篇。

④李泽厚：《美的历程》，81 页，北京，生活·读书·新知三联书店，2009。

一、风景审美意象：宏大之美

《汉书·扬雄传》云："雄以为赋者……必推类而言，极丽靡之辞，闳侈钜衍，竞于使人不能加也。""闳侈钜衍"，即指具象而直观的"宏大"。《汉书·艺文志》曰："汉兴枚乘、司马相如，下及扬子云，竞为侈丽闳衍之词"，将"宏大"推向极致。将"闳侈钜衍"做到无以复加之境，是汉代赋体文学最为突出的语言表达方式[①]。汉赋作为这一时期的最主流文体，其突出意义在于能将秦汉之际尤其是汉武帝时期的那种认知、占有、进取、拓展、创造的主流文化精神以及外向、宏阔、博大、雄奇、巨丽、感性的大美文化理想极力展现。然而，它的这种"广博宏大"不仅体现于言语的表达，还体现于其所描述的客观对象及审美方式。可以说，"大美"不仅是种类和数量上的"包括宇宙，总揽人物"，更是空间、形态上的壮、阔、远、高、大、险、峻。正如此，平面空间的巨大和建筑、宫苑形态的包罗万象，这些都成为汉赋作品重要的表现内容。

《上林赋》中也有一段描述将上林苑的浩瀚场面一一展现："于是乎离宫别馆，弥山跨谷，高廊四注，重坐曲阁，华榱璧珰，辇道□属，步櫩周流，长途中宿。夷嵕筑堂，累台增成，岩窔洞房，頫杳眇而无见，仰攀橑而扪天，奔星更于闺闼，宛虹扡于楯轩，青龙蚴蟉于东箱，象舆婉僤于西清。灵圄燕于闲馆，偓佺之伦，暴于南荣。醴泉涌于清室，通川过于中庭。盘石振崖，嵚岩倚倾。嵯峨嶕嶭，刻削峥嵘。玫瑰碧琳，珊瑚丛生，瑉玉旁唐，玢豳文鳞。赤瑕驳荦，杂臿其间，晁采琬琰，和氏出焉。"这里君王的行宫遍布山林，横越溪谷。四处有通达的长廊、高耸的楼房、曲折的楼阁、漫长的阁道。高山上构筑的楼宇高大巍峨，与天空、彩虹都是那么接近。馆舍庭院的空间也是那么宽广而层次分明，其中人潮汹涌、甘泉流淌、美石四布。这正如司马相如自己所说"君未睹夫巨丽也，独不闻天子之上林乎？"这一"巨丽"说，也是我们把握上林苑中风景审美特征的关键。

二、风景审美内容：包罗万象

1. 琳琅满目

"赋"的本意为"敷陈其事而直言之"。汉代赋体文学继承了这个传统，遵循着这

①陈炎，主编，仪平策，著：《中国审美文化史·秦汉魏晋南北朝卷》，97 页，山东，山东画报出版社，2000。

个原则。挚虞认为赋“以事形为本”（挚虞《文章流别论》），刘勰指出赋体的特征是“铺采摛文，体物写志”（《文心雕龙·诠赋》），晋代陆机说赋“体物而浏亮”（陆机《文赋》），都强调“赋”的特点为言之有物。汉代的咏物赋和叙事赋都是以铺叙、陈列客观事物为基础，即将描写事物作为赋的创作主题。其中日、月、鸟、兽、山、水等自然风物和台、亭、楼、阁等人文建筑以及由此构筑的整体环境，都成为汉赋创作和审美的对象（图 3–22、图 3–23）[①]。这在《上林赋》《蜀都赋》《东京赋》《西京赋》等作品中均有体现。据统计，以《上林赋》为例，其中涉及的自然风物种类，大类就多达 11 种，包括山、水、日、月、星、彩虹、矿石、动物、植物等。

动物和植物的不同种类在这些汉赋作品中描写也极为丰富和细腻。如《西都赋》中描写了江河边群鸟云集栖息的场面，鸟类多达 11 种[②]；《西京赋》中描写的昆明湖上春

图 3–22　东汉绿釉三层陶望楼（引自《中国历代园林图文精选》）

图 3–23　东汉绿釉陶水榭（引自《中国历代园林图文精选》）

①孙炼：《大者罩天地之表，细者入毫纤之内——汉代园林史研究》，165 页，天津，天津大学，2003。
②《西都赋》：“玄鹤白鹭，黄鹄䴔鹳，鸧鸹鸨鴐，凫鹥鸿雁。朝发河海，夕宿江汉。沉浮往来，云集雾散。”

天归来的候鸟就有 6 种[1]；《蜀都赋》中描述的浅塘边生活的鸟类至少有 8 种，深水区中的水生动物也在 10 种以上，包括有猵、獭、水豹、蛟、蛇、龟、鳖等等[2]；等等。

2. 四时分明

时的本意即为四时之概念。《玉篇》云："时，春夏秋冬四时也。"《说文》也曰："时，四时也。从日，寺声。"商周时期，我国还未形成四季之称谓，卜辞中提及的季节概念也只有春秋，没有冬夏。据现代古文学家陈梦家称，卜辞的岁时记录方式与农业密切相关。当时根据农耕季节特征，将一年分为"禾季"和"麦季"两个阶段，"禾季"是播种的季节，"麦季"则指收割的季节，与后来的冬、春和夏、秋大致对应。春秋时期才明确区分为春、夏、秋、冬四时[3]。从春秋到西汉的数百年里，春夏秋冬四时不仅作为当时天文历法的重要依据，同时与宗教、道德、哲学等都相互关联，上升为那个时代极为重要的概念，成为构建人间道德秩序和社会秩序的线索。《易传》云："是故易有太极，是生两仪，两仪生四象。"这里的四象与四时其实是间接对应的[4]。在这里，太极是抽象的精神本源。而天地阴阳之气本之于太极，其核心是生命，四时即成为生命的最好体现者，四时模式也成为生命的模式。它以农业文化为基石，以人们的直观体验为前提，又和占筮、民俗等直接关联，因而在中国文化中具有普遍的影响力，对中国人的艺术思维、审美观念和创造力都具有潜在的影响。四时不但反映出自然生命成长的四个重要阶段：春生、夏长、秋收、冬藏，同时也反映了四种不同的生命气息，春阳气初升，夏阳气大盛，秋阴气始荫、万物萧瑟，冬阴气大盛，一切处于休眠状态中[5]。同一山水环境在不同的季节和时令呈现出不同的景色和形态特征，使人获得丰富的审美体验。

《上林赋》中有一段描写上林苑的南方即使在冬季依然草木青翠，绿波荡漾，而北方即使在夏季依旧冰冻地裂，能涉冰过河，以突显南北两方气候和风景差异之大："其

①《西京赋》："鸟则鹔鷞鸹鸨，驾鹅鸿鹤。上春候来，季秋就温。南翔衡阳，北栖雁门。"

②《蜀都赋》："其中则有翡翠鸳鸯，袅鸬䴔鹭，双鶋鹈鹕。其深则有猵獭沈鳝，水豹蛟蛇，鼋蟺鳖龟。"

③陈梦家：《殷墟卜辞综述》，225~227 页，北京，中华书局，1988。

④"四象"先指少阳、老阳、少阴、老阴四个卦象，即七、九、八、六，因为这段话是谈八卦起源的。而少阳、老阳、少阴、老阴按照当时的阴阳学说，即分属春、夏、秋、冬，因为春为初阳，夏为阳盛期，秋为初阴，冬为阴盛期。

⑤朱良志：《中国艺术的生命精神》，58 页，安徽，安徽教育出版社，2006。

南则隆冬生长，涌水跃波。……其北则盛夏含冻裂地，涉冰揭河。”《西京赋》中有一段描写上林苑中候鸟在一年四季中飞行的不同方向，给上林苑的四季增添不同的美景：“上春候来，季秋就温。南翔衡阳，北栖雁门。奋隼归凫，沸卉軿訇。众形殊声，不可胜论。于是孟冬作阴，寒风肃杀。”《东京赋》中有一段描写芳林苑九江之中秋季花儿盛开、鱼龟活跃的美景，而永安离宫中一年四季都充满了生机与活力：“芙蓉覆水，秋兰被涯。渚戏跃鱼，渊游龟蠵。永安离宫，修竹冬青。阴池幽流，玄泉洌清。鹎鶋秋栖，鹘鸼春鸣。”这正如《醉翁亭记》中所云：“野芳发而幽香，佳木秀而繁阴，风霜高洁，水落而石出者，山间之四时也。”在这种审美体验中，春夏秋冬，四季风景，各有其魅力所在，因此才发出“四时之景不同，而乐亦无穷也”的由衷感叹[①]（图 3–24、图 3–25）。

3. 生机与活力

动与静，是物质运动的存在方式和表现形态[②]。从中国哲学角度看，宇宙世界是不停运转的有机生命体。生态万象，流行不绝，生生不息，截然纷呈，从而构成生动不息

图 3–24　东汉壁画牛耕图（引自《中国名画鉴赏辞典》）
此画描绘的是牛耕时节的农村景象。山下阡陌纵横，远处农舍与其左右的垂柳依稀可见。田中一农夫着短衣正驱赶两牛耕田

图 3–25　东汉壁画耧播图（引自《中国名画鉴赏辞典》）
时值深秋播种冬小麦季节，早霜染白了苇叶，一农夫正聚精会神地播种，那健壮的公牛正用力挽着耧车开沟下种。其身后阡陌纵横，田间有农夫，远处山峦起伏，飞鸟疾飞，左上方还有农舍与果树

①任仲伦：《游山玩水·中国山水审美文化》，43 页，上海，同济大学出版社，1991。
②胡经之：《文艺美学论》，230 页，武汉，华中师范大学出版社，2000。

的宇宙生命模式。中国艺术都是以表现自然界之“生意”，体现万物之“生姿”为基本法则和根本目标的。韩拙[1]在其《山水纯全集》中曾曰：“（绘画）本乎自然气韵，以全其生意，得于此者备矣，失于此者病矣”；唐岱[2]在《绘事发微》中也说：“天以生气成之，画以笔墨取之，必得笔墨性情之生气，与天地之生气合并而出之”；戴熙[3]在《习苦斋画絮》中则曰：“画于生机，刻意求之，转工转远，眼前地放宽一步，则生趣既定，生机自畅耳。”中国古代艺术家都将整个宇宙生命世界视为一“大生命”：一花一草，一山一水，一木一石，一兽一鸟均有生命荡乎其间，均是活泼泼的。这正如董其昌在《画禅室随笔》中所云：“宇宙在乎手者，眼前无非生机。”[4]这种追求生命的精神，首先体现在对动感的偏好上。

中国古代的诗歌、绘画以及园林艺术等，对动感都有一种异乎寻常的重视，从汉赋多幅作品中即可窥见汉代文学艺术生动活泼的特点[5]。《上林赋》中有一段描写了上林苑中八条河川汹涌澎湃、奔腾而下的壮丽景观，其中运用奔、冲、荡、涌、击等动词把水势生动活跃的特征尽情展现[6]，另一段则展现出河水缓缓流动之貌[7]；《蜀都赋》中描写了漆水大浪翻滚、急流勇下，极具冲击力和动感的画面[8]；《西京赋》中描绘了太液池在风吹浪击之时的豪放之态：“长风激于别岛，起洪涛而扬波。浸石菌于重涯，濯灵芝以朱柯”。

《西京赋》也对上林苑中众鸟翱翔、群兽奔走的壮观场面进行了细致描写[9]，其中另外一段则描写了上林苑进入初冬狩猎季节，各种禽兽飞奔乱跑，四处乱窜的热闹画面[10]。《东京赋》中有一段描写了永安离宫中秋天寒鸦在树上栖息，春天各种鸟叫声此

①韩拙，北宋画家，南阳（今河南南阳）人，出身于书香仕宦之家，善画山水窠石。

②唐岱，清代画家，字毓东，号静岩，正蓝旗人。

③戴熙，清代画家，字醇士，浙江钱塘（今杭州）人。

④董其昌，明代书画家，字玄宰，号思白、香光居士，松江华亭（今上海闵行区马桥）人。

⑤朱良志：《中国艺术的生命精神》，合肥，安徽教育出版社，1995。

⑥《上林赋》：“汩乎混流，顺阿而下，赴隘狭之口，触穹石，激堆埼，沸乎暴怒，汹涌澎湃。滭弗宓汩，偪侧泌㴸。横流逆折，转腾潎洌，滂濞沆溉。穹隆云桡，宛潬胶戾。逾波趋浥，涖涖下濑。批岩冲拥，奔扬滞沛。临坻注壑，瀺灂霣坠，沈沈隐隐，砰磅訇礚，潏潏淈淈，湁潗鼎沸。驰波跳沫，汩急漂疾。悠远长怀，寂漻无声，肆乎永归。然后灏溔潢漾，安翔徐回，翯乎滈滈，东注太湖，衍溢陂池。”

⑦《上林赋》：“陂池貏豸，沇溶淫鬻，散涣夷陆，亭皋千里，靡不被筑。”

⑧《蜀都赋》：“漆水浡其匈，都江漂其泾。乃溢乎通沟，洪涛溶沇，千溪万谷，合流逆折，泌㴸乎争降，湖漕排碣，反波逆濞”。

⑨《西京赋》：“植物斯生，动物斯止。众鸟翩翻，群兽駓騃。散似惊波，聚似京峙。”

⑩《西京赋》：“鸟毕骇，兽咸作，草伏木栖，寓居穴托。起彼集此，霍绎纷泊，在彼灵囿之中，前后无有垠锷。”

起彼伏的欢快场景：“鹎鶋秋栖，鹘鸼春鸣。鸱鸠丽黄，关关嘤嘤。”

总而言之，汉赋作品中所体现出的对生命的独特理解，就是要运用语言文字诠释自然界的生机活力，以追求自我生命与客观世界的相融，通过山川草木、江花春水来表现生命流转的无限乐趣，展现自然的生灵活趣。

4. 千姿百态

所谓形态，乃指事物之形状神态、形状姿态。唐代张彦远[①]在《历代名画记》中云：“冯绍正开元中任少府监，八年为户部侍郎。尤善鹰鹘鸡雉，尽其形态，嘴眼脚爪毛彩俱妙。”形乃形式本身，态则是一种形式感，是整体形式所产生的倾向。对于自然的形态，马克思也说：“（自然）是人的无机的身体”，“不仅五官感觉，而且所谓精神感觉，实践感觉（意志，爱等等），一句话，人的感觉，感觉的人性，都只是由于它的对象的存在，由于人化的自然界才产生出来的”[②]。因此，当观者接触到这一特定自然形态，体察它的形式种种组合和变化之时，不会只引起生理的反应，而是与其人生体验、社会生活联系起来，引起精神和心灵的触动。正由于这一特定自然客体或环境兼有意趣繁密、千姿百态的形态，艺术家才能抉择和把握它的特征，借以表明他深刻的审美感受，揭示他的独特审美目光。

从汉赋作品来看，关于事物形态特征的描绘和审美也是栩栩如生、惟妙惟肖。例如，《上林赋》中有一段描绘了上林苑中各种形状的山峰和山谷，突出了苑中丰富多变的地形地貌[③]；《西京赋》中有一段描写上林苑中昆明池的美景，将湖水色彩、湖中绿洲、湖岸堆砌的石堤以及岸边围合的树木构成的整体湖泊形态特征描绘得精美细致[④]。从艺术的表现力来讲，汉赋作品中对事物形态特征如此深入细致的描绘和表达，不仅只是事

①张彦远，唐代画家、绘画理论家，字爱宾，蒲州猗氏（今山西临猗）人。

②朱彤：《美学，深入自然形象吧》，50页，载《南京师大学报（社会科学版）》，1979，4。

③《上林赋》：“岩陁甗崎，摧崣崛崎。振溪通谷，蹇产沟渎，谽呀豁閜。阜陵别隝，崴磈嵔瘣，丘虚堀礨”，各种险峻的山峰有的地方奇险峻绝，有的地方是斜坡，有的地方山形像甑，有的像三足釜。山谷中则蓄满水，有些却是流水潺潺。弯弯曲曲的山沟大而空虚，高高低低的土丘在水中又都成为一个个小岛。另一段则描绘了行宫中泉水形状多变，时而深曲时而险峻的特征。而其中各种奇形怪状的山石更如人工雕琢般精美细致：“醴泉涌于清室，通川过于中庭。盘石振崖，嵚岩倚倾。嵯峨㠔嶭，刻削峥嵘。玫瑰碧琳，珊瑚丛生”。

④《西京赋》：“乃有昆明灵沼，黑水玄阯。周以金堤，树以柳杞。豫章珍馆，揭焉中峙。牵牛立其左，织女处其右，日月于是乎出入，象扶桑与蒙汜”。

物之原始的、表层的临摹，更是经过主体高度提取、组织后的“形式”[1]传递，是“形”与“神”的完美结合，为魏晋时期实现顾恺之所言“以形写神”“传神写照”的艺术境界奠定了审美基础。

三、风景审美方式：“仰观俯察”

中国古人观赏风景的方式多采取散点透视法，经常调换角度，从不同的视点、不同季节、不同时间观看同一处风景。这正如宗白华先生所说：“中国画的透视法是提神太虚，从世外鸟瞰的立场观照全整律动的大自然，他的空间立场是在时间中徘徊移动，游目周览，集合数层与多方的视点谱成一幅超象虚灵的诗情画境[2]”。也就是说，通过这种“游目周览”（即“游观”）的观照方式，观赏者能以全视角的审美方式飘瞥周遭世界。无论高下起伏，阴阳开阔，身所盘桓，一目千里，目所绸缪，咫尺千里，饮吸无穷时空于自我[3]。

所谓“游观”，又包含两层含义：一指神游远观形，强调以“心灵之眼”游移变化，注重精神之超越，带有一种强烈的人生境界意味；一指视点游动形，即通过视点、视线的游动变化，使审美对象展现出富于动感和节奏感的生命气息。在这里，“游观”强调以真实的眼去观照万物，属于具体的艺术审美方式，后又演化成“俯观仰察”[4]“远观近察”的观照。这种独特的审美方式，体现出中国古人对万物整体性的高度关注，支配着包括建筑、园林、山水等审美活动的开展。

汉赋作品中，这种审美观照方式同样也多有体现。如西汉司马相如的《上林赋》中“頫杳眇而无见，仰攀橑而扪天，奔星更于闺闼，宛虹拖于楯轩”，东汉班固的《西都赋》中“若乃观其四郊，浮游近县，则南望杜霸，北眺五陵”等，都显露出这种对自然和人文环境的观照一直处于运动变化中。每当观赏者的方位和角度发生改变，客观对象的外部形态也会随之变化，呈现于观者面前的景象一直能体现出流动变幻、神秘莫测的特征，时时带给观者新的惊喜。

①张耕云：《生命的栖居与超越·中国古典画论之审美心理阐释》，216页，浙江，浙江大学出版社，2007。

②宗白华：《美学散步》，111页，上海，上海人民出版社，1981。

③伍蠡甫：《山水与美学》，380页，上海，上海文艺出版社，1985。

④所谓“俯仰”，《易传》曾曰：“仰则观象于天，俯则观法于地。”《庄子》则云：“其疾俯仰之间，而再抚四海之外。”《左传·昭公十八年》也云：“经纬天地曰文”，旷观宇宙，运用“心灵”来观照和把握整个客体世界。

此外，俯仰结合的观览方式能使观者在同一地点、同一时刻感受到双重的视角与视域。天空的深邃、大地的旷远、高山的巍峨、田埂的鲜华等都将和谐而有机地融合为一体，展现出能览括宇宙万物的生命图景。如《上林赋》中有一段描写站在高山顶俯首下观，地面的景物深远模糊；仰观天空，流星和彩虹似乎就在眼前："頫杳眇而无见，仰攀橑而扪天，奔星更于闺闼，宛虹扡于楯轩"，既有"登之无所不览"之感、"洗心涤胸"之心境，还能获得"缥缥缈缈""迷迷蒙蒙"之景。

四、风景审美知觉："通感"式审美体验

感觉活动是人类认识生活、认识世界的第一步，它带给人们各种可闻、可见、可触的体验。艺术创作根植于现实生活，需要作者全面而敏锐地去体会和感知这一切。这种综合的感受即为"通感"[①]。所谓"口之于味也，有同嗜焉；耳之于声也，有同听焉；目之于色也，有同美焉"（《孟子·告子上》），《列子·皇帝篇》云："眼如耳，耳如鼻，鼻如口，无不同也，心凝形释"，讲的都是五官相通的道理。汉语中，"通感"即为"移觉""联觉"或"感觉挪移"，就是让人的听觉、视觉和嗅觉、触觉相通，让某一个器官的感觉移到另一个或几个器官上，凭借相通的感觉相互映照，达到刺激审美想象，渲染意境的目的[②]。

"通感"以"感觉概括"和"感觉转移"为内容，可将同一类或不同类的感觉经验互相沟通，广泛存在于各类型的艺术活动和创作思维中，但又不限于五官之"联觉"，还包括思维、情感、意志的交融，是一种通过肉体延伸至精神和心灵的感觉，[③]被看作艺术创作和艺术欣赏品味提升的过程。因此，为了能从这丰富多彩的自然和人文世界中敏锐而细微地捕捉到这些鲜活而美妙的感性素材，审美主体（人）需要将视觉、听觉、味觉、嗅觉和触觉整体开放并和谐协调，这样才能细致、精妙而准确地感受到整个物质世界充满动感、时空交融的气韵和神态，以达到理想的审美成效和体验。

汉赋作品中，有很多内容都是通过这种"通感"式的审美体验使读者获得身临其境的审美感受。如《上林赋》中就有一段描写了苑中河流，河水时而湍急、时而舒缓，时

①江曾培：《艺林散步》，80页，上海，学林出版社，1985。
②孙毅：《认知隐喻学多维跨域研究》，185页，北京，北京大学出版社，2013。
③江曾培：《艺林散步》，81页，上海，学林出版社，1985。

而奔腾、时而宁静，同时急流时伴有“砰磅訇礚”之声，缓流时又“寂谬无声”，视听结合，动静有致，场景生动而活跃：“汩乎混流，顺阿而下，赴隘狭之口，触穹石，激堆埼，沸乎暴怒，汹涌澎湃。滭弗宓汩，偪侧泌瀄。横流逆折，转腾潎洌，滂濞沆溉”；“鱼鳖讙声，万物众伙”一句则通过欢快的声音将鱼鳖的游乐之态传递出来。《蜀都赋》中有一段描写了成都城在春天百花盛开之时充满了浓郁的芳香，连绵的花草就像舞动的锦缎，将嗅觉与视觉相结合，给人身临其境之感：“百华投春，隆隐芬芳，蔓茗荧郁，翠紫青黄，丽靡螭烛，若挥锦布绣，望芒兮无幅。”

汉赋作为汉代最具流行元素和典型特征的文本传载形式，通过其极具艺术表现力的方式将汉代特有之风景审美心境、审美内容以及审美体验等详尽展现，深入而直观地透析出汉代文人的整体环境审美意识和旨趣，对我们研究汉代的风景审美意趣具有极高的价值。

第三节　大美汉苑：上林苑的风景营建实践

追求极致的风景审美观念及其富含文化与艺术气息的表达，必然与生活中大美的风景营建活动紧密关联。由汉画、汉赋到汉苑，可以看出两汉时期是继先秦以来审美积淀的大发展和集大成阶段，如同量变的积累，为魏晋时期形成自觉的风景审美意识奠定了的基础。

受到汉代博大、壮美、尚质、崇实审美意蕴，儒学“天人感应”“以形传神”哲学思想以及其特有时空观念等的导引，各类造型艺术，如绘画、雕塑、书法、建筑以及造园术都获得充分的发展，展现出一种崭新的文化精神和气象。上林苑作为集宫苑、园林、都城于一体的汉代名苑，无论其规划定位、空间布局、建筑设计还是庭院细节处理，都能作为一个范型和代表展现汉代的主流审美文化特征。尤其是其中体现出的对自然与人文有机结合的艺术处理和审美观照，也透视出这一时期古人对自然和人文环境的审美观照不仅细致入微，而且深刻隽永。虽然此刻尚处于山水文化的“自发”期，但其中体现出的对自然整体环境的尊重，强调人文资源与自然环境和谐共生的“天人合一”观，都是中国造园艺术的至臻追求。

我国古代苑囿即园林之始源。“苑，所以养禽兽也。囿，院有垣也。”[①] 周代称之为囿，以饲养野兽为狩猎之用。商代之后苑囿的功能更多样化，除狩猎活动以外，还在其中增设宫苑以满足帝王观玩动物、植物和观游山水美景的要求。据《孟子》载，周文王在丰京修建了灵囿、灵台及灵池，“方七十里”。到了秦代，改囿为苑或苑囿，较之周代有了重大进步，不仅数量有所增多，而且规模也更大。根据各种文献记载，秦代短短的12年间，建置离宫别苑大约就有五六百处之多，仅都城咸阳附近就有两百多处[②]，楚汉相争项羽失败后，刘邦定都长安，天下太平，后代帝王相继修建苑囿馆台宫室以享游猎之乐。至此，苑囿遂成为帝王用以居住、游玩和狩猎的场所。故都选址于物产丰富的膏腴之地和自然风景优美的形胜之地，其中上林苑便是一座符合这种条件的皇家园林。

上林苑始建于秦朝，汉武帝年间得以扩建，其范围据《三辅黄图》载：“东南至蓝田、宜春、鼎湖、御宿、昆吾，旁南山而西，至长杨、五柞，北绕黄山，濒渭水而东。周袤三百里。”大致为今蓝田以西，周至、户县以东，渭河以南，秦岭以北[③]，从地图上量取实则超过三千五百平方公里[④]，是一个以天然山水环境为基底，集各类动物、植物、花木、宫苑、楼阁、池沼、园林等自然景物和人文构筑物为一体的大型皇家园林（图3-26）。它地跨长安、咸阳、周至、户县、蓝田五县县境，占地之广空前绝后，苑中自然风光也是极其恢宏壮美，离宫别馆巍峨附丽，正如司马相如在《上林赋》中所描绘的：“离宫别馆，弥山跨谷。高廊四注，重坐曲阁，华榱璧珰，辇道纚属，步榈周流，长途中宿。夷嵕筑堂，累台增成。岩突洞房，頫杳眇而无见，仰攀橑而扪天，奔星更于闺闼，宛虹拖于楯轩。”赋文着眼于自然和人文景观有机结合的艺术处理方式，也透视出这一时期古人强调自然和人文的环境审美意象及其水平。下文即从上林苑与周边城邑之关系，上林苑内部的自然环境，台、观、宫等人文构筑物以及园林环境的营造等方面，探析上林苑选址规划中的环境观和审美观。

①许慎：《说文解字》，北京，中华书局，1963。

②周维权：《中国古代园林史》，25页，北京，中国建筑工业出版社，2006。

③李洁萍：《中国古代都城概况》，41页，哈尔滨，黑龙江人民出版社，1981。

④王其亨：《西汉上林苑的苑中苑》，选自《当代中国建筑史家十书：王其亨中国建筑史论选集》，286页，沈阳，辽宁美术出版社，2014。

图 3-26　元代李荣瑾《汉苑图》（引自《中国历代园林图文精选》）

一、自然山水环境优先的城邑与风景规划

绵延数百里的上林苑，从景观和职能来讲，都与汉长安城以及周边之陵邑构成一个有机的整体，相互补充、相互利用，实现了城市景观与生态环境的完美结合与和谐共生[①]。

汉长安城位于关中平原的中心，其选址继承了秦代传统，在渭水以南咸阳旧址的基础上建立新城，成为三辅区域的中心城。其周边的地理环境资源如西部的涝水、沣水，

①王军：《中国古都建设与自然的变迁》，119 页，西安，西安建筑科技大学，2000。

南部的交水、浐水、潏水以及终南山等，都属于上林苑的区域。也可以说，上林苑所形成的层层山脉、重重水路以环抱之势，将长安城紧紧囊括于其中。

从长安城的整体轮廓来看，既考虑秦都咸阳留下来的宫殿、地形等因素，又以“法天”（即效法自然）为依据，“因天才，就地理”。其布局与形制基本按照“匠人营国，方九里，旁三门，国中九经九纬，经涂九轨。左祖右社，面朝后市”的建城观念进行设计。城市设计中也主要考虑以周边自然环境（尤其是上林苑的地形特征）为依据，将宫殿区域建于城内的中南部，将居民区和市场设置于城的北部。因为南部上林苑中的龙首原地势较高，在其上修建宫殿，造成建瓴之势，既便于控制制高点，有利于皇宫的安全，又可以继承与发挥秦代高台建筑的风格，使皇宫更加雄伟壮观，迎合皇帝至高无上的心理状态（图 3–27）①，这正如宋敏求《长安志》中所云：从大明宫“南望终南山如指掌，京城坊市街陌，俯视如在槛内”。

附近之诸陵邑，也结合关中地区尤其是上林苑区域的主河流分布形势而选址营建。这些陵邑中，有的直接濒临渭水，如长陵；有的位于河流注入渭水的地段，如浐水旁的杜陵，灞水旁的霸陵；有的处于两条河流的交汇处，如泾、渭之交的阳陵。诸陵邑随诸河流环绕于长安城周围，在渭水北部分布较为集中，五陵沿渭河并列，与咸阳故城和雍、

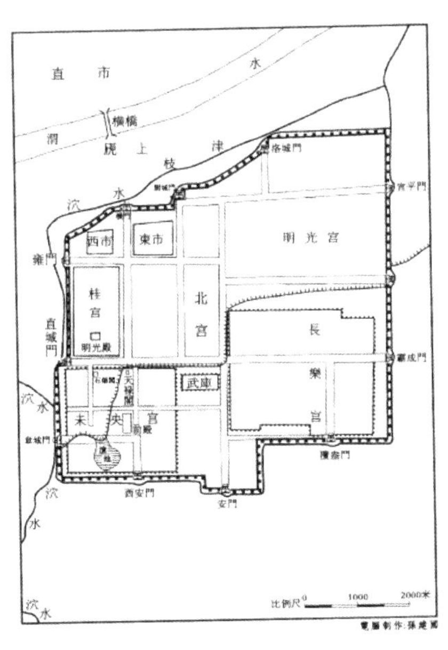

图 3–27　汉长安城平面略图（引自何清谷《三辅黄图校注》）

①徐卫民：《秦汉都城与自然环境关系研究》，114 页，北京，科学出版社，2011。

栎阳连城一片。渭水南岸的霸陵、杜陵隔浐河相望，呈遥相呼应之势。长安城和诸陵邑充分利用了三辅八川的自然河道网络，加上以京城为中心通向全国的庞大道路系统，使这一区域成为全国水陆交通便利、经济繁荣、人口稠密的重心区。在京城的外围还散布着一些县城，也多濒临水道、依靠山脉建设，与长安城市区域的地理形势和环境氛围交相呼应[①]。

由此可见，汉都长安以及周边城邑的选址营城，都十分强调与周遭自然环境的协调互动。换言之，从空间形态上讲，与之相毗邻，以恢宏壮丽、风格雄浑著称的上林苑，是汉长安诸城选址、布局及总体规划的重要参照。

二、上林苑中丰富的自然风景资源

上林苑是一座建于都城之外、自然山水之间，规模宏大的皇家苑囿，它的经营以良好的自然山水资源为基础。其间有山、有水、有花木、有动物，还有各种形式和姿态的台、观、宫、馆等人工构筑物和叠石、雕塑、池沼等人工美景，景观环境奇美。上林苑之南有终南山，北有九峻、甘泉诸山，极目远眺，远景尽收眼底，使人心旷神怡。其间水景资源也非常丰富，不但有“关中八水[②]”贯穿于苑内辽阔的丘陵和平原之上，还有各类人工湖泊和天然湖泊[③]。昆明池、影娥池、琳池、太液池是其中规模较大的人工湖泊，其中尤以昆明池面积最大，大约有 150 公顷。昆明池水空间开阔，风景奇美，池岸“周以金堤，树以柳杞”（张衡《西京赋》），岸边种柳，水中养鱼。池上烟波浩渺，水光云影，既旷人心脾，又有净化空气之功而沁人心肺。从功能来讲，这里还是长安的蓄水库，汉武帝作石闼堰，使西流入沣的洨水北流，经细柳原注入昆明池，汇为巨侵，再引渠至长安，它接纳樊、杜诸水，长安“城内外皆赖之”[④]。由此可见，昆明池既是审美之景，又有护城、养城之功。

除山水外，上林苑的动植物资源也很丰富。据司马相如的《上林赋》描述：“于是

①王军：《中国古都建设与自然的变迁》，8 页，西安，西安建筑科技大学，2000。

②指泾、渭、灞、浐、涝、潏、沣、滈八条河流。

③《三辅黄图》集中记载有十池，即麋池、牛首池、积草池、东陂池、西陂池、犬台池、郎池、初池、蒯池、当路池，大多凿建于自然山水之中。

④张家骥：《中国造园史》，41 页，北京，中国建筑工业出版社，2006。“苑中养百兽”，“上林苑中，天子遇秋冬射猎，取群兽无数实其中”。

乎卢橘夏熟，黄甘橙榛，枇杷橪柿，亭柰厚朴，梬枣杨梅，樱桃蒲陶，隐夫薁棣，答遝离支，罗乎后宫。列乎北园，迤丘陵，下平原，扬翠叶，扤紫茎，发红华，垂朱荣，煌煌扈扈，照曜钜野”，可见其人工种植之花果也是遍巨野，漫丘陵，非常之茂盛。树木的品种也很多，如白银、黄银、柘、榆、槐、漆、枫、栝等山上千年长生树，水生植物如雕胡、紫萚、绿节、荷等。同时，又由于上林苑初建之时的最重要功能即是供皇帝游乐涉猎之用[①]。期间百兽散走，众鸟翩翩[②]，可作君主涉猎之乐，又可“上亲临观焉”（《汉书·扬雄传》），满足众人观赏之需，兼具娱乐与审美价值（图 3-28、图 3-29）。

图 3-28　东汉弋射收获画像砖拓本（引自《中国历代园林图文精选》）

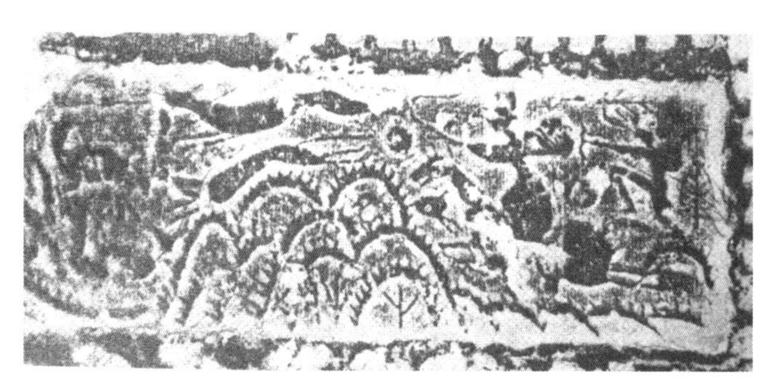

图 3-29　西汉晚期山林狩猎画像砖（舞阳出土）（引自《中国历代园林图文精选》）

①孙星衍：《汉官六种·汉旧仪》，83 页，北京，中华书局，1990。

②正如《西京赋》所云：“罘网连纮，笼山络野。列卒周匝，星罗云布。于是乘銮舆，备法驾，帅群臣。披飞廉，入苑门。遂绕丰鄗，历上兰。六师发逐，百兽骇殚，震震爚爚，雷奔电激，草木涂地，山渊反覆。……鸟惊触丝，兽骇值锋，机不虚掎，弦不再控。”

三、注重与自然环境有机融合的人文建筑

相比前两者，更重要的是，山川、建筑同人工山水有机融合而和谐统一，这种造园方式遂成为汉代苑囿创作的基本取向。这正如《上林赋》中所描述："于是乎离宫别馆，弥山跨谷，高廊四注，重坐曲阁，华榱璧珰，……夷嵏筑堂，累台增成，岩突洞房，頫杳眇而无见，仰攀橑而扪天，……醴泉涌于清室，通川过于中庭。磐石振崖，嵚岩倚倾。"在实际创作中，上林苑中的景区规划、建筑布局、苑中苑、结合自然而经营的人工山体、水体亦或雕塑小品等都已构成独立的审美对象，并有力促进了整体环境人文价值的提升。

1. 风景建筑：台

秦汉时期是中国封建社会早期建筑与造园发展的一个高潮时代。"台"作为一种基本建筑类型，早在先秦时期已开始兴建，秦汉时期盛行，不仅数量多，而且用途广。"台"作为这一时期具有特殊意义的一种建筑型式，在一定程度上反映出秦汉时期的造园和建筑特征。同时，作为一种具有"观景"和"景观"双重审美价值的人文构筑物，其本身的构筑方式、体量、选址布局以及与环境的关系，对研究秦汉时期人文构筑物和自然环境的融合与审美都具有重要的意义。

从古代文字中对"台"的解释很多，有从形式说的"土高而台"，是崛地而起，顶上平坦而四面若削者。有从平面形状描述的"四方而高曰台"（《尔雅·释官》）。但从功能性质而论，最具概括力的为"观四方而高者也"（许慎《说文》），登高眺远、观望四方是其价值的体现。台上建屋，汉代称之为"台榭"或"榭"，也可称之为"观"或"馆"。台上无论有无建筑物，其共同点都是视野广阔，具有登高眺远，游目骋怀的功用[①]。

台的最初意向来源于山。高山由于它的巍峨高耸，仿佛有一股神秘莫测、不可抗拒之力量，一直为古人顶礼膜拜。如在全国范围内选定东、南、西、北四座高山定为"四岳"，一直都是古人心目中的"圣山"，受到特别尊奉。但是圣山毕竟路遥山险，于是统治阶级就想出个办法就近筑台，以模拟和象征圣山，台即成为山的象征[②]。如伏琛《齐

①张家骥：《中国造园史》，40页，北京，中国建筑工业出版社，2006。
②周维权：《中国古代园林史》，37页，北京，中国建筑工业出版社，2006。

地记》中所云“台亦孤山也”。登台即如登山，最初之意向实为通天之路，即所谓“崧高维岳，峻极于天”（《诗经·大雅·崧高》），所以登台的目的最初都是与观天象、祭天、天神以及天堂等有关，如《诗经·灵台》中之灵台、汉长安西北八里之清台（后更名为灵台）、长安宫南的灵台等，都是一种宗教迷信性质的天文台，观天象以测吉凶。上林苑中的俟神台、神明台、飞廉观、延寿观等这类高入云表的台观，多有通神祭祀之功用，又能显示帝王至高无上之权威，满足其极欲、极权的贪念，也是汉武帝“多兴楼观”的真实原因。后来随着汉代观赏和审美活动的发展，台观登高眺远、观赏景物与构筑美景之功能都得到极大的发挥，望鹄台、桂台、商台、避风台、眺瞻台都是这种具有登高观景作用的台。另如《上林赋》中曰：“夷峻筑堂，累台增成，岩窒洞房。”所谓“夷峻筑堂”，说的是选取至高山峰顶部较为平坦之地，将之夷成平面，在上筑台或建造房屋、殿堂；“累台增成”说的是这个台的形式为台级式，一层一层递进式逐层抬高，如楼梯般层层通向台观，而且还指出其游观的方式，从山中之岩洞穿行进入山体内部而直接连达于山顶之殿堂。这种台的形象，重重回廊、层层檐宇、阶阶台梯重叠如塔，顶部殿堂宏伟壮丽，构成巧夺天工的独特艺术形式，对于整个山水画卷实为画龙点睛之笔。

除此之外，考虑到视觉空间观赏和审美的需求，上林苑中的很多台观都建于池沼的中央，称为“渐台”。据《三辅黄图》解：“渐，侵也，言为池水所渐”，其营建方式除主要考虑水池与之形成的空间位置关系，还特别重视两者的体量权衡关系，这也就是我们通常所强调的建筑实体需与之周边环境相协调。因此，能构筑、容纳“渐台”的池沼面积通常都比较大，这样水池与台保持一定的观赏距离，相互观赏才不会显得拘谨或压抑，而从远处观之整体环境才能产生和谐美感。典型案例如建章宫中的太液池，池中有渐台。太液池是上林苑中规模较大的池沼之一，面积约十顷，池中之台也称作避风台。而其西面的孤树池，由于面积较小，池中就只设洲而无台。影娥池的台起于其池边，称为望鹄台，用以观赏池中之月影，建于池水之北岸或西岸的范围。如果池水面积很大，那光设台这一座建筑显得孤独无依，难以与整体环境协调，如昆明池，周回约四十里之广，面积相当宽广，池中就设有洲，还“有灵波殿”“有豫章台”（《三辅黄图》），这样形成一个宏伟的建筑组群才能与整体湖面空间尺度相协调。

台，包括与之功能相类似的观，作为一种建筑类型，在秦汉时期的环境营造及造园艺术中都具有重要的意义和作用。高台给观者提供了高瞻远眺广阔自然环境的条件，能将先秦之“万物皆备于我”（《孟子》）、“无往不复，天地际也”（《周易》）的空间环境意识付诸实践，而其自身的形体之美与建构之美也为整体山水环境起到画龙点睛之功用，从而促成古人“骋怀游目”“俯仰自得”山水观赏方式的形成。这种独特的观赏方式与空间意识，对西汉之后中国造园、建筑、绘画及山水审美意识的形成和发展都具有深刻的影响。

2. 山形水胜之处的宫苑建筑

如前所述，上林苑“周袤三百里”，并“绕以周墙，四百余里”（班固《西都赋》）。规模如此巨大宏阔，与其中复杂多样的功能以及离宫别院（即苑中苑）的大量存在是互为因果、相辅相成的。这些具有不同审美特性且自成体系的“苑中苑”，在上林苑中的总体布局则明显呈现出“大分散、小聚合”的布局特点[①]（图 3–30）。“大分散”的节点布局距离为 30~50 公里，而“小聚合”的节点间距为 5~10 公里。

之所以在如此规模宏大且野趣横生的上林苑中采取这样有规律、有层次的宫苑布局方式，一方面与游赏山水、骑马射猎等活动的休憩、娱乐、饮食等场所设置直接相关，另一方面，则主要是考虑上林苑中的车骑出行方式对空间尺度的要求。从西周至汉代，古籍中多有关车骑出行的距离描述，如“军行三十里为一舍”（《吕氏春秋·不广》），“三十里有宿”（《周礼·遗人》），“驿马三十里一置”（《后汉书·舆服志》）等等，都是将“三十里”作为安排“休息节点”的制度性空间尺度。适宜娱乐、漫步、休闲等舒缓游玩性活动的空间尺度，则主要控制在一至三里之间[②]。关于这点，王其亨先生所著之《西汉上林苑的苑中苑》中早已详细谈到，本节就不再赘述。需要强调的是，虽然车骑出行的空间尺度与休息节奏已早有界定，但是，车骑路径以及各组苑中苑的具体定位与规划布局，都需参照上林苑中水体、山体、地形、植被等各元素共同组成的景观环境综合判断。

总体而言，一般都选取在地势较高且平坦，自然资源相对更充足，山水环境相对更美的区域设置休息节点（即苑中苑），节点与节点之间则多为山川原野。这些节点区域

①王其亨：《西汉上林苑的苑中苑》，选自《当代中国建筑史家十书：王其亨中国建筑史论选集》，286 页，沈阳，辽宁美术出版社，2014。

②王其亨：《西汉上林苑的苑中苑》，选自《当代中国建筑史家十书：王其亨中国建筑史论选集》，286 页，沈阳，辽宁美术出版社，2014。

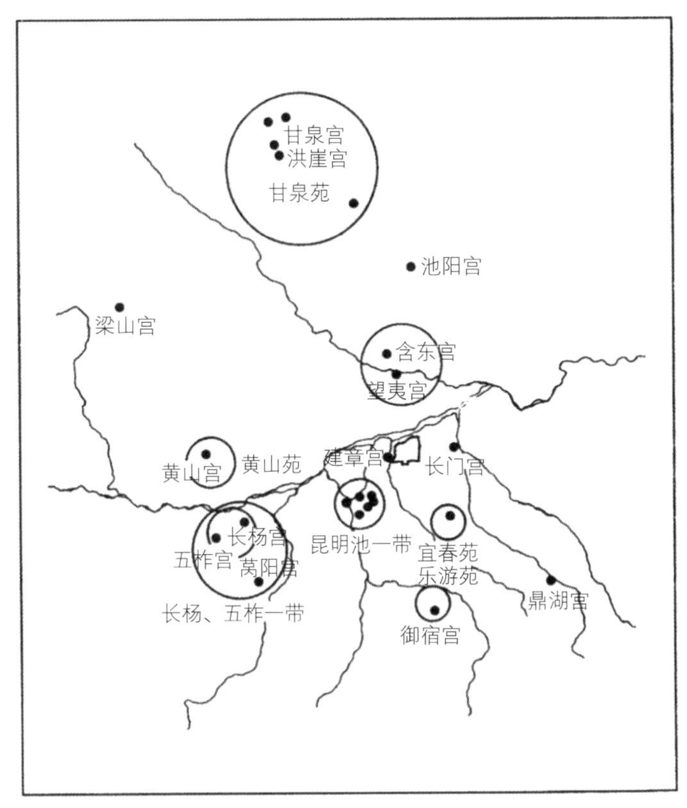

图 3-30　上林苑离宫别馆与休憩节点图（引自《西汉上林苑的苑中苑》）

不但有丰富的水资源、动植物资源以满足其生产、生活之需，而且有良好的视野条件便于临观远眺，相对平整的地形也为其修建离宫别院创造了便利条件。植被繁茂且有特色、山水资源丰富的地理区域，往往也是山形水胜之处。

如御宿苑在长安城南御宿川中，是汉武帝在上林苑狩猎游玩时居住的行宫。《汉书·扬雄传》云：“武帝广开上林，南至宜春、鼎胡、御宿、昆吾。”前人多以为在樊川，后经证实其址应在今长安县王曲川，而王曲川就在终南山下。也就是说，御宿苑是与终南山相濒临的。终南山位于陕西南部约 40 公里处，是群山的总称，因风景佳秀、奇峰峻峭、千山横亘闻名，班固《终南山赋》中就完整地描述了终南山的山水自然美，唐诗也有“终南山色入城秋”的描述以凸显出终南山这片风景之优美。宜春苑也是皇帝游猎歇息的处所，其故址位于今陕西长安县之南，似包括今曲江池、凤楼原及乐游原的西部。这里也是景色秀丽、山水俱佳的理想苑囿场所，所以在此也修建了很多宫殿与园林。司马相如在《哀秦二世赋》中通过俯察、遥望、近观、远游等方式生动描绘了宜春苑中曲江池之美景，可见其地自然风光之瑰丽："登陂阤之长阪兮，坌入曾宫之嵯峨。临曲江之隑州兮，望南山之参差。岩岩深山之谾谾兮，通谷豁乎谽谺。汩淢靸以永逝兮，注平皋之广衍。观众树之蓊薆兮，览竹林之榛榛。东驰土山兮，北揭石濑。"

此外，黄山宫于惠帝时所建，是皇帝和贵族出游上林苑的休息之所。其地位于马嵬，即渭河北岸的台地上。《水经·渭水注》云："渭水又东北经黄山宫南"，可知其建宫选址也是遵循"近水而地平"的原则。昆明池也称滇池，建于汉武帝元狩四年，《三辅黄图》载："在长安西南，周回四十里"，是汉代苑囿中最大的池。据今考古学家胡谦盈踏查，汉昆明池遗址就是今长安县斗门镇东的一片洼地，有金马、碧鸡二山夹峙，山水资源极其丰富。昆明池水面宽阔，植被繁盛，也是游乐与观赏之圣地，所以绕湖周建筑了许多瑰丽的宫殿和观赏建筑，构筑数个苑中苑，池中还建有豫章台以观湖景。

另外，从宫苑的设计构思、规划布局、建筑和"苑中苑"设计等的艺术处理来看，苑中苑也都无不体现出汉代苑囿着眼于自然和人文景观有机结合的审美观照。

以建章宫为例[①]（图 3-31、图 3-32）。从构思立意来看，主线中最重要的骀荡、驳娑、枍诣、天梁四座宫殿之命名都取之于观者对每个宫苑整体空间环境特征的描绘和审美意象。如骀荡宫，《三辅黄图》曰："春时景物骀荡满宫中也"，"骀荡"二字是对其绿意黯然之春景的概括；驳娑宫，《西京赋》云："枍诣承光，睽罛庨豁"。"罛"意为大鱼网，"庨"为深空之貌，"豁"为开阔之意，此句形容枍诣宫像一个大鱼网似的开阔的大洞，"洞"中还有大树遮天的林荫道，以"枍诣"二字为宫名也是以空间审美为出发点思考的。驳娑宫，《三辅黄图》则曰："驳娑，马行疾貌。一日之间遍宫中，言宫之大也"，"驳娑"二字也是对其开阔宏敞之空间环境的概括。天梁宫，《三辅黄图》曰："梁木至于天，言宫之高也"，可见高、深是此宫留给观者的最强印象[②]。

此外，汉代注重建筑外观形式的审美观照意象，在建章宫的各式建筑组群、单体及

①周云庵：《陕西园林史》，65 页，西安，三秦出版社，1997。张家骥：《中国造园史》，34 页，北京，中国建筑工业出版社，2006。根据上述研究：建章宫是汉代最著名的宫苑之一，也是上林苑之中规模最宏大的离宫别院。建章宫建于汉武帝太初元年，地点位于汉长安城西，与未央宫隔墙相望。建章宫的规划布局尽量利用有利地形，使宫城显得错落有致，壮丽无比，大致布局轮廓可通过《三辅黄图》《关辅记》《水经注》《长安志》《西都赋》《上林赋》等文推测：它是一个相对独立、绕有宫墙、设有门阙的一个宫城，内部布局完整而有层次。总体布局上可分为三个部分：主体部分以门阙、正殿和四宫（包括骀荡、驳娑、枍诣、天梁）为主轴线，西部有唐中庭，北部有太液池，池中有蓬莱、方壶、瀛洲三岛以象征三座神山。

②魏全瑞，编，何清谷，注解：《三辅黄图校注》，西安，三秦出版社，2006。

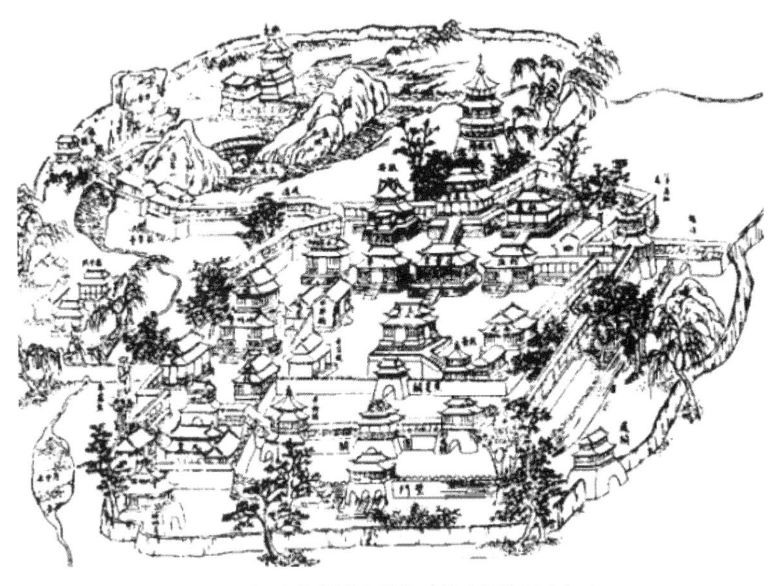

图 3-31　汉建章宫图（引自《关中胜迹图志》）

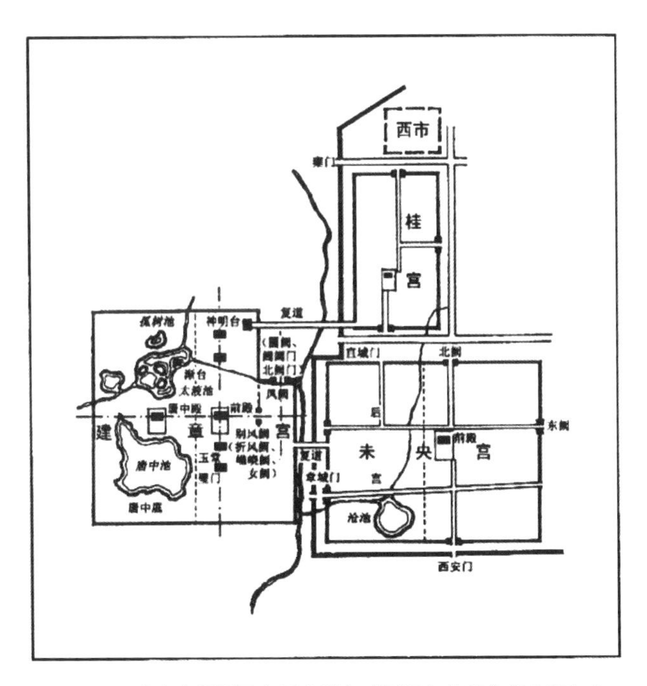

图 3-32　建章宫平面示意图（引自《西汉上林苑的苑中苑》）

局部装饰细节中都有体现。

如《西京赋》中云："圆阙耸以造天，若双碣之相望"，说明建章宫中双阙之壮观。对于骀荡、驳娑、枍诣、天梁四座宫殿，《西京赋》则云："经骀荡而出驳娑，洞枍诣以与天梁。上反宇以盖戴，激日景而纳光"，四宫殿皆飞檐上反，日光可折射入殿堂。据此有人推论，这样的屋顶可能就是翘角如翼的形式。对于宫中两座位于太液池旁的大楼台井干楼和神明楼，《关中记》又云："宫北有井干台，高五十丈，积木为楼。"张衡《西京赋》也有"井干叠而百层"之说[①]，可见其楼规模之宏大。……此言甚多，已难殚举。但最能体现和反映汉代人文建筑审美旨趣和艺术成就的，不仅是形态特征的变化，还包括对整个宫苑建筑外部空间[②]布局方式的处理，以及由此而产生的诸如远近离合、高下大小、整体局部、动静阴阳、主从虚实的视觉审美感受。

张衡《西京赋》中就有一段描绘了建章宫神明台与井干楼外部空间设计的审美体验："神明崛其特起，井干叠而百增。跱游极于浮柱，结重栾以相承。累层构而遂隮，望北辰而高兴。消雰埃于中宸，集重阳之清澄。瞰宛虹之长鬐，察云师之所凭。上飞闼而仰眺，正睹瑶光与玉绳。将乍往而未半，休悼栗而怂兢，非都卢之轻趫，孰能超而究升。"站在神明台和井干楼前观赏，神明台"崛其特起"，高耸入云；井干楼则"叠而百增"，重重叠叠有近百层，并且向着北极星一层层升高，气势非常之壮观。但是登上台后，又是另一番心境与风景：弯弯的长虹、漂浮的云彩以及遥远的星星都能尽收眼底。只是由于距离地面太远，兴奋之余难免有些许胆怯和心慌。观者在这游走的过程中将近、中、远的不同层次，形与势的不同场景转变以及由此产生的不同情感变化完美结合，形成连续、生动而有趣的审美体验。

①雷从云，陈绍棣，林秀贞：《中国宫殿史》，天津，百花文艺出版社，2008。

②王其亨先生在其《风水理论研究》中曾谈到：所谓建筑外部空间设计，实际上就是运用建筑形体和其他景观环境构成要素，如山水植被、地形地貌以及光影色彩等进行空间组合，使其在尺度、造型、体量、形式以及质地肌理等方面主从虚实、阴阳动静、大小高卑、远近离合等变化，都能适合人的心理与生理需求，在感受效果上，引起审美愉悦，并趋于艺术上的完善。在中国古代建筑外部空间设计实践中，"形"与"势"的概念和理论得到明确而广泛的运用。形，概指近观的、局部性的、细节性的、小的、个体性的视觉感受效果及其空间构成。势，概指群体性的、总体性的、轮廓性的、远观的、大的视觉感受效果及其空间构成。实际上，个体与群体、局部与总体、近与远、细节与轮廓、大与小等对立性的静态空间构成与由近及远的动态变化都可由形与势来统筹和解释。也正是由于形与势的矛盾运动和相互转化，才会使人在期间运动时获得的"知觉群"的连续性综合印象臻于丰富而极尽变化，构成心目之大观。

3. 功能与美景的融合：上林苑的苑中苑

苑中苑的设置是汉代上林苑的又一重要特征。同样以建章宫为例。《长安志》引《关中记》曰："建章宫其制度事兼未央宫，周回二十余里。"《三辅黄图》云："建章有函德、承华、鸣鸾三十六殿。"班固《西都赋》也赞道："尔乃正殿崔嵬，层构厥高，临乎未央"，可见上林苑的功能之多、规模之庞大均类同于未央宫。

另据《三辅黄图》记载，建章宫内有骀荡、驱娑、枍诣、天梁、奇宝、鼓簧等宫，又有神明、玉堂、鸣銮、奇华、函德、疏圃、铜柱等二十六殿，各宫殿之间皆有飞阁相连，可乘辇车自由上下。除此之外还有太液池、唐中池、孤树池和琳池等大面积水域，包容了极其丰富的内容。其功能除朝会外，还兼有娱游、纪念、生产、观景、教育等综合功能。因此在营建建章宫时，工匠驾轻就熟地运用了上林苑苑中苑的创作经验，使复杂多样的功能与景观内容得到合理的组织和联系，以致可以说是上林苑"多层次综合性苑中苑"的成功模写和缩影[①]。从相关记载来看，这种苑中苑的经营同时综合着池沼、堆山、叠石、草木、楼台、堤岸、鱼禽等人工构筑物和自然元素，形成了极其丰富的园林美景。

根据相关资料来看，建章宫的布局方式大致为东宫西苑的布局模式。《汉书》载："建章宫西有玉堂，璧门三层，台高三十丈，玉堂内殿十二门。"正门之左，凤阙高二十五丈，阙上有金凤高丈余，右有神明台。《汉宫阙疏》也曰："神明台高五十丈，常置九天道士百人"，可见正门左右各设有凤阙与神明，做工精美，高大壮丽。

西北部为太液池。据《三辅黄图》载："太液池，在长安故城西，建章宫北……太液池者，言其津润所及广也。"太液池的水面极其广大，《庙记》曰其"周回十里"，高岸环周，碧波荡漾，风景秀丽。《拾遗记》中曰："海上有三山，其形如壶"，即蓬莱、瀛洲、方丈，象征东海之中的天仙胜境，并用玉石雕琢齐禽、鱼龙、异兽之类使仙山更具神秘色彩。除三山外，太液池边还有渐台，高二十余丈，是筑在水中的台观。如前所述，在水中筑台是汉代苑囿营建中喜用的方式。在太液池这般宽广而景色优美的湖面，设置类似如"渐台"这样的人文构筑物，无论是作为能提供较高视点和视野的观景之处，还是其本身作为整体环境之一部分的风景建筑，都可谓是将人文与自然完美协调的最理想方式。

① 王其亨：《西汉上林苑的苑中苑》，选自《当代中国建筑史家十书：王其亨中国建筑史论选集》，286 页，沈阳，辽宁美术出版社，2014。

总体说来，汉上林苑无论从其选址定位、规划布局、空间组织还是建筑设计来论，都可被视为这个时代最具前沿性、代表性和典型性的汉代名苑，能展现受中国传统环境营建理念及风景审美的至高境界。其中，尤以其对汉代博大、壮美气象的展现，对唯美自然景观环境的追求，对人文与自然有机统一审美思维的趋向最能透视出这一时期古人的风景审美境界和审美意蕴，并为后世的风景营建方式确定了基本思路和方向。

第四节　类比思维的繁衍：类书《尔雅》中的风景审美意识

从早期朴素的人文审美意识，到山水喻道比德自然观的形成，再到风景审美的极致表达，至此，华夏民族形成了独特的风景审美观念和方式。而这一观念及方式的形成，与《尔雅》成书的历史、形式与内容相一致。研究《尔雅》及其中蕴含的类比思维，将更进一步明晰自图腾、《诗经》、《楚辞》、汉赋以来，以文本传载的中国古人审美思维的发展历程。

类比推理思维是中国古人独有的具象、联想型思维方式，也是构建古代中国以历史经验、事物内外联系以及整体环境观为前提的文化形态和审美观念的基础。类书作为与这一思想体系一脉相承的典型著述，其编排体例、类例设置以及类例解读方式都深刻反映出类比推理思维独有的观物取象、引譬连类等特征。成书于战国、汉有续补的《尔雅》，被看作中国历史上的第一部类书。其独特的编排方式和释义内容，保存有先秦古籍中大量的思维讯息，透释出先秦古人的思想和文化特征。此外，《尔雅》独创的按事物性质分类编排的体例，不仅对后代词书、类书的发展产生了很大的影响，更是中国特有之形象思维和类比推理思想的体现。另外，从其写作编排的具体方式和内容来讲，更是中国古人风景审美观照方式的体现，其中所反映的风景审美特征，对我们研究整个汉代的风景审美也具有重要的意义。

一、对“象”的感知：类比思维的天然审美特性

中国的大陆农业型文明型态，迫使中国古人类对气候、地理等自然条件被动地依赖与适应，在文化心态上则表现为对“天意”宇宙观的尊重和屈服。他们普遍认为，“人意”虽然不乏一定的作为，但必须以顺应和服从“天意”（即宇宙自然的意志）为前提，天的运行与人的命运息息相关[①]。他们通过对周围现象的观察实践，通过诸事物之“象”来发现某些征兆，并在“象”与这表达和预示的事物之间建立一种因果的或巫术的联系[②]。可以说，从史前时期开始，观察和对现象的感知就成为中国古人认识和把握世界的主要手段。这种对客观自然世界的长期观察与实践，也成就了中国古人敏锐的感知力与对天地万物、人事诸象敏锐的直觉力。具备了这种能力，他们能通过这林林总总之“象”而发现与之对应的结果和规律，形成以遵循主观感受与情感逻辑而排列客观事物秩序的思维模式。中国的类比思维（或称之为比象思维）就是在这样的巫术或宗教活动中产生并发展的[③]。

周人的逻辑思维较之殷人又有了很大进步，但思维模式却是对前者的继承和延续，如《周易》中的卦象与爻辞就是最好的证明，也是周人思维方式的最集中体现。《易传》曰：“易者，象也……是故法象莫大乎天地，变通莫大乎四时，县象着明莫大乎日月。”“在天成象，在地成形，变化见矣。”总之，“见乃谓之象”（《周易·系辞上》）。可见，象是能凭借感官而被人感知的外在形象或现象。《周易·系辞上》又曰：“圣人有以见天下之动而观其会通”，“天下之动，圣人效之”。周人能从这万物之“象”中看出其中之联系和变化。占筮者们通过占筮而推知吉凶的过程实际上就是由卦象符号联想到具体物象，再由这种具体物象进行类比引申而绎成吉凶判断的过程，即古人常言之“观物取象”或“引譬连类”。正如《广雅》曰：“肖，似也，类也。”“类”指事理的肖似与形象，“连类”则指以彼象喻此象，以彼象之义喻此象之义[④]。这也是中国古人审美情怀的基本特征。在这里，对“象”本身的感性形态包括其色彩线条、形体外貌等都会进行充分的观察、注意、暴露和揭示，这种观察和注意不仅是一种客观的认识和判断，

①申江：《时间符号与神话仪式》，45页，昆明，云南大学出版社，2012。
②梁一儒：《中国人审美心理研究》，39页，济南，山东人民出版社，2002。
③梁一儒：《中国人审美心理研究》，39页，济南，山东人民出版社，2002。
④陆晓光：《中国政教文学之起源：先秦诗说论考》，81页，上海，华东师范大学出版社，1994。

还包括内在情感模式与外在形式结构的完整契合。因为对外在客观“形式”或“象”的感知，与对其所“象”之物的移情式的想象和直觉领悟相融合，还渗透着一种投入而专注的情感于其中，所以这样的知觉特点独具天然的审美特性[①]。中国古人在运用类比推理思维时，所选用的类比物也常常是生动、形象而具体并具有审美价值的事物，能让观者或读者对其形象产生赏心悦目之感而获得美的享受。

此外，这种“象”思维由于是运用形象材料进行思维概括，通过表象、想象、构象来反映事物的运动规律，达到对事物本质和内在特征的认识，它与西方的理性、概念、逻辑思维有明显的本质区别[②]。相比较，中国古代比象思维更能生动而直观地显示并把握客观事物在动态中的整体特征。可以说，这种象思维是在遵循中国传统“天人合一”思维框架基础上，将人生与自然完全相谐、相通、相类、相契合以达到“天地与我并生，万物与我为一”的思想境界。同时，也正由于这种思维模式重视顿悟直觉与经验理性的特点，导致中国古代不可能形成如西方那种重视概念分析、逻辑推理并具有严密理论体系的著述，而是发展出一种以历史经验为重，同时关注事物表层现象、形态与事物之间相互联系的典籍，“类书”就是在这种具象思维模式影响下形成的一种类百科全书式的书籍形式。

二、类书《尔雅》中的风景审美意识

所谓类书之“类”，与中国古人类占卜巫术中比类思维的“类”含义同出一辙，是中国古人特有比象思维和类比推理形式的集中反映。《尔雅》作为中国历史上第一部类书，虽成书于战国，汉续有增补，但其所涵盖的内容却保存了先秦古籍中大量古词古义的训释，反映了先秦时期中国古人的思维方式和文化特征。同时作为一部收集古训的专书，《管子》《尚书》《周易》《吕氏春秋》《国语》《山海经》《礼记》《列子》《诗经》等经典均被《尔雅》选以“雅正之言”一一训释。《尔雅》全书分 20 篇目（现存 19 篇），包含 2091 个条目，收录语词共计 4300 多个，内容涵盖自然、社会、生活、生产的方方面面。其中对所训释的事物作了这样的分类排列：前三篇为《释诂》《释言》和《释训》，主要以解释字义、词义为特征；后十六篇《释宫》《释器》《释乐》《释天》《释地》等则是根据事物类别按义分篇，这种析卷分篇和序次排列的方式也正是作者主观意图和

①梁一儒：《中国人审美心理研究》，42 页，济南，山东人民出版社，2002。
②关于中国形象思维与西方概念思维模式的区别在本文综述中有详细解析。

思维逻辑的体现。

从具体内容来看，《尔雅》中囊括的内容极其丰富，“其十九篇所载，大极天地四时之幽窈，细察昆虫草木之琐屑，显悉人事之庶，微析群言之错”[①]，语言、伦理、建筑、天文、地理、动物、植物等众多的学科在文中都有涉及。经过细致分析研究，发现《尔雅》中对人文构筑物与自然风物的描绘和训释独特而有条理，而且极富风景审美的特征。下文即从《尔雅》的篇目设置、编排方式、训释内容等方面详作分析。

1. 篇目设置中的世界观

《尔雅》基本是按照意义的标准来层层分类编排释义的。从整体篇目来看，《尔雅》按类别分前篇和后篇两部分。后篇中各篇目尽管内容各自独立，但篇目的编排顺序和组合方式也是编者经过仔细考究，按照事物间的逻辑关系加以推敲排列而成的。

其中，根据训释事物的具体性质分为与人文社会相关和与自然界相关两大类。《释亲》《释宫》《释器》与《释乐》四个篇目排放在一起，很显然其中涉及的事物都与社会、人文与生活密切相关；《释天》《释地》一直到《释兽》《释畜》共十二个篇目排放在一起，很显然其中涉及的事物都与自然界密切相关。其中《释天》《释地》《释丘》《释山》和《释水》（天地）五个篇目中涉及的事物都与天文地理方面的内容密切相关；《释草》《释木》《释虫》《释鱼》《释鸟》《释兽》和《释畜》（物）七个篇目中涉及的事物都与植物、动物这类自然事物相关。这种将古代知识体系分为“天、地、人、事、物”五部分的分类体系，能反映整个时代的思维特质：即将哲学、自然科学与社会科学混为一体，将芸芸众生看成相依相谐的整体，是《周易》中“有天地，然后有万物”“方以类聚，物以群分”思维特征的发扬传承，也是儒家强调人与客观世界和谐统一，“天人合一”至高审美境界的直观体现（表3-1）。

①顾廷龙，王世伟：《尔雅导读》，63页，北京，中国国际广播出版社，2008。

表 3–1 《尔雅》的总体编排内容表

篇目	释诂	释言	释训	释亲	释宫	释器	释乐	释天	释地	释丘	释山	释水	释草	释木	释虫	释鱼	释鸟	释兽	释畜
内容	字、词			人、事				天	地				物						
总部	前篇			后篇															

2. 训释逻辑中对事物客观形态的关注

在各大类之中，《尔雅》各篇目的排列顺序也次第井然，体现出由此及彼，递相引伸的训释逻辑关系。如针对天文地理事物部分，清代邵晋涵在《尔雅正义》中曾说：“（《释地》）下篇递及于丘与山川者，《大戴礼记・易本命》云：‘凡地东西为纬，南北为经。山为积德，川为积刑；高者为生，下者为死。丘陵发牡，溪谷为牝。’是丘与山川俱统于地，故《释丘》《释山》《释水》以次分释焉。”《郝疏》也云：“下篇《释丘》《释山》《释水》皆地之事，故总曰‘释地’。”由此可见，此四篇虽都是训释自然地理区划的分布及名称，但《释地》是从总体上训释州、国、五方异气，而丘、山、水均是指其中某种地理表现形式，所以在《释地》之后又设有《释丘》《释山》《释水》分别训释，独立成篇，“总曰《释地》”[①]。陆德明针对《释兽》《释畜》的分篇设置有论述：“《释兽》《释畜》二篇具释兽而异其名者，畜是畜养之名，兽是毛虫总号，故《释畜》唯论马牛羊鸡犬，《释兽》通论百兽之名”（陆德明《尔雅音义・释畜》），都体现出明晰的训释逻辑关系。对于这种类书特有的分篇与编排方式，林寒生[②]先生在其《尔雅新探》中也说：不同类别之间，按其关系上的亲疏远近情况依次排列；同一类别之间，也同样按照其知识体系方面的密切程度排列。此则无论在类别或篇目上都呈现出一种有机性的内在联系，使全书体系上整齐划一，次第井然[③]。

①顾廷龙：《尔雅导读》，28 页，北京，中国国际广播出版社，2008。

②林寒生，1946 年生，现为厦门大学中文系教授、海外教育学院兼职教授、研究生导师。主要研究方向为汉语方言、训诂学、语言与文化等。

③林寒生：《尔雅新探》，38 页，南昌，百花洲文艺出版社，2006。

再从各篇内部看，其大量词条训释的排列，多能注意以类相从，统筹兼顾，首尾呼应。[1] 如《释天》《释地》《释丘》《释山》《释水》《释兽》《释畜》七篇下都有不同的小类：《释天》中分为四时、祥、灾、岁阳、岁名、月阳、月明、风雨、星名、祭祀、讲武和升旗等十二小类；《释地》中包括九州、十薮、八陵、九府、五方、野、四极等七小类；《释丘》则分为丘和涯岸两小类，《释宫》则包括宫室、路桥、庙寝与高建筑四小类。每一小类中又分出很多具体的类别和训释。以《释地》《释宫》为例。《释地》"九州"中包括有对冀州、豫州、雍州、荆州、扬州、兖州、徐州、幽州和营州这九个行政区划的训释，"十薮"中则包括有对大野、大陆、杨陓、孟诸、云梦、具区、海隅、余祁、圃田和焦护这十个湖泽的训释（图 3-33）；《释宫》"宫室"中包括有对总名、宫内位置、门件、墙、用具及其功能等十七类的训释；"路桥"包括有对道路和桥梁两小类的训释；"庙寝"中只有关于"庙寝"类建筑的训释；"高建筑"中则包括有榭、台、楼这类较高建筑的训释（图 3-34）。

以《释天》为例，其中包含有对风雨和星的解释。但对于风雨，又根据其方向、状态等将其分为不同的条目分别解析。如其中说："南风谓之凯风，东风谓之谷风，北风谓之凉风，西风谓之泰风"，风向不同，风的名称和性质也当有所区别；"日出而风为暴，风而雨土为霾，阴而风为曀"，刮风之时根据天空伴随出现的不同气象变化，对风的命名也各有不同。对于星，则根据其形状、方位、数量等对其进行定义。"寿星，角亢也。天根，氐也"，岁星为十二星次之一，有角亢二星位于其中。"咮谓之柳。柳，鹑火也"，"柳"为二十八宿之一，方位位于南方七宿的第三宿。其中有八颗星，形状像朱雀之口，所以又称"咮"。从不同的感官角度将之归为不同类别，这正体现出编者的用心之处。而这种从篇—大类—类—小类—训列的多层次分类方式和义类相从的原则，也基本上贯穿于全书的始终[2]。

这样严谨、周密的分类立目和训列次序方式，无疑都是作者经过仔细推敲的结果。其中以事物的具体性质（如方位、尺度、材质、形态、质地、数量、色彩等各类能为人所感知的客观物质内容）为种类划分依据的方式，更体现出编者对客观事物之外在形象、形态的重视和关注，也反映出本书对传统观物取象、引譬连类思维的继承和传承。

①林寒生：《尔雅新探》，39 页，南昌，百花洲文艺出版社，2006。
②管锡华：《尔雅研究》，86 页，合肥，安徽大学出版社，1996。

释地

- 九州——冀州、豫州、雍州、荆州、扬州、兖州、徐州、幽州、营州
- 十薮——大野、大陆、杨陓、孟诸、云梦、具区、海隅、余祁、圃田、焦护
- 八陵——东陵、南陵、西陵、中陵、北陵、加陵、浸梁、河坟
- 九府——东方、东南、南方、西南、西方、西北、北方、东北、中
- 五方——东方、南方、西方、北方、中
- 野——邑、郊、牧、野、林、坰、隰、平、原、陆、阜、陵、阿、原、阪、菑、新田国、畬
- 四极——四极、四荒、四海、丹穴、空桐、太平、大蒙

图 3-33 《尔雅·释地》中的小类别图（引自《尔雅研究》）

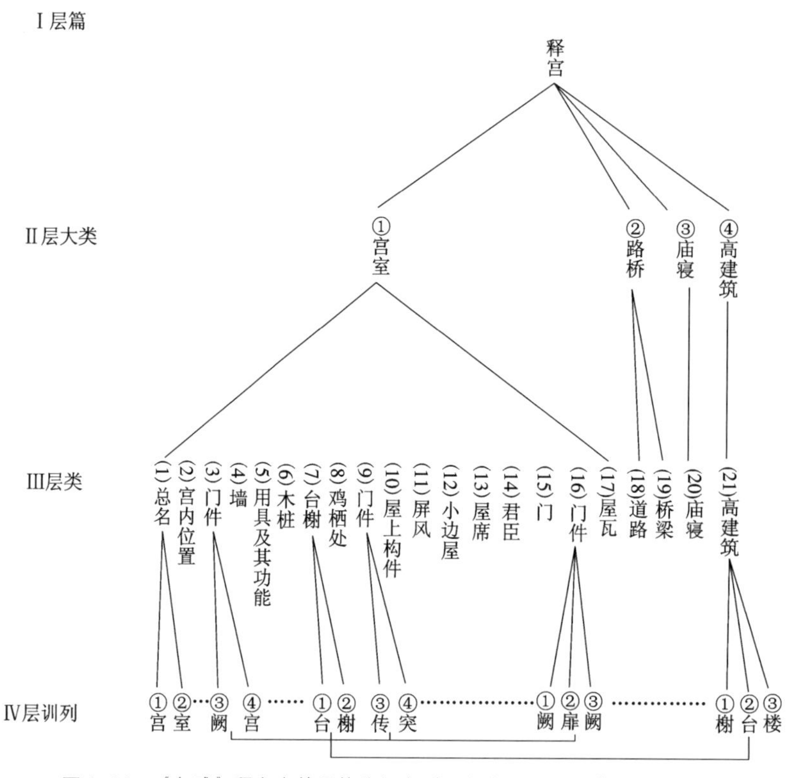

图 3-34 《尔雅》释宫中的具体分级类别及方式图（引自《尔雅研究》）

3. 类例解读中的全方位感知

对于自然万物之名，荀子曾提出“缘天官”的思想，即通过人的耳、目、鼻、口、身等各种器官感知。由于同类事物有同样的情况和规律，人们的感觉器官对它们的感知也会相同，然后经过反复的对比分析，相互之间便产生一致的看法，从而约定一个共同的名作为相互交流思想的工具。他说：“形体、色、理，以目异；声音清浊，调节奇声，以耳异；甘、苦、咸、淡、辛、酸、奇味，以口异；香、臭、芬、郁、腥、臊、漏、庮、奇臭，以鼻异；疾、养、沧、热、滑、铍、轻、重，以形体异；说、故、喜、怒、哀、乐、爱、恶、欲，以心异。”（《荀子・正名》）这些都是人通过不同的感觉器官感知各类事物的情况。人的感官接触了具体事物对象，然后由思维器官“心”按照“同则同之，异则异之”的分类原则，分别予以不同的名[①]。

《尔雅》中将客观事物的具体性质，如方位、尺度、材质、形态、质地、数量、色彩、气味、性别等各类能为人所感知的内容作为类例解读的主要参考依据，可以说正是荀子“缘天官”感性思维特征的具体再现，也体现出汉代文人对客观事物感官体验的重视。例如：《释天》中解析“蝃蝀谓之雩，蝃蝀，虹也。蜺为挈贰”。蝃蝀，本或作“蝃蝀”，虹的别称[②]。此篇是从色彩、形态、时间和方位上对虹与蜺进行了对比解析，雨后天空中出现的彩色圆弧，一般都是两个：红色在外，紫色在内，颜色鲜艳的叫虹，也叫正虹或雄虹；红色在内，紫色在外，颜色较淡的叫蜺，也叫副虹，雌霓或挈贰[③]。可见虹与蜺的差别在于色彩的排列方式不同。《释天》中另一段“暴雨谓之涷，小雨谓之霡霂，久雨谓之淫，淫谓之霖，济谓之霁”，对不同类型的雨也进行了描述和解析[④]。“霡霂”即为濛濛细雨[⑤]。根据下雨的不同时间和状态特征，文中将雨分为涞、霡霂、淫和霁四种类型：夏月的暴雨称为“涷雨”，濛濛细雨叫做“霡霂”，久下不停超过三天的雨为“霖”，马上将要停止的雨叫做“霁”。相关案例很多，无需在此一一详解。

①周山：《智慧的欢歌・先秦名辩思想》，北京，生活・读书・新知三联书店，1994。

②《诗经・鄘风・蝃蝀》说：“蝃蝀在东，莫之敢指”。“雩”，郭注：“俗名为美人虹，江东呼雩”。“蜺”，或为“霓”，副虹。

③徐朝华：《尔雅今注》，天津，南开大学出版社，1987。

④“涷”，郭注：“今山东人呼夏月暴雨为涷雨。”屈原《九歌・大司命》：“令飘风兮先驱，使涷雨兮洒尘”，指的就是这种雨。

⑤《诗经・小雅・信南山》曰：“上天同云，雨雪纷纷，益之以霡霂。”“淫”，“过多，过甚”。“霖”，久下不停的雨。《礼记・月令》中说：“淫雨蚤降。”郑注：“淫，霖也。雨三日以上为霖。”“济”，停止。“霁”，雨止。郭注：“今南阳人呼雨止为霁。”《尚书・洪范》也曰：“乃命卜筮，曰雨，曰霁。”

由此可见，《尔雅》中对具体事物的释名，主要从事物的客观形态、习性、色彩等特征来解析。这种以客观事物外在特征作为事物概念区别之依据，强调主观对客体直观感受的思维方式，与比象思维——以观察和感知客观现象作为认知、把握世界的手段是一脉相承的。这既是人类认识客观世界的方式，也体现出他们对周遭事物的认知、关注和审美已达到相当的层级。

4.“循名责实”：激发潜在的审美意识

《尔雅》中特别强调的名实对应关系与类比和形象思维，也息息相关[①]。《论语·子路》中曰：“子曰：名不正则言不顺；言不顺则事不成。”所谓名，即概念名称。与名相应的是“实”，它是名所反映的对象。邓析[①]强调：“循名责实，实之极也；按实定名，名之极也。参与相平，转而相成，故得以形名。”他认为，名称与事物必须一一对应。只有通过名与实之间的反复参验，才能形成准确反映具体事物的概念名称。因此，他一方面强调“循名责实”，要求名称反映实际事物时必须保持其规律性，不能任意超越界限。另一方面，他又强调“按实定名”，根据实际情况确定名称[②]。

对应于《尔雅》中的具体训释内容，则主要体现在对自然事物生长规律及其形态特点、人文构筑物规模、功能及其形态特点的描述和指称一一对应。[③]例如：《释鸟》中解析“鹨鸠，鵧鹨”。“鹨鸠”是一种鸟名，对应于这种鸟的特征，外表呈现黑色，个头比较小，并且有每天早五更鸣叫直到天亮的生活习性[④]。另一种鸟，则曰“鵙”：“鵙，伯劳也”[⑤]。“鵙”这种鸟的特征是个体比较小，但是嘴的前端弯曲而且锐利，鸣叫的时候尾羽会上下摆动[⑥]。《释鱼》中解析“蝮虺，博三寸，首大如擘”[⑦]。“蝮虺”是一种毒蛇的名称。这种蛇的特征是头部扁平并呈三角形，身体为灰褐色，有斑纹，嘴

①邓析(前545—前501)，春秋末期思想家，“名辩之学”倡始人。

②周山：《智慧的欢歌·先秦名辩思想》，北京，生活·读书·新知三联书店，1994。

③如前文所述，《尔雅》原文解释语言的文字较少较简单，很多具体的描述和解析必须结合后人对其所作的“注”来综合分析。本文主要以徐朝华先生的《尔雅今注》为参考。

④徐朝华：《尔雅今注》，天津，南开大学出版社，1987。《荆楚岁时记》中曰：“春分日，……有鸟如乌，先鸡而鸣。‘架架格格’，民侯此鸟则入田”，指的就是鹨鸠这种鸟。

⑤《释鸟》，见《尔雅》。《礼记·月令》中曰：“小暑致，螳螂生，鵙始鸣”，郑注：“鵙，博劳也”，《诗经·豳风·七月》曰：“七月鸣鵙，八月载绩”都是指的这种鸟。

⑥徐朝华：《尔雅今注》，天津，南开大学出版社，1987。

⑦《诗经·小雅·斯干》曰：“维熊维罴，维虺维蛇。”孔疏：“舍人曰：‘蝮，名虺。江淮以南曰蝮，江淮以北曰虺’，”说的就是这种蛇。

里还有长长的毒牙[1]。可见，文中每处所提及的事物特性与其名称都是一一对应，界定非常清晰的。

总的说来，《尔雅》中对“循名责实”——将事物的客观形态与概念名称一一对应的遵循，除了能促进读者内在领悟力与外部感知力的完美融合，内在情感模式与外在形式结构的完整契合，还有助于培养出一种投入而专注的情感，激发人潜在的审美能力。从另一种角度讲，《尔雅》首创的语义分类归纳释义、层层递进方式及思维以及名学的发展，对后世类比思维的发展也起到推波助澜的作用。

综上所述，《尔雅》虽是一部解释词义的专著，但在中国传统特有的类比推理思维影响下，书籍的编排体例、类例设置以及类例解读方式等都深深映射出中国古人观物取象、引譬连类、天人合一的审美观和环境观。除此之外，其中对自然风物和人文事物的外部特征已有相当生动而细腻的描绘和解析，而且还将人的全方位体验融入其中，真实体现出主客相融、物我相谐的风景审美境界，成为研究汉代风景审美意识不可或缺的典型文本范例。

①徐朝华：《尔雅今注》，天津，南开大学出版社，1987。

第四章

魏晋南北朝时期风景审美的质变

汉末魏晋六朝是中国历史上最富艺术精神的时代。这一时期，经济形态、社会结构与思想、文化、艺术和审美意识都有着特殊的联系，在中国文化艺术史上具有相当的典型性。特别是门阀士族阶层的崛起、庄园经济的蓬勃发展和南北民族大迁徙等政治和社会因素，对魏晋及其以后的中国古代文化和思想发展都产生了深远影响。就山水文化而言，拥有特殊政治权益和雄厚经济实力的士族阶层，一方面为山水文化艺术的发展提供了坚实的政治和物质基础，另一方面，又直接导致了隐逸文化成为时代风尚、玄学思维的盛行和消退，对山水文化的形成和发展起到间接推波助澜的作用。

魏晋之前，人们对自然山水的认识和审美，经历了致用、崇拜、比道、比德、兴情这样一个漫长的历史演化历程，人的审美感知在这漫长的审美实践历程中逐渐得以形成和提升，但仍只是处于山水审美的自发阶段。直到魏晋南北朝时期，才进入山水审美艺术的大飞跃时代。尤其是东晋时期，自然山水自觉的审美意识真正形成，自然山水作为纯粹的美的客体，受到普遍关注并得到迅速发展，由此促进了山水审美水平的整体提升，同时还产生了独立的山水艺术审美门类。山水文化，山水诗画在此刻得以充分发展。

与此同时，人文环境的审美在汉代基础上也有了新的进展。期间，由于社会生产力的缓慢发展，建筑营造虽不及两汉期间有那样多生动的革新和创造，基本只是对汉代成就的继承和运用，但佛教的传入却引起了佛教建筑的发展，高层的佛塔出现了，但其形式和功能完全都是中国古代文化和审美方式的体现。此外，园林艺术与前代相比，也发生了很大的变化。官僚贵族的私园中出现构筑楼观屋宇、开池引水、堆土为山，摹仿山水风景的造园手法已经被普遍采用，林园营造已经成为文人士族阶层的生活新时尚。

第一节　自然山水审美文化的形成和发展

一、自然山水审美文化形成与发展的影响因素

魏晋南北朝时期的山水审美文化有着漫长的发展历程，同时也是一个发展过程的集合体[①]。也就是说，山水风景审美是随着这一时期经济的发展、社会的进步、思想的转变、

①徐成志：《锦绣河山竞风流：中华山水文化解读》，10页，合肥，安徽大学出版社，2005。

自然和人文环境的变化、物质和精神需求的扩大而不断丰富和发展的，是人类精神文化生活发展的一个缩影。

在这之前，自然山水的审美思想虽在哲学、美学、宗教和文学等诸多领域都有所体现，但更多是建立于人的精神、价值观甚至人生目标等审美观基础之上，呈现出相对实用、理性、功利的状态，还不是纯粹的审美怡情，独立的美学现象和文学形态也还未形成。魏晋南北朝时期，当自然山水成为纯粹的审美对象，怡情畅神的独立自然山水审美意识形成，山水文化才真正形成。从整体发展的角度看，这一时期山水文化的形成和发展可分为两个阶段：第一个阶段，魏晋之际（魏至西晋时期），这个阶段是山水文化的孕育期；第二个阶段，东晋南北朝时期，这个阶段是独立山水意识及山水文化的形成和发展期。

1. 魏晋之际①：独立自然审美意识和山水风景审美文化的孕育期

如果如宗白华先生所说，魏晋南北朝是“中国美学思想大转折的关键”②，那么，魏晋之际正是“这一大转折的关键”之关键，是这一大转折的全面启动期③。审美文化的大解放、大自由、大发展就真真切切地发生在这个时期④。

在政治上，享有门阀士族特权的巩固、自主自足的庄园经济的发展、隐逸文化的盛行以及玄学思潮的崛起等这些魏晋之际特有的社会背景与文化语境，一方面为山水文化艺术的发展提供了坚实的政治、物质和文化基础，另一方面残酷的现实又迫使他们愤世嫉俗而遁迹山林，树立起新的人生目标和价值取向，孕育出“自我超越”这一新的审美文化主题。然而，自然山水的审美历程，也恰恰就是自我意识不断发展、不断超越的文明化过程。因此可以说，魏晋之际是在山水文学成为独立的精神审美形态，人的自发审美意识成为自觉审美意识之前，自然山水审美意识出现的一个独特中间过程，这个中间

①此处所言之魏晋之际，主要指的是魏至西晋总共百年左右光阴。尽管这段时间在历史长河中也不算太久，但在整个审美文化尤其是山水审美文化发展中的意义却非同一般。东汉后期，社会矛盾重重，政治十分腐败，民不聊生。东汉王朝被黄巾起义摧垮以后，又出现了豪强割据，军阀混战的局面。建安二十五年（公元 220 年），曹丕代汉称帝，建国号魏，历时四百余年的大汉帝国寿终正寝，一个新的历史时代开始了。在这之后的曹魏政权也很短暂，仅有 46 年光景就被司马氏建立的晋朝取代了。晋又分为东晋和西晋。

②宗白华：《美学散步》，上海：上海人民出版社，1981。

③陈炎，主编，仪平策，著：《中国审美文化史·秦汉魏晋南北朝卷》，济南，山东画报出版社，2000。

④陈炎，主编，仪平策，著：《中国审美文化史·秦汉魏晋南北朝卷》，225 页，济南，山东画报出版社，2000。

过程是促成自然山水独立审美意识形成的一个极为重要的契机[①]。下文即以魏至西晋这段时间为节点，探讨这一时期产生的几个重要社会及文化现象，并研究其促成独立山水审美意识形成之原因。

（1）门阀士族[②]：庞大的风景审美主体

从政治上来讲，门阀士族是魏晋南北朝时期一个具有特殊权益的地主阶层，他们掌控着地方和中央的财、政大权，成为这一时期的社会形态最主要特征[③]。从东汉初年开始，重视门第之风盛行，东汉后期及至魏晋时期，随着占田制、荫客制、荫亲属制、赐客制的规定以及九品中正制的实施，这些门第显赫的世家贵族，才从法律形式上获得政治和经济等方面的特权，门阀士族之制正式形成[④]。

在经济上，他们除了能够荫庇亲属多及九族并按照官品占足土地额数之外，还享有荫庇佃客和衣食客、“大起营业、侵人田宅”（《宋书・武帝纪》）、按官品占山等“特权”，致使他们拥有相当雄厚的经济实力。此外，不论才品、人品，门阀士族之子弟皆享有世代为官之权利，“吾家本素族，自可依流平进”（《南史・王骞传》），而寒门子弟则仕进无望，报效无门。门阀制度高度发展，对于整个社会的政治、经济、文化都具有重要的影响，也为山水文化艺术的发展提供了肥沃的土壤：

第一，世家大族本身就具有深厚的文化背景，为山水审美艺术的发展建立了文化前提；

第二，随着门阀制度的形成与巩固，世家大族有着更为优越的条件从事文化事业，为山水审美艺术的发展提供了物质基础；

第三，门阀世族主张思想的解放和主体意识的觉醒，随之而产生的是享乐意识，知道如何玩味人生，享乐人生。山水文化也就随着这种生活方式的产生而自然发展；

第四，士人的文化审美取向往往都成为所处时代文化发展的主流，而他们很多的文

①吴功正：《六朝美学史》，257 页，南京，江苏美术出版社，1994。

②门阀士族也被称为阀阅世家，指的是那些官宦世家。

③从士的起源来看，多数近代学者都认为“士”最初是武士，经过春秋、战国时期的激烈的社会变动，然后转化为文士，成为精通文献、宗法传统的知识分子以及文化传统的传承者。所以说，“士”起源于具有一定文化素养的阶层。

④万绳楠：《魏晋南北朝文化史》，50 页，上海，东方出版中心，2007。

化和审美活动都是围绕自然山水而展开，促使山水审美和山水艺术成为当时的社会新时尚和新潮流，为世人所倾慕和效仿。

（2）庄园经济：新经济形态下的风景营建

开拓和兴建庄园经济，是魏晋之际世家大族的主要经济形态[①]。为了举宗以避难或聚族以自保，魏晋之际的世家大族开始在各地修筑坞堡庳城，构建以士人为领袖、以宗族为纽带的经济实体性武装。在这基础之上，保留有很多奴隶制残余并具有极强封建依附性的庄园经济蓬勃发展起来[②]。它与东汉的土坞、唐代的田庄都不相同，是多种经济成分并存的经济实体。除规模、范围较大之外，还具有内部完备、产业经济完善的特点[③]。在庄园型经济社会体系中，庄园的领主均出身士家大族，他们除享受着特殊的政治和经济权益，还享有赐予或世袭的庄园。尽管这种私人所有制形态的庄园经济封闭性较强，但产生的经济效益极高，因此开拓和兴建庄园经济产业成为这一时期世家大族的主要经济形态[④]。

此外，庄园作为这些士族阶层安身立命、休养生息、退休养老、寓教娱乐之处所，优美丰腴的山水环境往往是其选址时考虑的首要因素。如石崇的庄园在那个时代就具有典型意义。他的庄园有两座，一座在河阳，一座在河南县内的金谷涧中。据他自己说，河阳别墅“其制宅也，却阻长堤，前临清渠，百木几于万株，流水周于舍下”（《文选·思归引序》），而金谷墅则“或高或下，有清泉茂林”（《世说新语·品藻·金谷诗叙》），均择址于风光附丽的山川林泉之中。对于庄园的规划和营建，则更强调其作为“园”的观赏和娱乐因素。河阳别墅中，“有观阁池沼，多养鱼鸟。家素习技，颇有秦赵之声。出则以游目弋钓为事，入则有琴书之娱”（《文选·思归引序》），而金谷墅则“众果、竹柏、药草之属，莫不毕备。又有水碓、鱼池、土窟，其为娱目欢心之物备矣”（《世说新语·品藻·金谷诗叙》）。应有尽有、万物具备的庄园，成为士大夫们及时享乐、纵情人生之所[⑤]。

---

①吴功正：《六朝美学史》，78页，南京，江苏美术出版社，1994。
②李泽厚，刘纪纲：《中国美学史》，3页，合肥，安徽文艺出版社，1999。
③ 吴功正：《六朝美学史》，78页，南京，江苏美术出版社，1994。
④吴功正：《六朝美学史》，76页，南京，江苏美术出版社，1994。
⑤马良怀：《士人 皇帝 宦官》，51页，长沙，岳麓书社，2003。

总而言之，庄园经济的独立与迅猛发展，构成文人士族阶层的文艺思潮及思想得以辉煌发展的经济基础，客观上也为山水文化的发展创造了良好的条件：

第一，庄园经济的发展，为世家大族提供了优厚的物质待遇，使他们能无所顾虑、自由自在地享受文艺创作活动；

第二，庄园主的适意性，减少了他们被政治牵连的机会，使他们更能沉浸于精神的自由和愉悦，文艺作品则表现出更强的精神性和审美特征；

第三，庄园本身都拥有良好的自然生态资源，优美的风景自然成为士族艺术、文学审美的对象，促进了六朝士人与自然山水的接近；

第四，“行田”制[①]的产生，也给六朝山水自然文化、审美意识的形成以深刻影响。

（3）隐逸文化：促进自觉山水审美心态的形成

隐逸，对中国山水文化的形成起着重要作用，它促成了时人自觉山水审美意识的形成，对山水诗、山水画的发展也起到了一定的促进作用[②]。隐逸在中国历史中出现的时间很早。《诗经·卫风·考盘》曰：“考槃在陆，硕人之轴。独寤寐宿，永矢弗告”，《楚辞·卜居》曰：“宁超然高举以保真乎？将哫訾栗斯，喔咿嚅唲，以事妇人乎”，《论语·李氏》云：“有道见，无道隐”，证明每个朝代都有投身隐逸、向外隐逸生活的人。“三皇五帝”时代，巢父、善卷、许由等领中国隐逸风尚之先，隐逸风气即开。但此时的归隐之人至多只能被称作“隐者”，够不上“隐士”之称。直至春秋战国之交文士隐逸的普遍出现，促成了隐逸物质实践及精神实践的极大繁荣和隐逸文化的形成[③]。

隐逸文化孕育于春秋战国之际，成型于魏晋南北朝时期。尽管历代“遁迹山林”的隐士各种各样，他们隐居的主客观原因和动机也各不相同，或因愤世嫉俗，或因仕场失意，或为避祸全身，或为修身养性。但从总体来看，隐逸文化的创作和发展过程，实是文士争取身心自由、追求人格独立、树立自我人生目标的过程。这个过程的实践，唯有通过遁迹山林、寄生岩壑或归隐田园，即通过悠游山水、弹琴饮酒、弋钓鱼鸟等隐居行为，

①所谓“行田”，即视察田庄、地理，这种视察进而开拓产业的经济行为方式发生在这批士族文人身上，使其自然地跟文化行为——遨游山水联系起来了。

②陈水云：《中国山水文化》，561页，湖北，武汉大学出版社，2001。

③徐清泉：《中国传统人文精神论要》，125页，上海，上海社会科学院出版社，2003。

将主体融化于自然生机之中，方能获得自身心理的满足和情绪的自适，实现身心的安顿。就魏晋时期隐逸文化发展过程本身来说，其核心问题是如何才能实现仕隐出处之间的平衡[①]，简单点说，也就是“朝市”与“山林”这两种不同生活空间的关系。据此，可将这段时期的隐逸文化分为正始[②]、“竹林”、西晋和东晋四个时期[③]，魏晋之际则包括正始、“竹林”和西晋这三个阶段。

正始时期正值社会动乱、朝代更迭之际，士人之命运受到中央政权矛盾的冲击和影响，仕途风波险恶，吉凶难料，隐逸之风盛行。但隐士选择退隐的主要原因是避祸全身，隐逸文化自身的特点还未体现。

“竹林七贤”在魏晋隐逸文化中独具特色。从其自身愿望来讲，是希望能在自然山水的游赏中俯仰自得、逍遥无碍，寄以摆脱当时险恶政治的阴霾。但由于包含“自然”与“名教”的矛盾以及仕隐出处等，仍然很难做到真正的“不事王侯，高尚其事”。他们选择遁迹丘壑的真正意义，不单纯是自然山水的雅尚所致，而更是因为他们心中充满了对中央集权制度深深的憎恶和否定。“七贤”一方面在精神和思想上追求超脱和自由，另一方面，他们的这种“独立”又需要被严格地控制在集权制度所允许之范围和限度内，否则他们将无法长存。而对于集权制度来说，也需要从整体上调解自身与士大夫阶层之间的关系，将隐逸文化发展成为一种普遍社会性的，而非个别性和理想型的文化、心理状态。士大夫与集权制度这种为互相适应而获得的双项调解机制构成中国封建文化从不自觉走向自觉中的重要一环。也可以说，“竹林七贤”正是这一环能够得以实现的重要契机（图 4–1）[④]。自然山水审美意识的发展与这一文化现象的形成和发展过程也是完全相吻合的。在这一时期，以“竹林七贤”为代表的士族阶层“遁迹山林”之原因在于对现实社会和制度的不满而导致的“意有所郁结”。从心理角度讲，当这种情感中的“郁结”之愤不能通过其“愤”之对象得以发泄之时，需要寻求新的客体对象使之压抑情绪得以倾泻。这些隐士在其退隐和与山林的交往中，很自然地选择以自然山水为其倾诉和亲近之对象，将自己这种伤感情怀、理想情操、人格个性与精神品质移入山水林石之中，在

①周谷城，主编，王毅，著：《园林与中国文化》，207 页，上海，上海人民出版社，1990。

②魏废帝曹芳年号。

③由于本章将魏晋南北朝山水文化发展的过程分为魏晋之际和东晋南北朝两阶段，因此，东晋部分在下个阶段再作详述。

④周谷城，主编，王毅，著：《园林与中国文化》，207 页，上海，上海人民出版社，1990。

图 4-1　南朝竹林七贤与荣启期画像砖（引自《中国历代园林图文精选》）

自然风景中流连忘返，进入忘我境界，获得身心的释放。这正如阮籍在其《咏怀诗》中所述："阳精炎赫。卉木萧森。谷风扇暑。密云重阴。激电震光……处哀不伤。在乐不淫。恭承明训。以慰我心。"可以说，"竹林"时期，士族阶层游山观水的动机虽然与时局政治相关，但其结果都起到了推动山水审美行为和意识发展的作用，人们对自然山水的审美从崇拜、物质和精神的功用渐渐向着陶冶情操、游观品赏，实现人与自然的和谐融洽审美意识转变。

从嵇康被诛到西晋末，魏晋隐逸文化发展进入第三个阶段[①]。此刻，中国封建社会对士大夫阶层和集权制度双向自我调节的需求表现得更加强烈[②]，迫使"朝隐"[③]成为了这一时期隐逸行径的新趋向，为大部分官宦获得庙堂之志和山林之乐的双重满足打开了新的通道。正如人称山涛"吏非吏，隐非隐"（《晋书・孙绰传》），邓粲所云"夫隐之为道，朝亦可隐，市亦可隐，初在我不在于物"（《晋书・邓粲传》），东方朔所言"避世于朝廷之间"，以仕与隐的结合为主要特征，具体表现为身居高位、以官为隐、向往山林，其出现的最大意义在于使得长期存于集权制度与士族阶层之间的矛盾得以缓解和

①周谷城，主编，王毅，著：《园林与中国文化》，208 页，上海，上海人民出版社，1990。

②一方面是司马氏政权对"竹林七贤"中的山涛、向秀、王戎等人以及嵇康之子嵇绍待以高位，使其成为晋室的股肱；另一方面则是士大夫们主动修正其隐逸文化的内涵。

③所谓"朝隐"，是指一部分士人在世俗的功利追求、个人的全身远害之间，持一种首鼠两端的态度。

平衡。

既然出处仕隐的矛盾能得以缓解，在野士人则居处山野林泉之中，在悠游天地中陶冶情操，啸歌山林：在朝权臣则抱着隐逸之心，借经营林水、园池品赏以忘忧娱心，滋养情志。如西晋名士潘岳、石崇、张华等，他们一方面志在轩冕，另一方面又栖心田园、经营林泉，促进了士大夫园林之勃兴，使以叠山理水为主要内容的城市山林——园林，最终成为魏晋士人隐逸文化的实现场所。如石崇的金谷园就是一座位于洛阳近郊的庄园别墅。“其制宅也，却阻长堤，前临清渠，柏木几余万株。江水周于舍下，有观阁池沼，多养鱼鸟”（石崇《思归引序》），将园林视为朝市与山林之间的平衡支点（图 4-2）。[①] 魏晋士人阶层的隐逸文化及行为，与自然山水审美及造园、赏园活动全面接轨，把中国士族阶层之隐逸心态，山水园林和自然风景审美情趣推向一个新的高度。

（4）哲思玄悟：山水风景审美思智的深化

魏晋玄学是中国学术史上最具哲学沉思品格的学术流派[②]。它形成于正始年间、盛行于整个魏晋时代，迄于南朝，流风不绝约三百余年，产生的根本原因在于汉魏之际的社会动乱、精神危机导致的深沉反思和士人人格觉醒。它以门阀士族为主体，以《周易》《老子》和《庄子》为基本内容，以人生哲学、人生价值、探究宇宙本源为研究课题，主要研究和探讨自然与人本性的关系，主张顺应自然的本性，是先秦道家思想的继承和发扬，也是对两汉注重感性经验思维方式的升华和突破[③]。魏晋玄学从发展的全过程看，可分为四个阶段[④]，包含“名教与自然之辩”“有无之辩”“名实之辩”和辩名析理、

①傅晶：《魏晋南北朝园林史研究》，104 页，天津，天津大学，2003。

②汪裕雄：《意象探源》，251 页，北京，人民出版社，2013。

③李约瑟：《中国科学技术史》，167 页，北京，中国社会科学出版社，1990。魏晋玄学以讨论“本末有无”为中心议题，即用思辨的方法来讨论有关天地万物存在的根源问题。

④整个魏晋玄学可分为四个阶段。第一阶段，玄学创立阶段。以曹魏正始年间（240—249 年）的何晏、王弼为代表人物，研究“三玄”，建立起“贵无”之说，认为“名教本于自然”。他们的本体之学以《老子》一书为主，强调宇宙本源为“无”和“道”。第二阶段，玄学的发展阶段。以西晋元康年间（291—300 年）的嵇康、阮籍为代表人物，主张“越名教而任自然”。他们所强调的“自然”和“无为”，主要表现为《庄子》一书中的任性逍遥之说。第三阶段，玄学革新阶段。以西晋永嘉时期（307—313 年）的裴頠、郭象为代表人物，以批判的积极态度提出“崇有”“独化”，“圣人虽在庙堂之上，然其心无异于山林之中”之说。表现出进步的唯物观点。第四个阶段为玄佛合流时期。它的主要代表人物有道安、支遁、僧肇等。其中尤以僧肇的思想影响为最大。僧肇著有《不真空论》与《物不迁论》等文，对当时的佛学有重大贡献，更是从思想上对魏晋玄学作了总结。

图 4-2　明代仇英《金谷园》（引自《中国历代园林图文精选》）

人生价值、理想人格等，涉及内容相当广泛[①]。魏晋之际的玄学内容主要涉及“贵无论”和“崇有论”、辩名析理、言意之辩、圣人有情论等方面。魏晋时期正值玄风大炽，自然山水的审美意识也获得了飞跃性的进展。玄学与山水相继出现，不是偶然的巧合，而是历史之必然。魏晋玄学的产生、发展以及各论题所引发的思想和美学意义都对山水审美和山水文化的形成、发展产生了多方面的影响。下文即针对魏晋玄学讨论的几个重要议题进行探讨以探究玄学与山水文化之间的关系。

①汤一介：《郭象与魏晋玄学》，13 页，北京，北京大学出版社，2009。

1）“贵无论”“崇有论”

“贵无论”是何晏、王弼有关宇宙本源学说的核心。他们将“无”视为世界万物之根源，人生哲学之指南，“无也者，开物成务，无往不存者也。阴阳恃以化生，万物恃以成形，贤者恃以成德，不肖恃以免身。故无以为用，无爵而贵矣”（王弼《老子注》），强调“无”是万物之始。由它引出的一系列具有美学意义的观点对这一时期山水审美艺术都产生了直接影响。

首先，它强调的美不但是不为有限所局限的无限之美，同时还体现出真实、永恒、素朴的特征。对此，山水诗人谢灵运曾在其《山居赋》中提出“废张左之艳辞”，“去饰取素，傥值其心”，强调朴素自然之美对诗文情感表达的重要性。田园诗人陶渊明则选择离职归隐，于庐山脚下躬耕自资的生活方式，将其对污浊官场的鄙弃、对恬静质朴山水田园之热爱以及田园生活之乐趣等一概寄于山水田园诗歌的创造活动中[①]，“结庐在人境，而无车马喧。问君何能尔？心远地自偏。采菊东篱下，悠然见南山。山气日夕佳，飞鸟相与还。此中有真意，欲辨已忘言。”（陶渊明《饮酒》（其五）），将归隐田园山林之后的悠然自得与山川林泉的清幽环境、所感所见之平凡景物融合为一，构建出平淡素朴、深邃醇美的自然山水意境。

再者，王弼又强调，美还应该是人生中一种绝对自由的精神境界。要达到这层审美境界，审美主体需摆脱一切有限事物的束缚。如其在《老子注》中所言：“无之为物，水火不能害，金石不能残。用之于心，则虎兕无所投其爪角，兵戈无所容其锋刃，何危殆之有乎。”在这里，王弼强调的是审美主体需在精神意识层面认识到只有“无”能超越一切有限事物的局限，只有做到心目之“无”，才能摆脱一切有限事物的束缚，达到精神的绝对自由。这正如宗白华先生在其《美学散步》中所说：“这种精神上的真自由、真解放，才能把我们的胸襟都像一朵花似地展开，接受宇宙和人生的全景；了解它的深沉的境地。近代哲学上所谓的‘生命情调’‘宇宙意识’，遂在晋人这超脱的胸襟里萌芽起来。”[②]

玄学将对美的这一层认识运用到山水审美艺术中，即强调审美主体的能动性，强调心灵与精神对客体的超越。如谢灵运在其诗文《从斤竹涧越岭溪行》中，通过网状图景

①徐成志：《锦绣河山竞风流：中华山水文化解读》，115 页，合肥，安徽大学出版社，2005。
②宗白华：《美学散步》，369 页，上海，上海人民出版社，1981。

式的描述方式将他在游赏途中眺览所见的山林美景一一呈现："岩下云方合，花上露犹泫"，"苹萍泛沉深，菰蒲冒清浅"，既有岩中云雾，又有花中清露，既有湖中之浮萍菰蒲，又有幽谷中之飞泉茂林，这些都是对实实在在所见之山川风物审美对象的描绘[①]。在这客观的景物描绘中，作者又联想到《山鬼》中高人的生活情境，"想见山阿人，薜萝若在眼。握兰勤徒结，折麻心莫展"，既生孤寂与思友之情，又引发鄙弃世俗所累之感，即在这生生不息的自然山水环境中体玄悟理，畅想精神之自由境界，领会宇宙与人生的要道秘义。这与王羲之在其《兰亭》诗中所描绘的"群籁虽参差，适我无非新"审美境界同出一辙。但是，王弼"贵无论"中所强调的这种"无限之美"不能受到客观形色的制约，而应该是一种超乎外部形色、不可感知的东西。这种漠视可见可闻形色之美的审美态度和方式，最终也只能造成玄学与艺术的分离[②]。

西晋后期郭象提出的"崇有论"，可以看成对庄子的再发现，也可以说是对庄子创造性的误读。郭象以孔子为圣，认为孔子所言之"名教"有理有据，而放荡并非正道。他以自然为体，名教为用，老庄所说为体，儒家所行为用，将"名教"包含于"自然"之中。[③]从自然山水艺术审美的角度看，这种观念将世俗与脱俗合二为一，认为人不应超脱于现实人事，也不该放弃精神上的自得逍遥，精神与现实的据有本应同时实现。他"调停尧、许之间，不以山林独往者为然，以漆园宗旨大相乖谬，"[④]认为享受自然不一定非得"遁迹山林"，只要能满足身心逍遥自在，任性而行就行，并以"圣人虽在庙堂之上，然其心无异于山林之中"的处世方式为其心志所归，构成士大夫阶层"朝隐"生活的理论根据。谢灵运在其《山居赋》中所提"言心也，黄屋实不殊于汾阳；即事也，山居良有异乎市廛"也当为这一观念的发展和延伸[⑤]。

玄学本体论思想从"贵无论"迈向"崇有论"的转变，构成自然山水审美兴盛的哲学基础。也正是由于这一转变的发生才导致事物的感性形态（即形式之美）受到晋人的充分重视，促成魏晋诗歌从注重玄理之虚无转向注重对自然山水等感性形象的审美表述

①卢盛江：《魏晋玄学与中国文学》，208页，南昌，百花洲文艺出版社，2002。

②玄学在实现精神超越的同时，由于过分注重对整体和本质的追求而忽视客观形象本身，脱离现实事物，走向虚无主义的极端，这是玄学自身矛盾性的体现。而艺术则不能完全脱离并凌驾于有限之上。玄学推崇无限而轻视有限，对艺术的发展是不利的。

③汤用彤：《魏晋玄学论稿》，236页，北京，生活·读书·新知三联书店，2009。

④余嘉锡：《世说新笺疏》，北京，中华书局，2007。

⑤臧维熙：《中国山水的艺术精神》，32页，上海，学林出版社，1994。

和欣赏[1]。

2）辩名析理

玄学名士都特别重视“理胜”。因此，探讨思维规律，探讨“理胜”的途径成为这一时期学者们的重要任务，这就是“析理”。

“析理”在中国古历史上提出时间很早，《庄子·天下》曾曰：“判天地之美，析万物之理”，这应该是有关“析理”的最早记录。魏晋时期，“析理”开始注重方法论的创造，并成为名士们进行辩论的主要方法，是构成正始之音与辩难之风的主要方式。在具体风格上，魏晋玄学名士一改两汉经学家以繁言述其“微言大义”的作风，遵循“易简”的规范来“析理”，重塑先秦诸子语言的抽象力并大大增强了语言的思辨力，促进了魏晋人士抽象思维的空前发展[2]。

这种主体所具有的理性思维能力和抽象思辨力，对审美特征的把握，对审美理想的追求以及对艺术本体论的研究都是至关重要的，也是玄学在审美和美学方面取得的重要成就。对山水审美艺术而言，则主要表现为审美主体通过山川林泉的游赏和审美澡濯心灵、陶冶性情，努力实现人与山川自然之间的共鸣共感。要达到这种审美境界，关键在于主客体能通过一种审美方式实现同态对应，也即晋人所强调和追求的“即有得玄”“资有悟无”的过程。西晋王济曾在《诗纪平吴后三月三日果园诗》中说“仁以山悦，水为智欢”，东晋王羲之也在《答许询诗》言“取欢仁智乐，寄畅山水阴”，两者都是直接受到孔子“仁山智水”山水审美观之启迪，将山水诗人的审美理想和审美意向，将山水诗人独具的“仁智之乐”、品性美和人格美通过与自然山水融合交汇的渠道注入我们的心灵，激发出与之同趋同步的心灵回音[3]。擅长玄言诗的东晋山水诗人谢灵运，也在《石壁立招提精舍》中写道：“浮欢昧眼前，沉照贯终始”，在（对大自然）深沉静默的观照中，浮生的短暂欢乐便能从眼前消失，从而达到“妙善既能同”[4]的境界，体现出他也是力求在对林泉丘壑的远观静照中忘却世累，获得与宇宙自然万化的冥合为一。

①傅晶：《魏晋南北朝园林史研究》，63页，天津，天津大学，2003。
②李约瑟：《中国科学技术史》，167页，北京，中国社会科学出版社，1990。
③臧维熙：《中国山水的艺术精神》，237页，上海，学林出版社，1994。
④郭象注《庄子·寓言》：“妙善同，故无往而不冥也”。

3）言意之辩

“言”“意”之论先秦早已提出，[①]至魏晋大为流行。荀粲曾曰：“立象以尽意，此非通于意外者，系辞焉以尽言”，王弼也提出“得意忘言”的玄学新方法，对《庄子》中“得意而忘言”的论点作了进一步阐释。他在《周易略例·明象》[②]中明确强调：“意”“象”“言”在魏晋玄学思维中的重要性并解析了它们之间的复杂关系，指明“意”是“言”和“象”的最终目的。为了获得和达到这最终的“意”，“言”和“象”在整个过程中需要不断地否定自己[③]，从而得出“得意忘象”的结论。自王弼以后，郭象所提出的“寄言出意”思想也都意在重视“言”与“象”的前提下，强调“意”的关键性。

魏晋文坛吟诗品诗都十分看重和欣赏这种“言不尽意”“寄言出意”“得意忘言”式玄理玄味。汪裕雄先生在其《意象探源》中说：“中国尚象（即为推重意象之意）的文化，使审美、体道、人格修养三者的统一归于可能，而三者的完美实现，又见于山水游赏的活动方式之中。”这也就是说，魏晋玄学中注重意象的思维方式引导人们在进行山水审美活动之时，必须在时空中超越有限以达无限，超越概念的、具象的物象以达无限的人生和宇宙，寄寓人生之理想并从中获得人生的感受和领悟[④]。这正如东晋玄言诗人孙绰在《兰亭诗》中所描写的自身体会：“流风拂枉渚，亭云荫九皋。嘤羽吟修林，游鳞戏澜涛。携笔落云藻，微言剖纤豪。时珍岂不甘，忘味在闻韶。”他将客体大自然的空间变换、时间流转、万物生机的普运周行同主体人的内心感应和认同融为一体，化作一种难以抑制并久驻人心的审美情怀。而这种情怀的普及和滋养，他认为大抵也是受到“言意之辨”“象外之意”等哲学思维的滋育[⑤]。对此，东晋大画家戴逵也云：“为山林之客，非徒逃人患避斗争，谅所以翼顺资和，涤除机心，容养淳淑，而自适者尔。

①如《论语》中载子贡所说：“夫子之文章，可得而闻也。夫子之言性与天道，不可得而闻也。”汉时对此问题也有所讨论，如桓谭说：“盖天道性命，圣人所难言，自子贡以下，不得而闻。”汉末任彦升也说：“性与天道，事绝言称。”又有《看头陀寺碑文》中说：“杜口毗邪，以通得意之路。”

②其中指出：“夫象者，出意者也。言者，明象者也。尽意莫若象，尽象莫若言。言生于象，故可寻言以观象；象生于意，故可寻象以观意。意以象尽，象以言著。故言者所以明象，得象而忘言；象者所以存意，得意而忘象。……是故存言者，非得象者也；存象者，非得意者也。象生于意而存象焉，则所存者乃非其象也；言生于象而存言焉，则所存者乃非其言也。然则，忘象者，乃得意者也；忘言者，乃得象者也。得意在忘象，得象在忘言。故立象以尽意，而象可忘也。”

③“意”要靠“象”来显现，“象”要靠“言”来说明。但是“言”和“象”本身不是目的。“言”只是为了说明“象”，“象”只是为了显现“意”。因此，为了得到“象”，就必须否定“言”；为了得到“意”，就必须否定“象”。如果“言”不否定自己，那就不是真正的言；如果“象”不否定自己，那就不是真正的“象”。在这里，王弼以《庄子》注《易传》，借《易传》来发挥《庄子》，将“意”“象”“言”从卦辞、卦象中释放，使之具有了美学和艺术的价值。

④叶朗：《中国美学史大纲》，190~194页，上海，上海人民出版社，2005。

⑤汪裕雄：《意象探源》，289页，北京，人民出版社，2013。

况物莫不以适为得，以足为至，彼闲游者，奚往而不适，奚待而不足，故荫映岩流之际，偃息琴书之侧，寄心松竹，取乐鱼鸟，则淡泊之愿，于是毕矣。”（《全晋文·闲游赞序》）在戴逵看来，玄学的精髓本就在于高扬个体人格，追求精神的自由。因此，人们无须以自然物态人格化、象征化（亦即“比德”“比道”）的方式便能在这自然万化的直观观照中，体会万物天然自放的生命情态以及与主体精神的畅适抒怀[①]。“淡泊之愿，于是毕矣”，“淡泊”不是颓丧，不是沉沦，而是扩展胸襟、包容自然宇宙众生万物的自我人格扩张，是获得新的人生领悟后主观心境的重生。

此外，这种“言”“意”“象”的思维模式对艺术形式与艺术整体形象之间的辩证关系也有很大启示[②]。清代王夫之在其《古诗评选》中评价谢灵运时曾说，(他）“取景”经过了“击目经心”和“丝分缕合”。这也就是说，谢灵运既善于对个别景物的形态特征进行细致入微的观赏和描绘，又善于将所感所见的不同美景随性拼接缝合以表现大自然整体环境的意境美。这种超越个体景物形态特征获得山川林泉整体环境意境美的审美观照方式，促使魏晋山水审美意识获得了质的飞跃。

魏晋玄学“言意之辨”论题的提出使“言”“象”“意”都获得相当的重视。重“言”、重“象”的结果促使人们对自然万物的认知和感受方式趋于自觉，为自然山水独立审美意识的形成做好了心理准备。重“意”的结果更是促进魏晋士人浪漫生活方式的形成，推动了山水审美风尚的兴盛，使士人在逍遥山林、浪迹江湖的山川遨游中，寄托与宇宙万物同节奏的精神超越和人生境界[③]。

2. 东晋南北朝：自然美审美意识的独立及风景审美文化的形成发展

东晋[④]时局的变幻和社会的变革，对诗人所隶属的士大夫阶层在生活和心理状态上都造成了严重的影响，他们对这种局面感到彷徨不安，束手无策，再加上统治阶级内部的矛盾四起，更促进了他们出世思想的形成。与此同时，以哲学思辨为特色的玄学思想

①汪裕雄：《意象探源》，292页，北京，人民出版社，2013。

②叶朗：《中国美学史大纲》，190~194页，上海，上海人民出版社，2005。

③傅晶：《魏晋南北朝园林史研究》，65页，天津，天津大学，2003。

④西晋后期的“八王之乱”和接踵而来的“永嘉之乱”，使曾被赞誉一时的“太康之治”成为过眼云烟。建兴四年，匈奴刘曜攻占长安，晋愍帝司马邺出降，勉强维系了51年的西晋王朝覆灭了。在南北世家大族的支持下，司马睿建立起东晋王朝（317—420年）。东晋，是由西晋皇族司马睿南迁后建立起来的王朝，统治地区大部分在江东，古称江左，因此以江左代指东晋。

也在这样的社会环境中渐渐失去了昔日的光华。但是，山水文化在这一时期并没有随着玄学的消弱而减退，江南山水的独特风貌造就了东晋士人的山水审美趣味。自晋宋之际，山水审美的自觉意识开始萌发，山水文化得到更加充分的发展。山水诗画完全脱离了玄言说理的角色，作为独立的审美艺术而出现。

（1）晋室东迁：获得更多与客观山水环境接触的机会

自西晋永嘉以后约三百年间，汉族民众受到各少数民族统治者异常残酷的压迫和剥削，一方面导致他们与被压迫各少数民族兄弟组织的联合团奋起反抗，另一方面那些原本“既南向而泣者，日夜以觊”（《南齐书·王融传》）的中原人民，就选择了“北顾而辞”（《南齐书·王融传》），如潮水般越淮渡江、奔向江南①。北方人口大批南渡，人口之多，规模之大，远超东汉末年②。中原人民流徙南下，集中于荆、扬、梁、益各州③。南渡民户，以侨寓今江苏者最多（约26万），另外，山东、安徽、四川、湖北、江西、湖南等各地都有来自北方的侨民④。由于中原人民大量南移，唐诗人张籍的《永嘉行》中有“北人避胡多在南，南人至今能晋语”的说法。

在这群迁移大军中，不乏一些掌握坞垒堡壁的地方豪强世家大族⑤，他们纷纷渡江，

①王仲荦：《魏晋南北朝史》，344页，上海，上海人民出版社，2003。

②当时，北方士族带领各自隶属的宗族、宾客、部曲以及汇合的流民等聚集南下。如范阳祖逖，本“北周旧姓”，“及京师大乱，逖率亲党数百家，避地淮泗”，后再迁至京口。其兄祖纳、弟祖约，也都随之南渡。高平郗鉴，当永嘉之乱时，“举千余家，俱避难于鲁之峄山”，而以郗鉴为主，后受司马睿诏，渡江至建邺。河东郭璞，“潜结姻昵及交游数十家，欲避地东南”，因至江东。

③北方各族迁往南方其他各省的具体信息参见《魏晋南北朝史》第345页。据唐其骧教授统计，“今江苏长江南部的南京、镇江、常州一带，长江北部的扬州市及淮阴一带，当时所接收的侨民以今之山东地区及苏北移民为主体，河北、皖北副之。今皖南的芜湖与江西九江附近及皖北，河南的淮水以南、湖北的东部，当时所接受之移民，以今之河南及皖北移民为主体，河北、苏北副之。今山东省黄河以南，当时所接受的移民，以今之河北及山东之黄河以北移民为主体。北江陵、松滋及湖南北部安乡一带，当时所接受的移民，以今之山西移民为主体，河南副之。今河南、湖北二省的汉水流域，上至郧西、竹溪，下至宜城、钟祥，以襄阳为中心，当时所接受的移民，以今之甘肃及陕西北部移民为主体。今四川自成都东北沿川、陕通途及陕西之汉中，当时所接受的移民，以今之甘肃籍陕西北部移民为主体。综观迁徙的大势，是我国北方的东部人民，迁移到我国南方的东部；我国北方的西部人民，迁移到我国南方的西部。”

④侨寓今山东者约21万，侨寓今安徽者约17万，侨寓今四川及陕南之汉中者约15万，侨寓今湖北者约6万，侨寓今河南者约3万，侨寓今江西、湖南者约各1万余。全国侨寓人口中，侨寓今江苏者既有26万人。而南徐州（州治丹徒，今江苏镇江）州领有侨寓人口22万余，占全省侨寓人口总数的十分之九。南徐州内侨旧人口合计为42万余。若侨寓人口22万余，则比旧有人口多2万余人。不过，上面的侨寓人口数字，只是指政府的编户齐民而言，实际侨民数目，可能远要超过可以算出的侨寓人口总数。

⑤其中除了一小部分世家豪族北投西走之外，大部分世家豪族率其宗族、乡里、宾客、部曲，南渡江南。

著著布置，切实掌握了长江中下游的重要据点，作好洛阳失守后撤退江南的准备[①]。选址建园成为他们新到江南第一步需要考虑的事情。曾以山川水利取胜的江浙一带，成为北方大族墅舍云集的主要地区[②]。他们“霸占山泽，兴建庄园”，扩充家业。庄园的营建也多选择风光佳胜、依山傍水的丘陵或偏远山区地带。庄园土地的选址开发为士大夫提供了与山水自然接触的契机。如谢灵运的祖父谢玄于东晋时期移籍会稽始宁[③]期间所建之始宁墅，选址于今浙江上虞境内。为霸占山泽而接触自然，同时又在“傍山带江”之处，扩建别墅，“尽幽居之美”。为了登蹑，他穿着一种特殊的木屐，上山时把前齿去掉，下山时去掉后齿。他“寻山涉岭”“凿山浚湖”“伐木开径”（《宋书·谢灵运》），虽有开辟庄园、侵占土地的用意，但客观上加深了他对自然山水的接触和了解[④]。同时，他还率众肆意遨游“江南倦历览，江北旷周旋”（谢灵运《等江中孤屿》），与族弟谢惠连等共为山泽之游，从山林美景中获得精神上的满足和享乐，并促使这种流连山水、游心太玄的生活方式成为东晋士族的生活时尚。

统治政权偏安江左所带来的大规模晋室南迁，客观上给这些北方来的文人士族带来了更多与江南美丽山水环境相遇的机会。正如《世说新语》中所言：“过江人，每至美日，辄相邀新亭，藉会饮宴”，或退隐田园，或肆意遨游，寄情山水。受到环境的感染，自然山水审美情感在南渡文人士族的心中油然而生。晋室偏安江左与大规模的晋室东迁，为东晋时期自然山水独立审美意识的萌发和山水文化的发展构建了一定的社会基础。

（2）隐逸文化：“出处同归”心态促成独立的山水审美意识

东晋隐逸之风承续前代，隐士类型与前代几近，但又有自己的特点。大批名士纷纷隐居，著名的有阮孝绪、刘孝标、刘勔、孔嗣之等，皆隐居于钟山。

东晋士人对于仕隐关系的处理相较西晋来说更加游刃有余。从理论上讲，这时出现了以孙盛《老聃非大贤论》、戴逵《放达为道论》等为代表的一大批主张维护传统礼教的论著。但作为东晋玄学中的重要人物，他们在提倡礼法的同时绝不放弃玄学，而且比

①王仲荦：《魏晋南北朝史》，322 页，上海，上海人民出版社，2003。
②伍蠡甫：《山水与美学》，29 页，上海，上海文艺出版社，1985。
③今浙江嵊州市三界镇。
④伍蠡甫：《山水与美学》，432 页，上海，上海文艺出版社，1985。

以往能更自觉、更有效地融贯儒玄。因此，在他们看来，仕与隐、庙堂与山水都必不可缺，出处同归在他们的思想和生活中得到空前充分的展现，如孙绰、戴逵、王羲之、谢安等，他们或以维护礼法自任，或以世族官僚自居，但同时又都是东晋隐士和山水爱好者的代表。例如“并隐遁有高名”的戴逵、戴勃以及戴颙三父子，其中戴逵最为有名。他虽身居高堂，但山林老泉对他来说才是真正能息心沉机、安顿灵魂之去处[①]。他在《闲游赞》中曾写道：“然如山林之客，非徒逃人患，避争斗，谅所以翼顺资和，涤除机心，容养淳淑，而自适者尔”，将山川林泉视为人世栖身的最佳去所。而谢灵运则认为士大夫们的隐逸并非真的要去做渔夫樵叟，“樵、隐俱在山，由来事不同，”而他身居高堂之时又从未忘记泉石林水“昔余游京华，未尝废丘壑”[②]，闲暇之时便选择巡游名山古川，并著有《游名山志》一书，其游踪所及包括东阳郡、永嘉郡、会稽郡、临川郡等广大地域之名山，通过乐游山林川泽的方式以表其“移请舍尘物，贞观丘壑美”[③]之情怀。

东晋士族除了对山水游赏倾注巨大的热忱和实践外，以山水为主要艺术手段的园林，在士人的生活和精神价值中也具有了全新的意义，他们在造园、赏园的活动中亦能体现出自己流连山水、游心太玄的隐逸情怀。

有关东晋士人游园、造园之事迹很多，都极为著名，此时士人园林之盛为曹魏和西晋时期无可比拟[④]。典型如王羲之、谢安、许询、孙绰、谢灵运、陶渊明等，普天名士无不经营着各自或大或小之园林。谢灵运在《山居赋》中描写其始宁墅“左湖右江。往渚还江，面山背阜，东阻西倾。抱含吸吐，款跨纡萦”，然后又“近东则上田、下湖，西溪、南谷，石埭、石滂，闵硎、黄竹。决飞泉于百仞，森高薄于千麓”，在这连山带湖的庄园中，山林泽陂、鸣泉飞瀑，一应俱全。

魏晋士人的“朝隐”生活方式直接提升了自然山水在他们精神生活中的地位和价值，并进一步渗透进了以山水审美为主题的城市山林（即园林）的经营中，使山水园林成为从山林到朝市的理想中介[⑤]。促使以士大夫为主体的园林艺术和山水审美在这一时期得到空前发展[⑥]。

①周谷城，主编，王毅，著：《园林与中国文化》，207页，上海，上海人民出版社，1990。
②周谷城，主编，王毅，著：《园林与中国文化》，207页，上海，上海人民出版社，1990。
③谢灵运：《述祖德诗二首》，见《谢康乐集》。
④周谷城，主编，王毅，著：《园林与中国文化》，88页，上海，上海人民出版社，1990。
⑤傅晶：《魏晋南北朝园林史研究》，105页，天津，天津大学，2003。
⑥周谷城，主编，王毅，著：《园林与中国文化》，84页，上海，上海人民出版社，1990。

但是，魏晋南北朝士人隐逸情感的产生，是由于对社会的不满和生活遭际所致，自然山水只是在这种残酷现实状况下他们所寻求的用以泄愤、释放其内心压力的替代品，是“不得已之慰藉”，所谓“悦山乐水”只是缘于“不容于时”。所以说，中国自然山水意识是在这种隐居文化背后所深藏的“不得已之慰藉”情感中被动积淀、形成的，是“无心插柳柳成行”。也就是说，自然山水的独立意识是在这样的文化心理中间接而意外地孕育而形成。

（3）玄言山水之变：“庄老告退，而山水方滋”

东晋初期，受到“八王之乱”、外族入侵以及逃亡迁徙等一系列重大变故影响的门阀世族，亲历和饱尝了各种战乱离亡、内部纷争之苦。这些由于社会变革和时局变故带来的困苦和哀痛，使他们深感人生的虚幻和不实，对正始玄风所追求和赞美的理想人格本体的存在也发生了质疑，哀恨、哀叹油然而生。再加上此时名士大抵多无学术[①]，因此尽管此时清谈之风甚为流行，但已无法与正始玄风下的清谈相提并论。在现实的苦难以及过江士人新亭对泣的情况下，东晋士人再无法从过去玄谈理想中找到精神的慰藉，以思辨哲学为特色的魏晋玄学渐渐失去了昔日的光彩。此外，又由于此时佛教思想开始悄然渗入统治阶层，为能与上层人士的思想相迎合，与佛教合流并趋，成为东晋士人所崇尚之玄学的特有风尚。尽管玄佛的结合并不代表着玄学的消亡，但佛学的诸多优势确也是此刻之玄学无法比拟的。佛学的逐渐发展也意味着魏晋玄学渐渐淡出历史的舞台[②]。

但是，山水文化在这一时期并没有随着玄学的削弱而减退，相反，山水审美和山水艺术在东晋时期得到更加充分的发展。山水诗、山水画完全脱离了玄言说理的角色，作为独立的山水文化艺术品出现。那么，晋宋之际玄学与山水文化的形成究竟存在什么样的关系呢？就此，梁朝刘勰曾在其著作《文心雕龙》中对玄言向山水的转化作了这样评述：“江左篇制，溺乎玄风，嗤笑徇务之志，崇盛亡机之谈。袁孙以下，虽各有雕采，而辞趣一揆，莫与争雄，所以景纯仙篇，挺拔而为俊矣。宋初文咏，体有因革，庄老告退，

①如毕卓、谢鲲等，虽也以能琴善歌或好读《庄子》《老子》称世，但若与王弼、何晏、阮籍等一代大家相比，都大为逊色，在学术思想上也毫无建树。

②李泽厚，刘纪纲：《中国美学史》，314 页，北京，中国社会科学出版社，1990。

而山水方滋，俪采百字之偶，争价一句之奇，情必极貌以写物，辞必穷力以追新。”在刘勰所言之语境中，“庄老告退，而山水方滋”一句主要是针对于诗歌内涵来说的。相对于“溺乎玄风”的东晋初期玄言诗[①]来讲，以谢灵运为代表的晋宋之际诗人，开始一改“江左篇制”因受老庄玄谈影响而形成的“辞趣一揆”现象，这也就是说，他们开始初步摆脱和排斥以玄言诗为代表的玄学唯心主义和虚无主义对诗歌的牵缠，开始重视以形象来反映社会生活，运用形象的思维把握世界。他们将对山水景物的描写放到更重要的位置，使以描绘山川风物为主的诗文在新的条件下得到进一步滋长[②]。而这也正是文学艺术最突出的本质特征。正如皇甫修文在其《古代田园诗文的美学价值》中所说，只有当山水诗取代玄言诗，才是“摒却说教化，排除知性的侵扰，剔除刻意经营，用心思索的自我，以一种寂静清澈的心情，审美的态度，审视自然，逍遥游牧，无为自得，让理性完全消融在景物的描绘之中”[③]，也正是庄老影响下的玄言诗为何流于虚无、为何玄言诗衰退山水诗才得以繁荣的直接原因[④]。

总而言之，虽然魏晋玄学在其发展的过程中对于整个时代审美艺术尤其是山水审美艺术的形成和发展起到了一定的推动作用，但从谈玄辨理的哲学思维转向山水游赏的审美艺术毕竟是经过了质的飞跃。山水诗文借助于鲜明生动的艺术形象和日趋成熟的写景技巧，最终突破玄谈理悟的重重牵缠走上独立的艺术道路。

（4）“江山之助”：受美景诱发的山水审美情趣

如前所述，由于受到王朝更迭、政治挤压、社会动荡、地理迁转等客观因素的影响，出于无奈，东晋士人只能选择悠游山水、遁迹山林的隐居生活，以游山玩水这种自娱自乐的方式以舒解“与世不相遇”（白居易《白氏长庆集》）的郁闷情绪，忘却尘世的苦闷和烦恼，是“不得已之慰藉”。但从客观环境来讲，豪强世族偏安江左之后，明媚秀丽的江南山水美景，确实也深深刺激到他们的审美思维，诱发了他们的创作热情。他们无事便以登山临水、揽胜赏美为乐，陶醉于自然美景之中，心凝神释，与造化万物融合

①玄言诗本不算为一种文学题材，从东晋诗人所存诗作来看，他们大体上还是按着原来传统的言志、赠答、游览、行役的路子写诗，只不过各种题材的诗里都充斥着玄言，因而玄言诗就成为东晋诗体的一种统称。

②陈道贵：《东晋诗歌论稿》，124页，安徽，安徽教育出版社，2004。

③伍蠡甫：《山水与美学》，375页，上海，上海文艺出版社，1985。

④傅晶：《魏晋南北朝园林史研究》，62页，天津，天津大学，2003。

为一，自然忘却了“矜名”等世俗之苦闷和哀怨，在山林丘壑之中发现自身的永在与心灵的归属，精神也得到彻底的解脱。这正如左思所说：“美物者，贵依其本；赞事者，宜本事实”（左思《三都赋》），刘勰所言“屈平所以能洞鉴风骚之情者，抑亦江山之助乎”（《文心雕龙·物色》），“山林皋壤，实文思之奥府”（《文心雕龙·物色》），说明一切歌咏自然山水之美的诗人、画家都必定是以美的客观存在作为创作之源泉。这也就是说，客观存在的优美自然环境为怡情适性，为山水审美文化的发展奠定了环境基础。这对东晋士人山水审美意识的觉醒、审美观念的飞跃，对山水文化的形成和发展也起着至关重要的作用。

首先，从整体环境来看，江南本就是一个人杰地灵、美丽富庶的地区[①]。其地处长江中下游的丘陵以及平原地区，河道交错，水网密布，地势低平，北部大部分区域以水乡环境为主，南部则主要以山地及丘陵环境为特征，地形复杂多样。如江南北部的江苏绝大部分地区的丘陵地带海拔在150米以下，镇江和扬州西部海拔则在200~400米，长江三角洲冲积平原全境地势平坦，偶有小山丘，面积约5万平方公里。浙江内部的地形则更为复杂，丘陵、山地、平原、岛屿等分部广泛，如流经此区域的大河有长江、吴淞江、黄浦江、钱塘江、甬江、灵江等水系，湖泊有太湖、石臼湖、阳澄湖、西湖、东钱湖等，江河交错，水网纵横。再加上温带季风性气候的区域气候特征，四季分明，气候湿润，雨量充沛，既有利于植物个体的茁壮成长、品种的多样性繁殖以构成丰富多彩、生趣盎然的地域性地理风光，又有利于形成各具时效性的自然美景，“万物静观皆自得，四时佳兴与人同”（程颢《偶成》）、“朝而往，暮而归，四时之景不同，而乐亦无穷也”（欧阳修《醉翁亭记》），风景引人入胜。

如此美景，怎能不令人心旷神怡、流连忘返？士族贤臣们闲暇之时便以游山玩水为乐，客观上增加了他们与山水美景接触的机会，同时也孕育了其内心深藏的审美热情，激发起他们浓烈的创作激情。他们大声赞美、歌唱着祖国壮丽的山川万物，为江南，尤其是永嘉、会稽、临川等地的名山佳水，描绘了一幅幅美好的图画。也可以说，正是这江南山水的独特风貌，造就了东晋士人深沉的山水审美情趣。他们对江南山川胜迹的歌咏，给读者提供了栩栩如生的视听感受，他们的山水审美境界和意蕴取得了举世瞩目的

①从区域界定来看，其范围主要包括长江中下游的今浙江的全部、江苏的大部分地区以及安徽和江西等地的长江以南地区。

成就，将东晋南北朝的山水审美意趣推向了一个新的高度。

当时的著名士人，大多活动于从首都建康南到会稽、永嘉，西南至浔阳一带[①]。这些地区多属于依山傍水、风光佳胜而又资源丰富的偏僻丘陵或山区。上层贵族以游山玩水为风雅之事。这些优越的地理环境资源就是上层社会游宴之风盛行的物质基础。他们或聚众群游，或独游，或营建庄园别墅游处其间，亦在有限的空间中获得赏心悦目的愉悦感受。

1）会稽佳山水

东晋士族聚会、游赏和隐居最多的地方，当属会稽。会稽位于今浙江绍兴西南部，晋时的会稽辖县共有十处，包括山阴、上虞、余姚、句章、鄞、鄮、始宁、剡、永兴和诸暨[②]。关于会稽自然风貌的描述古文中则多不胜数。

北则嶀山与嵊山接。二山虽曰异县，而峰岭相连。其间倾涧怀烟，泉溪引雾，吹畦风馨，触岫延赏。是以王元琳谓之神明境。

——《水经注·渐水注》卷四十

自上虞七十里至溪口，从溪口溯江上数十里，两岸峭壁，乘高临水，深林茂竹，表里辉映，名为嶀嵊，奔濑迅湍，以至剡也。

——施宿，等《嘉泰会稽志》

戴公山，……多茂林丛竹，又有清流激湍，丹崖苍石，互相映带。

——高似孙《剡录》

谢岩山，……山隩深峭，被以荆榛。巨涧奔激，清湍崩石，映带左右，入于溪下，为三瑞岭，俯视深川，绀碧一色。

——《嵊县志》

剡溪东北注入上虞，为曹娥江。嶀嵊二山之峡为溪口。剡之四乡，山囿平野，溪行其中，至嵊山，清枫岭相向壁立，愈近而嶀山回峦于下。若遮若护，舟行自二三里外望之，恍不知水从何出。……旧录所谓苍岸壁立，下东清流是也。

——《嵊县志》

会稽山水温润明秀，山石苍翠深蔚、云遮雾绕；水池澄碧明净，纡徐潺缓。这正是这一带山水给游人留下的最深刻印象。东晋时的大名士、大书法家王羲之平生最爱游历江浙一带风韵秀美的青山绿水，其中最有名的当数会稽之兰亭雅集。“（王羲之）与东土人士尽山水之游，弋钓为娱。又与道士许迈共修服食，采药石不远千里，遍游东中诸郡，穷诸名山，泛沧海，叹曰：‘我卒当以乐死。’”（《晋书·王羲之传》）刘孝标注引王羲之《临河叙》记兰亭之会云：“永和九年，岁在癸丑，暮春之初，会于会稽山阴之

①相当于现在的南京南至绍兴、温州，西南至九江。

②境内会稽山东连宛委、秦望、天柱诸山，为山水绝美之地。这一带峰峦叠翠，水碧潭澄，云遮雾绕，明秀中蕴含灵气，引人遐想。

兰亭，修禊事也。群贤毕至，少长咸集。此地有崇山峻岭，茂林修竹；又有清流急湍，映带左右，引以为流觞曲水，列坐其次。是日也，天朗气清，惠风和畅，娱目骋怀，信可乐也。虽无丝竹管弦之盛，一觞一咏，亦足以畅叙幽情矣。故列序时人，录其所述，右将军司马太原孙丞公等二十六人，赋诗如左，前余姚令会稽谢胜等二十五人不能赋诗，罚酒各三斗”（图 4–3、图 4–4）。由此可知，这次集会就发生于会稽山阴之兰亭，参与这次兰亭聚会的，达五十一人之多。王羲之说这次诗会在永和九年暮春之初，与引清流“以为流觞曲水”“修禊事”[①]联系在一起，是我国文人集会活动的一个发展。

另外，东晋名臣谢安，起初也是寓居于会稽（今绍兴）“于土山营墅，楼馆林竹甚盛”（《晋书・谢安传》），朝廷多次征召，他都辞疾不出，而是高卧东山，与名士名僧一起出则弋钓山水，游山泛海，入则言咏诗文，品酒赏会。其后嗣谢灵运则把谢氏庄园（即始宁墅）扩建成当时首屈一指的园林——“凿山浚湖”“修营别业”。始宁墅地处会稽始宁（今浙江上虞境内）。其址依山傍水，风光佳胜而又自然资源丰富。从《山居赋》所述方位来看，此庄园由北山、南山两部分构成。北山又称院山或东山，为谢安“高卧”之处，是为祖产。南山为谢灵运开辟之处，家田则集中于庐室东部。此庄园“供粒食与浆饮，谢工商与衡牧”，“灌疏自供，不待外求”，“人生食足，则欢有余”。闲暇之余，

图 4–3　兰亭集会（引自网络）

①按《宋书》卷一五《礼志二》说：“《周礼》女巫掌岁时拔除衅浴，如今三月上巳如水上之类也。浴衅谓以香薰草药沐浴也。《韩诗》曰：‘郑国之俗，三月上巳，之溱、洧两水之上，招魂续魄。乘兰草，拂不详’。”此之谓“禊祠”或“修禊事”。禊者，于水边举行除去所谓不详的祭祀也。自郑国以来，每月三月上巳进行。《晋书》卷二一《礼志下》又说：“汉仪，季春上巳，官及百姓皆禊于东流水上，洗濯祓除宿垢。而自魏以后，但用三日，不以上巳也。晋中朝公卿以下至于庶人，皆禊洛水之侧。”则至汉至晋，于每年三月三日修禊事，成了举国通行的风俗。将以诗会友与三月三日禊饮之礼“流觞曲水”相结合，是我国文人集会活动的一个发展。这种结合的最早记载便是东晋永和九年王羲之的《临河叙》，亦称《兰亭集序》。

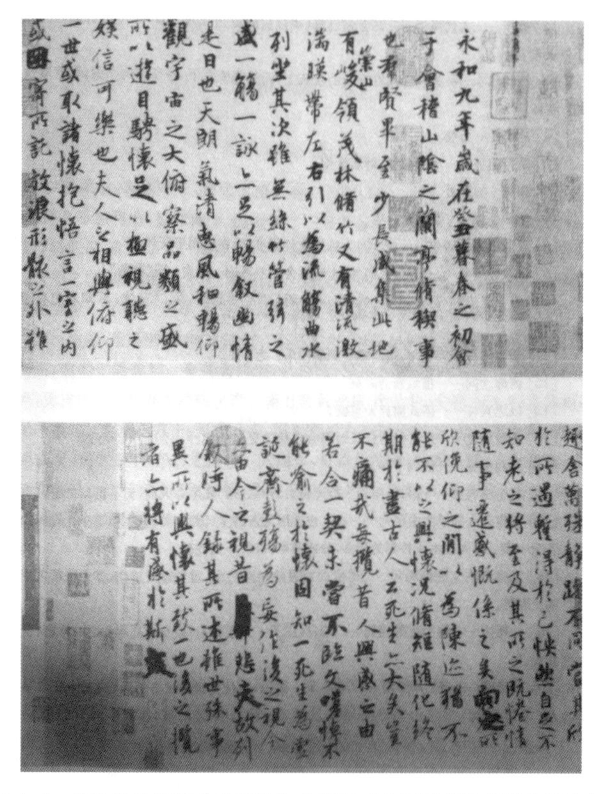

图 4-4　唐代冯承素摹《兰亭序》（引自《中国历代园林图文精选》）

谢灵运便与其族弟徽连，以及荀雍、何长玠、羊璿之共作山泽之游，时人称作“四友”，“凿山浚湖，功役无已”，“自始宁南山伐木开迳，直至临海，从者数百人”（梁沈约《宋书》），使地方官员万般惊骇，“以为山贼”（梁沈约《宋书》），可见其巡游规模之壮观。

2）永嘉好风景

永嘉僻处海滨、交通阻绝，也是自古风景秀美、钟灵毓秀之地（如图 4–5）。它背山面海，控江带溪，山明水丽，天质奇美，自然资源极其丰盛。其中楠溪江是永嘉境内最长的一条大江，也是贯穿永嘉主要山水胜地的主线。楠溪江全程盘旋蜿蜒，江流婀娜多姿，收放相济，缓急相间，江湾、浅滩、深潭、洲、岛、池、泉应有尽有。其源头和流域还有很多美丽而独特的石岩、幽洞、滩林、古村、飞瀑等，构成了清幽秀丽且极具观赏价值的自然景色。龙湾潭位于永嘉东部雁荡山脉的正江山林场，是楠溪江流经石桅岩处的一个大型森林溪谷。其地溪流深谷，飞瀑碧潭，奇峰怪岩，森林葱郁，朝晴暮雨，气象万千。其间不但地形跌宕起伏，拥有正江山、三个顶、望海岗三个将近一千米的山峰，而且森林园区内茂林修竹，拥有大量的针阔叶密林和植被植物。丰富的地貌景观更为它增添了不少奇趣的美景。除此之外，永嘉还有罗浮山、绿屏山、岭门山、东山等多处独成体系而又生气盎然的美景风光举不胜举，真可谓是百景连线、一环扣一环，令人目不暇接、叹为观止。

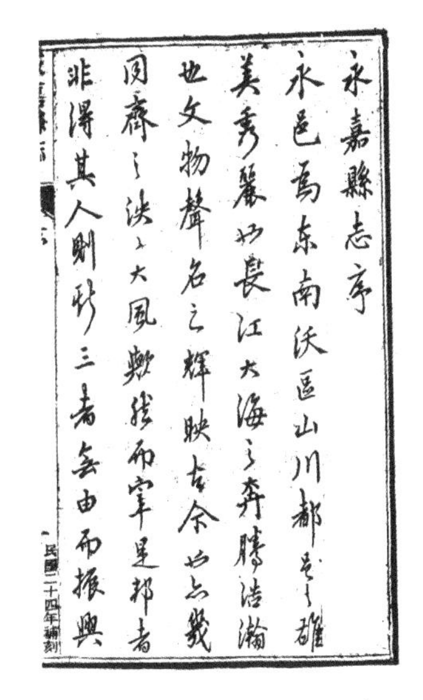

图 4–5　永嘉县志序（引自《永嘉县志》）

历代诗人王羲之、谢灵运、孙绰、裴松之、苏轼、李清照等众多诗人均游历过永嘉山水并留有传世诗文。谢灵运纵情山水，履迹遍及永嘉各地。他既不得志，便肆意遨游山水，所到之处便发为歌咏。[①] 旅游途中，他还创作了如《晚出夜射堂》《登池上楼》《游兰亭》《过白岸亭》《登永嘉绿屏山》《从斤竹涧越岭溪行》等二十多首描写山水风景的绝美诗篇，使永嘉山水名闻天下。

南朝的著名文学家陶弘景也酷爱永嘉的自然山水，时人称之为“山中宰相”。他曾两度游历永嘉大若岩石洞并于其中著书立作。唐代诗人张子容的《泛永嘉江日暮舟》，张又新的《青嶂山》《罗浮山》，孟浩然的《宿永嘉江寄山阴崖少府国辅》，李白的《与周生》以及杜甫的《送裴二虬尉永嘉》等诗篇均都对永嘉山水赞美不绝。而宋代的林逋、陆游、叶适、戴蒙、谢隽伯，尤其是南宋时的“永嘉四灵”赵师秀、徐照、徐玑、翁卷等更把永嘉的自然美景和生活情趣完美融合，使之内涵丰富而韵味隽永，令人感慨永嘉山水的奇艺秀丽和亲近可爱（图 4–6）。

另外，诸如江西的怀玉山、雩山、庐山，湖北襄阳的岘山，安徽南部的黄山、九华山，南京的紫金山、钟山、玄武湖，无锡的惠山，南通的狼山，苏州的天平山，安徽马鞍山的鸡笼山，浙江临安的天目山，杭州的西湖，嘉兴的南湖等众多的明山秀水，不甚枚举。士大夫阶层生活富足并能常与佳山胜水相伴，则可能为他们的怡情适性与山水审美发现提供适宜的气候和土壤[②]，同时激发起他们的审美热情，诱发起他们的创作欲望和创作

①臧维熙：《中国山水的艺术精神》，上海，学林出版社，1994。
②臧维熙：《中国山水的艺术精神》，上海，学林出版社，1994。

图 4-6　永嘉楠溪江地理风光（引自《永嘉风物》）

灵感。那浩如烟海、饱含深情的山水艺术作品和一代代以“代山水立言”为己任的山水艺术大师，就在这样素朴自然、千姿百态的山水美景熏陶下而诞生。

二、山水风景审美文化的发展状态

作为山水文化的重要艺术表现形式——山水画、山水诗，虽在汉代就已初现端倪，但能够被称之为独立的文学和绘画科种并得以独立发展，却是在东晋南朝时期。直到这段时期，自觉的山水审美意识才孕育产生，作为其外化艺术形式的山水文学和山水绘画，才正式宣告成立。山水文学和山水绘画都是具备了独立生命力并明显区别于其他诗歌和绘画形式的艺术体裁。这一时期，山水诗人主要以谢灵运、陶渊明为代表，山水画家主要以宗炳、王微为代表，他们的作品极具典型性和代表性，最能反映这一时期重要的艺术特征，并体现出这一时代山水艺术成就的最高水平。

1. 山水诗：继先秦两汉之后文本传载的新风尚

山水诗是以描摹山容水态为主要对象，着重体现自然山水之美景和表达诗人审美感受的诗歌体裁。在我国文学史上，山水诗是一个曾立下不朽艺术功勋、具有顽强生命力而影响极为深广的诗歌流派[1]。东晋之前，尽管描述山水景物的内容在诗文中早有出现，但山水景物在其中仅作为背景衬托、渲染而已，不具有独立的审美价值。如《诗经》《楚辞》中对山水景物的描述很多，但仅仅是用作比兴、寓托和象征功能，当作抒情手段而已。真正将山水作为创作题材，并将之发展成为一个历久不衰的文学体裁，主要发生在晋宋之际。因为在这个时期，促进山水诗文形成的文化和社会条件才真正齐备。晋宋之际，山水诗文崛起，继而谢灵运大展才情，开一代山水文学之新风尚[1,2]。此外，陶渊明、谢朓、鲍照等诗人也为推动山水文学的发展做出了不朽的贡献（如图 4–7 至图 4–10）。

图 4–7　陶渊明（引自网络）

图 4–8　谢灵运（引自网络）

图 4–9　鲍照（引自网络）

图 4–10　谢朓（引自网络）

①陈水云：《中国山水文化》，189 页，武汉，武汉大学出版社，2001。
②陈水云：《中国山水文化》，189 页，武汉，武汉大学出版社，2001。

魏晋时期是山水文化的催生期，也是山水文学的孕育期。在这个过程中产生的招隐诗、游宴诗、游仙诗都对山水文学的形成和发展起到一定的推动作用，从中我们还能窥见诗文中有关山水景物描写技法的量变轨迹和山光水色审美意识的渐变过程。

如在西晋隐逸风气影响下产生的招隐诗，由于都是描写有关隐者在山林老泉中的见闻和生活，本就与自然山水有着深厚的缘分，而且其中很多诗文对山水形态特征的描绘也惟妙惟肖。但这类诗文的重心和目的并不在山林风景，而是借以抒发和表达自己或出世或入世的政治情怀，如嵇康的《述志诗二首》、阮籍的《咏怀八十二首·之三》、张载的《招隐诗》、张协的《杂诗十首·之九》等均属此类，与真正的山水诗还是有区别的。

游仙诗则主要以访仙、咏仙为题材，但实质还是为抒发士人心中之苦闷作超世之思，也即刘勰所言之“诗杂仙心”（文心雕龙·明诗）[①]。

游仙诗的作者并非真心向往仙境、相信神仙，而只是借此以摆脱现实中的苦闷。但求仙之路同隐者所生活的环境一样都离不开山川林泉，所以游仙诗中也有很多内容是描写幻境中的自然风物。后来由于这些诗人又逐渐将注意力从追仙转向养生，现实世界中的山光水色、珍禽异兽、烟霞云雨等自然美景就必定成为其赞美和向往的对象。其中，自然景物的描写不但真实、形象，而且生动、细腻，为后来山水诗文的创作积累了许多有益的经验。

游宴诗也是在秦汉时期即已盛行的一种诗体。秦汉时期的统治者醉心于在苑囿中猎射、游宴，而这些苑囿（如上林苑）本身的自然条件就很优质。因此，诗文描写游宴盛况的内容中也富含了很多有关于山川水色、林泉飞瀑的美景描写。魏晋以来，游宴园林更成为一种时代风尚，文人贤士时常聚首园林，或赏文悟道，或游宴赋诗。从他们的游宴记文来看，有的与山水诗文极为相近。如曹植《公宴》中所述：“公子敬爱客，终宴不知疲。清夜游西园，飞盖相追随。明月澄清景，列宿正参差。秋兰被长坂，朱华冒绿池。潜鱼跃清波，好鸟鸣高枝。神飙接丹毂，轻辇随风移。飘飖放志意，千秋长若斯。”其中景物描写的分量已经很重，而且对于山川景物的刻画也形象细致、充满自然的生机。直至西晋，游宴之风更盛。每逢佳节，文人贤士们也喜好群游山光水胜之地，寻欢作乐、饮酒赋诗，创作了诸如潘尼《三月三日洛水作诗》中“暮春春服成，百草敷英蕤”，“朱

①所谓“仙心”，是指诗的内容含有“滓秽尘网，锱铢缨绂，餐霞倒景，饵玉玄都”（《文选》李善注）之类厌弃世俗利禄而向往仙境的一种倾向。

轩荫兰皋，翠幙映洛湄。临岸濯素手，涉水搴轻衣”等游宴佳句，体现出诗人独特的山水审美意识，成为山水审美与游兴活动的直接诱因，也推动了山水诗的产生和独立[①]。

晋宋之际，山水审美意识和审美实践的发展和成熟，也推动了山水诗、山水画的产生和独立。谢灵运作为开创山水诗新局面的划时代第一人，在诗文中体现出的审美意趣、审美技巧、审美境界及创造出的审美价值，对整个山水文学发展的推动作用不容低估。正如清代陈祚明《采菽堂右诗选》所言：“康乐情深于山水，故山游之作弥佳。”谢灵运的山水诗作在艺术上的卓越成就是前人无可比拟的。从山水艺术审美来看，主要体现在以下三个方面。

1）景物描写“极貌追新”[②]

刘勰曾曰：“情必极貌以写物，辞必穷力而追新，此近世之所竞也。”（《文心雕龙·明诗》）。这虽是对宋初诗风的概括，但谢灵运确实具有这种超强的形象捕捉和语言表述能力，其山水诗完全能体现出这一物“极”词“新”的特征。

如他在前往临川途中所作的《入彭蠡湖口》，通过从不同的角度和空间对同一审美对象进行多侧面描述，以全面展现其美感。其中“风潮难具论”一句，首先在整体上将江涛美景展现出来，然后激流猛进，撞上洲岛一分为二，后又合二为一。惊涛骇浪，迂回逆折，奔流而下。随后由动即静，由壮即柔，沿途，踏着月夜闲游，聆听着哀怨的猿啼，沾露而行，品赏着芳草的馥郁香气；晨起迎着霞光远眺，近处春晚野秀，碧波荡漾，远处苍岩高峙，白云盘聚。随后又曰“攀崖照石镜，牵叶入松门”，抒发出自己内心孤寂和哀怨的情绪。“千念集日夜，万感盈朝昏”与首句“客游倦水宿”相呼应，末句“徒作千里曲，弦绝念弥敦”更是将作者的无尽愁思和惆怅心绪无限升华。

《石壁精舍还湖中作》中云：“昏旦变气候，山水含清晖。清晖能娱人，游子憺忘归。出谷日尚早，入舟阳已微。林壑敛暝色，云霞收夕霏。芰荷迭映蔚，蒲稗相因依。披拂趋南径，愉悦偃东扉。虑淡物自轻，意惬理无违。寄言摄生客，试用此道推”，将各种所见所闻之景象巧妙编织组合，密集型、多视角并且采取对称、对偶的方式，将山水、清晖、林壑、云霞、芰荷、蒲稗等一一配对组合，构成“极物以写貌”的山水审美特征。“林壑敛暝色，云霞收夕霏。芰荷迭映蔚，蒲稗相因依”一句，则通过对色彩、光影、

①陈水云：《中国山水文化》，206页，武汉，武汉大学出版社，2001。

②吴功正：《六朝美学史》，604页，南京，江苏美术出版社，1994。

形态、运动状态、配置、意象等进行多视角、全方位的描绘，将归来时所见之晚景极力摹写，绘声绘色而又充满情趣。

2）审美细致入微

如在《登池上楼》这首诗中，诗人先描述了自己在“徇禄反穷海”中的矛盾心情和艰难处境，又表达了“卧疴对空林”的苦闷和孤寂。由于生病卧床，对世外之季节和景象一概不知晓。一旦大病初愈，便“褰开暂窥临”，举目远眺，倾耳细听，急于去探知和发现自然界的一切变化和景象。其中最有名的“池塘生春草，园柳变鸣禽”一句，诗人根据时节的变化，将自然界之寻常景物细致描绘，体现出其敏锐的审美感知能力。随后，又联想到《采繁祁祁》《春草生兮萋萋》这两首诗，既展现出诗人所感受到的早春之景，又显现出其内“心”与外“景”相遇之时那猝然而生的审美敏感和细微的审美喜悦[①]。

3）“景”“情”“理”的和谐统一

谢灵运山水诗虽然大部分都与玄言诗由事入手、经过写景、结于悟理的三段式诗文结构保持一致，但在写景和说理层面，完全不同于玄言诗。谢的山水诗更注意协调“景”“情”“理”三者的内在关系，尤其对于“景”的地位和分量十分看重。玄言诗中尽管也有很多写景的成分，但这类诗文对山水风物的描写重在体玄适性，而且绝大部分情理相分，目的都在于悟“理”，“情”和“景”只是实现“理”的手段和方式。谢灵运则一改玄言之作风，“登山则情满于山，观海则意溢于海”（《文心雕龙·神思》），以情为理之先导，以理为情之升华，注重表现山水审美时心情波荡的全过程[②]。

以《过白岸亭》为例[③]。诗人远观近览：近处有一条细细的溪涧，潺潺的溪水缓缓流过密石；透过稀疏的树林，可以看见远方空明青翠的山峰。面对这远近有致、色彩鲜丽、疏密相间的青山绿水图画，作者打心底里赞叹不绝。他攀岩聆听，野鹿、黄鸟悦耳的叫声阵阵传来，顿时感到意绪纷飞，春心怡荡。这些美景和声色互相交织，让作者突然记起《诗经》中的《黄鸟》与《鹿鸣》这两首诗，感悟到《老子》“见素抱朴，少私寡欲”的人生哲理：当荣华和苦闷来去无定准时，实在不必贪恋；人若只为了穷困和通达忽悲忽喜，也实属不必。此诗将“景”“情”“理”自然流变的审美过程完整呈现，以郡守

①吴功正：《六朝美学史》，604页，南京，江苏美术出版社，1994。

②臧维熙：《中国山水的艺术精神》，22页，上海，学林出版社，1994。

③拂衣遵沙垣，缓步入蓬屋。近涧涓密石，远山映疏木。空翠难强名，渔钓易为曲。援萝聆青崖，春心自相属。交交止栩黄，呦呦食苹鹿。伤彼人百哀，嘉尔承筐乐！荣悴迭去来，穷通成休戚，未若长疏散，万事恒抱朴。

郁愤交集之心而来，以渔者“见素抱朴”之心而去，正所谓“情不虚情，情皆可景；景非滞景，景总会情。神理流于两间，天地供其一目。”（王夫之《古诗评选》）

清代王世祯曾云：“说山水之胜，自是二谢。”（何士璂《然镫记闻》）谢眺作为继谢灵运之后又一位善咏山水的大家，其山水诗在审美创造上对谢灵运的诗作有所继承，在他的很多作品中，在写景、抒情、喻理三段式的分叙写法和构思模式等方面都能找到谢灵运的痕迹。然而，他在继承谢灵运的基础上又有所创新，对山水诗的延续和发展影响深远。下文主要从他两方面的特征进行分析。

1）轻“理”重“情”

在谢眺三十多首山水诗中，仅有三分之一是存在玄理的，更多的诗文主要强调“景”与“情”的关系，融景于情、景情交融是其致力追求的自然山水审美境界，也是其山水诗文的最突出特征。

谢眺善于以审美的态度观照自然山水，精心刻画和表现大自然的声色状貌和山水美景，并将自己的深情融入其中，“一切景语皆情语”（王国维《人间词话》），力求情与景的浑然一体。如在《之宣城出新林浦向板桥》一诗中，展现了江水浩渺无涯、一泻千里的壮阔景象，初看只是客观的景物描绘。诗人伫立船首、回望天际，隐约透漏出对京城建康的依恋之情。“天际识归舟，云中辨江树”，隐隐归舟，离离江树，只如淡淡而细小的墨点，溶于水天相接的远方天际。诗人将长江的开阔和壮美形象进行了描述，隐隐的深情也蕴含于这深远、壮阔的景致之中。故乡的树影已经淹没于这浩瀚的天际云雾中，但作者为什么还要去“辨”呢？这不正是受到对故乡强烈的依恋之情的驱使吗？一“归”、一“辨”、一“孤”，将作者踏上背井离乡之路的依恋、惆怅和感伤情怀细腻而完整地诠释出来。

2）清新秀丽、纤细精巧

谢眺山水诗中的景象不如谢灵运的那样气势磅礴、繁富典丽，而是纤细精巧、秀丽可爱。如在《休沐重还丹阳道中诗》中，作者极力展现了一幅疏淡悠远的江南山水淡墨画，平淡之中确也饶有情味。从美学风格来讲，谢眺的山水诗明显较谢灵运更素朴自然、清新秀丽，体现出六朝诗美学走向精致化、圆熟化的趋向。这正如李白《宣州谢眺楼饯别校书云》所言“蓬莱文章建安骨，中间小谢又清发”，点明谢眺山水诗重“清”的特征。

此外，与这种“清新”“纤细”相伴随的还有作者细腻、深微的审美感觉和心灵。

如《移病还园示亲属诗》中的“叶低知露密，崖断识云重”一句，详细描绘了黎明时分所见树叶因露水浓重而低垂的近景，以及清晨时分所见山崖被凝结的云雾横断山腰的远景。这种跨时空、多视角的审美观察力是何等的入微和真切。

综上所述，谢眺的山水诗不但抒情味浓，而且清新自然、圆润流转，对唐代山水诗文的发展产生了直接而有益的影响，也基本确定了中国古代山水诗的审美基调。

2. 山水画及山水画论：以山水风景为主体的绘画艺术

中国山水画不仅拥有悠久的历史，而且享有很高的艺术成就，在中国乃至世界绘画史中都占有极重要的地位。它成为独立画科的时间比欧洲风景画要早一千多年[①]。山水画以自然山水为主要描绘对象，能体现出审美客体对山水自然的自觉审美追求。虽在汉代已初现端倪，但它成为与人物画分庭抗礼的独立画科，却始于晋宋之际。它与山水诗几乎同一时间出现，并有着共同的社会基础。但最重要的，同样也是得益于自然山水独立审美意识的形成。

经过魏晋的酝酿，出现了顾恺之、宗炳、王微、戴逵、徐麟、陶弘景、张僧繇等山水画家（图 4–11 至图 4–13），诞生了如戴逵的《剡山图卷》，徐麟的《山水图》，陶弘景的《山居图》，顾恺之的《雪霁望五老峰图》《庐山图》《山水图》[②]《洛神赋图》（图 4–14），张僧繇的《雪山红树图》（图 4–15）等等以自然山水为题材的山水艺术画。写出了《画云台山记》（顾恺之）、《画山水序》（宗炳）、《叙画》（王微）等著名山水画理论著作。

尽管年代久远，极少有这一时代的山水绘画作品可证[③]（图 4–16 至图 4–20），但从仅有的相关文献记载，我们仍可从中窥见并理清这一时期山水画艺术的两个核心问题：其一，就表现技法来说，其中的空间结构、形态特征是如何概括和处理的；其二，就创作思路来讲，山水画中最重视，最主要的感情和思想是如何通过画面的艺术加工真实而完整地诠释的。

①王朝闻：《中国美术史》，478 页，济南，齐鲁书社，1992。

②这些作品都已经看不到，只见于相关文献记载中。

③由于魏晋南北朝时期遗存至今的山水画作品极少，因此本章选取敦煌莫高窟中的部分壁画作为参考，因为其中对自然景物的描绘也基本能体现当时山水绘画和审美的艺术特征。

图 4-11　王微（引自网络）　图 4-12　顾恺之（引自网络）　图 4-13　宗炳（引自网络）

图 4-14　顾恺之《洛神赋图》（引自《中国山水画全集》）

图 4-15　魏晋张僧繇《雪山红树图》（引自《珍本中国美术全集》）

图 4-16　狩猎，西魏。此画位于敦煌石窟 294 窟的顶部。画面中鹿、马、人的形象惟妙惟肖，动态感十足，四周山峦起伏。整个画面体现出魏晋“人大于山”的创作特征（引自《敦煌壁画山水研究》）

图 4-17　野牛，西魏。此画位于敦煌石窟 249 窟的顶部。画面中牛只是线描手稿，而山、树都有着色（引自《敦煌壁画山水研究》）

图 4-18　狩猎，西魏。这是敦煌石窟 285 窟南壁《得眼林》的局部。此画山中有飞禽，还有走兽，还有一人正拉弓射兽（引自《敦煌壁画山水研究》）

图 4-19　狩猎，西魏。这是敦煌石窟 285 窟南壁《得眼林》的局部。此画中有层叠的山冈，冈上还有竹林，走兽活动于其间，山上还长着草花，诗意盎然。山的画法显然是北朝的画风（引自《敦煌壁画山水研究》）

图 4-20　禅修图，西魏。此壁画位于敦煌石窟 285 窟，禅修者静坐于山林之中，但是山林不平静，有着各种禽兽活动于其中，与静坐者形成一静一动的对比（引自《敦煌壁画山水研究》）

1）表现技法

这一时期的山水画家对于画面中山水景物的空间层次都非常重视，无论从理论还是实践上来讲，都非常强调客观景物的真实性，形成“以形写形，以色貌色”（宗炳《画山水序》）的共同追求。

如顾恺之的《画云台山记》，就是一篇“阐述云台山图构图的设计”[1]的文章。全文中五分之四以上的篇幅都是在描述如何画山水，对自然山水的构图布局、空间处理和色彩远近等表现技法都加以透彻而细致的经营。后来，宗炳也在他的著作《画山水序》中提出有关山水画空间处理和表现特征的观点和具体操作方式。他说：“于理绝于中古之上者，可意求于千载之下。旨微于言象之外者，可心取于书策之内。况乎身所盘桓，目所绸缪，以形写形，以色貌色也。”他强调：山水画家须在对要表达的客观自然对象全面熟悉和了解的情况下再通过绘画的方式加以表达，这即是山水画表现的写实特

①傅抱石：《中国古代山水画史的研究》，上海，上海人民美术出版社，1960。

征[①]。但是，他所强调的“以形写形，以色貌色”，并不是要画自然景物的翻版，画面中景物的远近、大小、前后、强弱等空间布局和透视原则以及整体的环境气氛等，都需要经过作者细致的规划经营。

宗白华先生则认为，这一表现特征在宗炳与王微的作品中更为突出：“中国山水画的开创人可以推到六朝刘宋时。画家宗炳与王微，他二人同时是中国山水画理论的建设者，尤其是对透视法的法阐及中国空间意识的特点透露了千古秘蕴。这两位山水画的创始人，早就决定了中国山水画在世界画坛的特殊路线。”[②]

2）创作思路

这一时期的画家在创作思想上特别强调内在的精神运动。顾恺之在《画云台上记》中提出的传神论，其所言之神，不仅指一般意义上的生命或精神，还指一种审美意义上的人的内在精神，是魏晋士人一致追求的、超脱自由的思想境界[③]。他在《画云台上记》中强调：“中段东面，丹砂绝萼及荫，当使彦戈高骊，孤松植其上，对天师。所壁以成间，间又甚相近，相近者，欲令双壁之内，凄怆清神明之居，必有与立焉。”自然山水在画面中的布局，要结合并强调审美主体内在的心灵感受，高度重视精神和感情的境界，才能获得细致入微、出神入化的表现力。

宗炳在《画山水序》中则提出“澄怀味像”的审美观点。所谓“澄怀”，就是胸怀澄明、心灵净化。所谓“味像”，就是体味、寻味、玩味世间万象的形状体态以及包含于其中的意蕴和意味。他说：“余眷恋庐、衡，契阔荆巫，不知老之将至。愧不能凝气怡身，伤贴石门之流，于是画象布色，构兹云岭。”他将自然山水视为自己的生命和挚爱，但“不知老之将至”，无法作山水远游之时，便选择“画象布色，构兹云岭”，打破时间和空间的限制，以“卧游”的独特方式使自己的精神涤畅而超脱于尘世之外。“卧游”即“心游”“神游”，完全能将人与自然的关系定位于审美的情调中，以获得真正的山水之游的审美体验。

对此，王微则云：“且古人之作画也，非以按城域，辨方州，标镇阜，划浸流。本乎形者融灵，而动变者心也。”他认为，山水画不同于实用性质的堪舆图，它是一件具有审美功能的艺术品，它在根本上是“本乎形者融灵”。此谓之“灵”，即指与人感应

①陈水云，等：《中国山水文化》，381页，武汉，武汉大学出版社，2001。
②宗白华：《中西画法所表现之空间意识》，见《艺境》，102~109页，北京，北京大学出版社，1987。
③陈水云，等：《中国山水文化》，378页，武汉，武汉大学出版社，2001。

的山水神韵。"融灵"即指山水画面中的山水不应只有自然的本性，而应带有主体的性能，这才能使"动者变心"，感动于心。在这个基础之上，王微又论述了"画之情"，认为山水画应该是以情感来审美，所谓审美就是审情。山水画所展现的主体世界就是人的内心情感世界①。

总而言之，晋宋以来山水诗、山水画的确立和走向让我们意识到，山水诗、山水画这些新的艺术种类，是山水审美意识自觉与发展的直接产物。至此，自然山水艺术成果从背景、气氛烘托的地位一跃成为具有独立艺术审美价值的对象。魏晋南北朝时期的这些著名山水诗人、山水画家和山水画论家，在山水诗、画风格的不同特征和山水审美领域的不同追求上，引导并规范着中国古代山水审美艺术的发展方向②。尤其是在他们作品中所体现出的物我合融、以情取景、以景写情、情景交融等审美意蕴，浑然成为一种活跃而深沉的诗画意境美，成为我国古典山水诗、山水画致力追求的最高水准，具有极高的探索和研究价值。

第二节　魏晋南北朝的人文风景审美旨趣

晋室南迁导致大批的中原人口大量涌入江南地区，带入了先进的生产力和文化。再加上自然资源丰富又缺少战争破坏的优势，江南地区的经济和文化都得到迅速发展。北方地区则由于接连不断的战争导致经济的严重滑坡和人口的锐减。直至北魏统一北方，才有了政治相对稳定和经济复苏的局面。总而言之，在这三百多年间，社会生产的发展相对缓慢，建筑艺术也不及汉代有那么多的创造和革新，基本上是对汉代已有成就的继承和运用。但这个期间，佛教影响的扩大对整个建筑艺术的形式和内容都产生了不小的影响，佛教建筑得到了迅速发展，高塔建筑在这个时期也出现了。外来的中亚、印度一带的绘画和雕刻艺术也促使我国的佛像、壁画、石窟艺术获得巨大发展从而影响到整个建筑艺术的格局、形式和风格。汉代质朴、宏大的建筑风格在魏晋南北朝时期变得更加成熟和圆淳③。

①吴功正：《六朝美术史》，355~368页，连云港，江苏美术出版社，1996。
②李亮：《诗画同源与山水文化》，95页，北京，中华书局，2004。
③《中国建筑史》编写组：《中国建筑史》，15页，北京，中国建筑工业出版社，1982。

在园林建造艺术上，魏晋南北朝是重要的转折时代。这个时期的园林类型有了极大的丰富，除了延习汉代余续、以规模宏大著称的皇家园林之外，还增添了私家园林、宗教园林等类型。但其中真正能反映魏晋南北朝园林发展状况、体现魏晋南北朝园林独特面貌的是士人园林的勃兴。士人园林之兴起的最直接原因，是人们对自然山水之美的发现。也就是说，正因为山水自觉审美心态的形成，才产生了与人们日常生活与精神审美息息相关的园林艺术。同时，它也是艺术审美与经济兴衰、文化背景、社会状况等多方面因素合力的成果。这一时期，园林艺术经历了由物质功用转向娱目欢心，由宏大壮丽转向细致精微，曲水流觞、空亭纳景、壶中天地、叠山聚石、点景题名等，中国古典园林的独特艺术手法也在此时成型，园林作为精神居所和文化载体的本质特征日渐彰显[①]。

一、风景建筑：佛塔

魏晋时期，佛教广泛传播，在佛教中最具代表性的建筑就是佛塔。佛塔在印度是一种传播佛教的宗教性质建筑，但传入中国后，由于受到传统思想文化的影响，有了不同的形态和功能。而塔的意义，也不再是纯粹的宗教性质，而是与审美艺术直接关联。它之所以能在中国长存并流行，最主要的原因，是它与中国古人传统的审美观的完美契合。也可以说，正是因为它深入吸收了中国传统思想和文化并经过改进从而获得了新生，所以能够在中国广泛流行并长存至今。通过详细分析，总结出魏晋南北朝时期之佛塔建筑在审美艺术上的三个特征：第一，具有登临观赏的审美功能；第二，具有独立的审美价值，与古印度之“窣堵坡”[②]外形特征相差甚远；第三，成为整体环境的一部分。

凡论中国古代宗教建筑文化，不能不注意佛教建筑，而大凡佛教建筑文化，在文化规模与美学特性上，又以中国古塔文化为最典型[③]。在中国古代建筑文化史上，本来并无塔这种形式的建筑，它是随着印度佛教文化的传入，于东汉初年始入中土的。

随着佛教在古印度的发展和受到统治阶级的认可，建塔之风大炽。“窣堵坡”从最初的埋葬佛骨之坟墓发展为兼藏圣佛遗物、表彰佛法之处所，多有建造，以供崇拜礼佛，成为

①傅晶：《魏晋南北朝园林史研究》，116页，天津，天津大学，2003。

②“窣堵坡”为古印度语音译而成。在古代印度，佛塔就是“窣堵坡”，最早是用来埋葬释迦佛骨（称谓“舍利”或“舍利子”）的坟墓建筑，最初为半圆形。

③王振复：《中华古代文化中的建筑美》，161页，上海，学林出版社，1989。

一种特殊的建筑文化[①]。“窣堵坡”分上下两部分：下部覆钵形部分以土、石聚集，外部以砖堆砌；上部为“刹”，专指“窣堵坡”高出的幢杆之类。其上安置相轮，供养舍利子，以显尊贵[②]。古印度的“窣堵坡”是典型的佛教建筑，佛性意味极其浓郁。但为了弘扬佛法，艺术也被当作有力的宣扬工具而使用，桑奇大塔[③]四周建有石质栏楯、四座牌坊以及其上饰满雕刻作品便足可证明。古印度的这种“窣堵坡”具有宗教和审美的双重价值。

东汉初年，西域僧人摄摩腾和竺法兰带着佛像和佛经来洛阳传教，朝廷为此而修建了一个寺院，命名为白马寺。据《魏书·释老志》记载：“自洛中构白马寺，盛饰浮屠，画技甚妙，为四方式。凡宫塔制度，尤依天竺旧状而重构之。从一级至三、五、七、九。世人相承，谓之浮屠。”佛教初传中土之时，佛塔建筑几乎都是对当时印度佛塔之模仿而少有创新，寺塔同建而塔位于寺庙中心的情况是很普遍的。当时白马寺中最高大的建筑就是位于其寺院中心位置的一座方形木塔，四周则廊房环绕[④]。这是中国古代最初的仿印式佛塔。

尽管在东汉初年佛塔建筑就已经开始建造，而其真正得以发展应该是在封建统治者把佛教当成其统治工具、佛教在中土广泛流行之际，即魏晋南北朝时期。在这段时期，随着佛寺的兴建，佛塔建筑的营造也极为普遍。如《洛阳伽蓝记》中所记载的洛阳佛寺中，有名称对应的佛寺共计 59 所，其中有立佛塔者为 17 处之多[⑤]。北魏洛阳的永宁寺，是这一时期规模最宏大、最具典型性的佛寺建筑。其中之塔是一座高耸、雄伟的方形木结构大塔。塔址位于永宁寺内中心，四周环绕廊庑门殿。塔的整体形态也已充分结合中国木结构建筑中楼阁的特点，整体造型精巧而富丽[⑥]。但由于木结构建筑极易腐朽和焚毁，

①王振复：《中华古代文化中的建筑美》，163 页，上海，学林出版社，1989。

②刘策：《中国古塔》，2 页，银川，宁夏人民出版社，1981。

③桑奇大塔是印度著名的古迹，印度早期王朝时代的佛塔，位于中央邦首府博帕尔附近的桑奇村。大塔为半球形建筑，直径约为 36.6 米，高约 16.5 米，原是为埋藏佛骨而修建的土墩，后在覆钵形土墩上又加砌了砖石，涂饰银白色与金黄色灰泥，顶上增修了一方形平台和三层伞盖，并在底部构筑了石制基坛和围栏。南、北、东、西四方建有四座陀兰那（砂石塔门牌坊），每座高约 10 米，由三道横梁和两根方柱以插标法构成，在横梁和方柱上布满了浮雕嵌板和半圆雕或圆雕构件。

④罗哲文：《中国古塔》，2 页，北京，文物出版社，1983。

⑤刘策：《中国古塔》，2 页，银川，宁夏人民出版社，1981。

⑥据《洛阳伽蓝记》中记载：“永宁寺熙平元年（公元 516 年）灵太后胡氏所立也。在宫前阊阖门南一里御道西。……中有九层浮屠一所，架木为之，举高九十丈。上有金刹，复高十丈；合去地一千尺。去京师百里，已遥见之。初掘基至黄泉下，得金像三十躯，太后以为信法之征，是以营建过度也。刹上有金宝瓶，容二十五斛。宝瓶下有承露金盘一十一重，周匝皆垂金铎。复有铁锁四道，引刹向浮屠四角，锁上亦有金铎，铎大小如一石瓮子。浮屠有九级，角角皆悬金铎，合上下有一百二十铎。浮屠有四面，面有三户六窗，户皆朱漆。扉上各有五行金铃，其十二门二十四角，合有五千四百枚。复有金环铺首，殚土木之功，穷造形之巧，佛事精妙，不可思议。”

当时的木塔无一能幸免于天灾、战火而保存至今。因此，要了解当时木结构佛塔的整体状态，还需结合相关历史文献和壁画、雕刻等形象资料。黄宝瑜先生经过多年研究，对魏晋南北朝之佛塔建筑有过这样精辟的论述："当时寺塔布置，可注意者：平面方形，有三、五、七层，可以登临远眺。砖石造，圆形为多。此其一。塔与佛殿，同属佛寺中主要部分，故早期中国佛寺往往塔寺并列，盖塔中置舍利，殿上供本尊，不容偏废。此其二。佛寺之配置，有山门，塔，大殿，讲堂禅堂，钟楼，鼓楼，均对称于中轴，一如日本飞鸟时代之百济七堂伽蓝四天王寺然，其余僧舍，方丈，厨房等附属房屋则围绕四周。此其三。钟楼鼓楼之制，原为宫殿所有，今亦利用于佛寺，此其四。永宁寺之平面，则同四天王寺，塔在殿前。此其五。"[①]

中国的古塔文化，是中华传统文化思想及其建筑与印度佛教文化及其建筑相互融合的产物[②]。根据以上相关研究，从风景审美的角度而论，魏晋南北朝时期的中国古塔建筑主要呈现出以下三个特征：第一，具有登临观赏的审美功能；第二，具有独立的审美价值（与古印度之"窣堵坡"外形特征差别甚大）；第三，成为整体环境的一部分。

1. 具有登临观赏的审美功能

从外观形态来讲，这一时期的中国古佛塔在很大程度上改变了古印度"窣堵坡"的形制，是中国化了的古佛塔。它作为一种坟墓建筑类型，尽管仍然保持着储藏"舍利"的功用，但在其形制上却已同中国传统建筑的形态特征相结合。

在佛教传入中国之前，以木结构为中心的中国建筑体系已经基本形成，并已成功塑造了很多宏伟壮丽的建筑艺术形象。就这些种类繁多的建筑形态而言，有苑囿园林、宫阙楼台、门阙庭院以及墓葬陵寝等，其中与中国古佛塔形态特征最接近的当属台榭、楼阁、陵寝、门阙。这些建筑形象与古印度之"窣堵坡"相结合，产生了风格迥异、造型独特的中国古塔形象。其中，高耸挺拔的楼阁式古塔在魏晋南北朝时期的形态特征就非常典型，也是中国古塔中数量最多、分布最广的一类。据相关文献记载，中国古代最早的楼阁建筑产生于春秋时期。战国时期的青铜器上，就出现了楼阁宴乐的场面：高大的楼阁建筑下，许多人在随着悦耳的编钟声举杯痛饮。登上楼顶极目远眺，各色风景尽收眼底。

①黄宝瑜：《中国建筑史》，100页，台北，台北编译馆，1973。
②王振复：《中华古代文化中的建筑美》，165页，上海，学林出版社，1989。

由此可见，这一时期的楼阁建筑就已经具备了登临远眺的赏景功能。

汉代的楼阁建筑有了更进一步的发展，在府第宅院和普通民居中都很流行。视野开阔、居高临下的独特优势，使其除了能满足普通生活需求的基本功能之外，还起到登高瞭望、看家护院的安全防御作用。

魏晋南北朝时期，楼阁建筑有了进一步向着高大发展的趋势。洛阳城大厦门上的百尺三层楼阁，洛阳城金墉城内的“楼高百尺”，《洛阳伽蓝记》中所言的“（楼阁）去地二十丈”“（楼阁）去地百尺”都是这一时期楼阁建筑空前繁荣之最好证明。后来，随着印度佛教在中国的广泛传播和发展，楼阁以其高耸和独特的形态特征成为中国古塔之仿造原型，而印度“窣堵坡”的原型仅被置于塔尖以突出和强调古塔的高耸尊贵形象。与此同时，中国古代木结构楼阁建筑独有的居高临下、视野开阔等独特优势也被这派生出的楼阁式古塔很好地继承和发扬。东汉之白马寺古塔、北魏之永宁寺古塔等均属于这种类型之木构楼塔。尽管它们的倩影已未能再见，但从云冈石窟、龙门石窟、敦煌石窟的图绘和雕刻中尚可觅其踪迹。

随着人文意识的高涨和山水文化的形成、发展，楼阁式古塔具有的居高临下、视野开阔等优势很快被这些爱好观光游赏的士族文人发掘利用，成为他们登高远眺、观赏风景之最佳去处，登塔游览蔚然成风[①]。东晋诗人庾信在河南登封登临嵩岳寺塔、一览中岳美景之后，便写下了“重峦千仞塔，危登九层台。石关恒逆上。山梁乍斗回。阶下云峰出。窗前风洞开。隔岭钟声度。中天梵响来。平时欣侍从”的五言绝句。坐落于山峰之巅的楼塔，俨然成为睥睨天下式的视觉审美中心。北魏时期，灵太后胡氏也在神龟二年（公元 519 年）的中秋节登临永宁寺九层高塔之巅饱览洛阳之佳景。唐宋之后，登高游赏之风更加盛行，中国古楼塔登临赏景的审美功能得到更普遍的运用和发挥，留下了诸如王之涣“白日依山尽，黄河入海流。欲穷千里目，更上一层楼”（《登鹳雀楼》）的千古绝唱。范仲淹在没有登临岳阳楼观赏洞庭湖景色的情况下，也写下了永垂千古的《登岳阳楼记》等。

由此可见，自魏晋南北朝时期，自风景审美成为时代风尚之时起，楼阁式古塔便已与观景游赏结下不解之缘，成为人们凭眺自然美景之最佳去处。可以说，此时的楼阁式古塔已承载了中国独有之风景建筑的功能和意义。

①张斌远，夏志峰：《中国古塔》，24 页，杭州，浙江人民出版社，1996。

2. 具有独立的审美价值

这一时期，中国佛塔的建造初衷虽是为满足储藏“舍利”和信徒崇拜所需，但对于像中国这样如此重视人文精神和环境审美的民族，这样一座刚劲挺拔、铿锵有力而屹立于天地之间的庞大构筑物，无疑也成为他们彰显文化精神和审美艺术品味的重要媒介。因此，几乎所有中国佛塔的个体形象都是优美的，都具有独立的审美价值。

首先，由于佛塔的建造观念是为弘扬佛法、颂赞佛之崇高，因此欲崇必高[①]，想要体现其地位的崇高与尊贵，从空间和体量上就必须要使之尽可能显得高、大，以彰显其“力”的持久性与“量”的高壮感。

同样还是以洛阳永宁寺高塔为例，《洛阳伽蓝记》中说它是“九层浮屠一所，架木为之，举高九丈，有刹复高十仗”。其言虽有夸张之处，但佛塔与其他建筑相比较，其巍峨与高耸特征还是十分突出的。之后的佛塔建筑也同样强调其高耸、壮美的审美特征，如北京慈寿寺塔、应县木塔（图 4–21）、开封祐国寺铁塔、大雁塔（图 4–22）等个个都是高度超过 50 米的庞然大物[②]，真可谓是“塔势如涌出，孤高耸天宫。登临出世界，磴道盘虚空。突兀压神州，峥嵘如鬼工”（岑参《与高适薛据同登慈恩寺浮屠》）。

此外，这个时期的佛塔基本包含了中国佛塔的所有形制。从平面来看，基本是以方形为主。这与中国传统文化中“以方为贵”，中国古代对宇宙天地的普遍认识“天圆地方”以及“四平八稳”的民族审美心理都是完全吻合的。塔的结构千变万化，但总的说来，从结构来看，主要包括塔基、塔身和塔刹三个部分（图 4–23）。

所谓塔基，实际是对我国古建筑中“台”的运用。“台”这种建筑在春秋时期就已盛行，直至隋唐时期仍在修筑，其营建目的是为突显天子或君王的高贵和富华。将塔修于台上，则从整体形象上更能突显出佛塔的尊贵和雄伟，起到很好的衬托作用。

塔身是塔的主体部分。就其外部建筑形象特征而言，有高台、楼阁、亭阁、密檐等多种形式。最早期的佛塔多为单檐结构，这从我国早期石窟中的雕刻作品里可觅其踪影。魏晋南北朝时期随着佛教的盛行和木结构建筑的成熟，佛塔也与中国木结构建筑的楼阁、

①王振复：《中华古代文化中的建筑美》，174 页，上海，学林出版社，1989。

②当然，也不是所有的佛塔都有这样的高度，由于受到经济、材料和技术水平的限制，实际上很难做到那么高大。尽管如此，设计师也是尽量考虑在其造型上作一些调整和设计，使之能看上去更崇高巍峨。

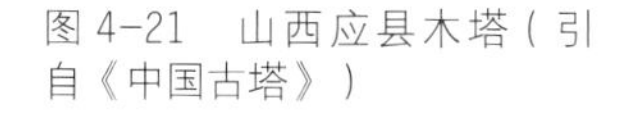
图 4-21　山西应县木塔（引自《中国古塔》）

图 4-22　陕西西安大雁塔（引自《中国古塔》）

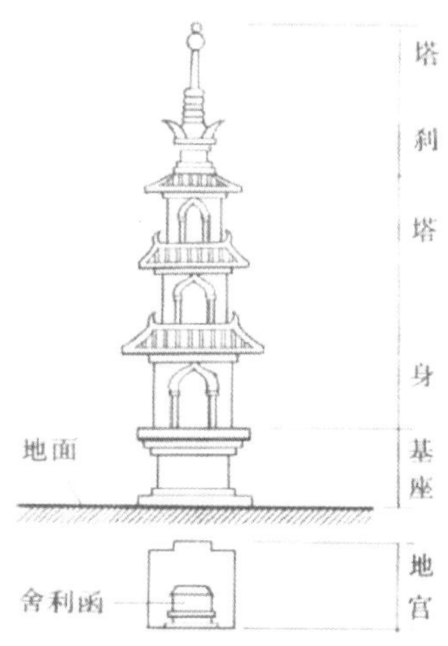

图 4-23　塔的主要构造示意图（引自《中国古塔》）

门阙、大屋顶的反宇飞檐式等建筑形式相结合，产生了多檐佛塔[①]。多檐佛塔不但层级丰富、高耸入云，而且塔檐外挑较宽，体现出展翼飞翔之势。斗拱线条流畅，门窗、棂格形式多样，门楣、塔梁、塔柱上也都雕刻彩绘，整个木塔显得金碧辉煌、高贵典雅。

塔刹则位于佛塔的顶端，是古塔最崇高的部分，是佛教建筑物的象征，保留有浓郁的古印度“窣堵坡”风格。塔刹的佛学宗教意味极其浓厚，因此中国古人将其视为极其特别的建筑艺术，并将之设置在古塔最为突显和高耸的位置，以体现其高不可攀、遥不可及的地位。对于整个佛塔建筑来说，也会由于塔刹的存在而尽显神秘与尊贵感。因此，无论佛塔属于哪种形制，其优美、挺拔、雄浑、飞动或静持的形象特征都是独具审美价值的。

3. 成为整体环境的一部分

就佛寺和佛塔的地理位置关系而言，魏晋南北朝时期的寺塔是并重的，即寺塔合建于一处，佛塔基本都布置于寺院的中轴线上，居全寺的中央，供人们敬仰。如东汉之白马寺就是这种建造态势，这是对印度塔文化的直接继承，体现出浓郁的宗教氛围。后来，随着历史文化的发展，寺塔的位置也在悄然发生着变化。佛塔不再仅仅居于佛寺的中心，

①罗哲文：《中国古塔》，北京，文物出版社，1983。

营建者开始根据周边建筑群和自然环境的关系来选择其营建的位置。甚至有塔无寺、有寺无塔的情况也变得普遍。也就是说，随着时间的进展，中国的佛塔建筑不再只是作为佛寺的附属品存在，而是具有了相对独立的地位。此时的中国佛塔已不再如古印度之“窣堵坡”那般专为礼佛和收藏“舍利”，还具有了环境审美的功能。佛塔一方面可作登临远眺、欣赏美景的最佳去处，另一方面其本身高耸雄伟的形象也具有独立的审美价值，成为自然风景的点睛之笔，为整体风景审美增添人文气息，构筑出优美的文化景观。因此，佛塔的营建选址就变得尤为重要，也是佛塔建筑艺术构建的重中之重。在这个过程中，佛塔建筑的佛性也在渐渐淡化，“人性”变得越来越强烈，向着中国独有的以“观景”和“景观”为特色的风景建筑一步步迈进，并最终成为风景建筑中的一个主要建筑类型，如风水塔、文峰塔等，与自然环境浑然一体，并体现出强烈的人文景观审美价值。相关案例甚多，如江苏镇江的金山寺塔（图 4-24），塔址坐落于金山峰顶，是可以迎纳方圆数十里山川美景的至高赏景之地。受到江南水乡美景的衬托，这座拔地而起、高耸入云的古塔因与整体环境交相呼应而显得更加轻盈秀丽，整体自然环境也因为古塔而更添人文气息，更显宁静秀美。

据此也可推论，正是由于魏晋南北朝这一“人性”大为开放的特定时代特征，正是由于其人文意识和山水文化的形成和发展，以及后代对中国特有审美意识的传承，体现人文和自然审美意识和谐统一的风景建筑才得以在中国生根、发展，并促使人文景观和自然环境高度融合。佛塔建筑尽管只是当时佛教建筑文化中的一个类别，但作为此刻建筑艺术的一个缩影，从它的引进、发展和演变过程均可窥见中国传统历史文化与人文、自然环境的审美意蕴，也能反映出我国传统历史文化以及环境审美意识对建筑艺术、宗教文化强大的影响力和控制力。

二、园林艺术

图 4-24　江苏镇江金山寺塔景（引自网络）

魏晋南北朝时期，文人园林中的种植、建筑、山水景观等环境因素都是围绕着自然美审美而展开的，以其突出的特点与传统的具有多重功能的宫苑园林相区别。它的艺术审美旨趣突出表现于以下两个层面。

1. 追求“天然图画”的艺术胜境

晋宋山水画家宗炳曾曰：“老病俱至，名山恐难遍睹，唯当澄怀观道，卧以游之”（《宋书·隐逸传》）。如果说此刻宗炳的“卧以游之”只是对山水自然的精神想象，那么，园林艺术则是将山水自然物质化到一定空间环境以供人居处游赏的最理想创作艺术。魏晋南北朝时期，受到山水自然独立审美意识的孕育、形成以及特定历史文化背景、社会政治格局的影响，以对自然美的执着追求，以山水娱游、观赏和审美为目的的园林艺术应运而生。也就是说，以山水、植物等自然元素为主体，以实现自然天成艺术境界为宗旨的中国古典园林在这个时期就已定型。总的说来，魏晋南北朝时期的园林艺术为追求“天然图画”（曹雪芹《红楼梦》）、“原天地之美”（《庄子·达生》）的艺术境界，主要采取了以下两种造园手法：其一，因地制宜，顺应周边原有的自然山水环境营造与之和谐共融的山水美景；其二，通过精心的艺术构思和创作，营造“虽由人作，宛自天开”的第二自然[①]。

（1）因地制宜，顺应自然的山水美景

魏晋南北朝时期开始了大规模的园林营建活动，其中对于园址的选择也是颇费心机。当然，很重要的一点与士人的隐逸心态直接相关，但也正是由于这种隐逸心态的存在，才使得“使居有良田广宅，背山临流，沟池环匝，竹林周布”（《后汉书·仲长统传》）的山林隐居生活成为士族贤臣们所追求的理想生活环境。

这一时期，虽然城市园林[②]也有一定数量，但更多的园林营建活动还是在郊外和山野之地开展的。从这一时期具体位置可考的园林来看，其中城市园林有 26 座，山林园林有 34 座[③]。谢灵运在其《山居赋》中就曾对园址的选择过程进行了细致描述：“爰初

①所谓第二自然，是指造园艺术家按照自然的美和规律进行叠石理水等造园活动而创造出的具有自然美审美意境的“人工的山水”。它的审美效果不是人们面对自然的真山水所获得的那种纯粹真实的感觉，而是“宛”“似”的效果，是经过审美主体的精神运作和心灵感受而获得的一种艺术享受。

②魏晋南北朝时期的园林按照营建区位可分为城市园林和山林园林两种类型。城市园是建立在城市里的园林，以建康、洛阳两地居多。山林园是建立在城市外的园林，包括郊野园、别墅园和山野园三类。

③余开亮：《六朝园林美学》，107 页，重庆，重庆出版社，2007。

经略，杖策孤征。入涧水涉，登岭山行。陵顶不息，穷泉不停。栉风沐雨，犯露乘星。研其浅思，罄其短规。非龟非筮，择良选奇。翦榛开径，寻石觅崖”，将园林中的景色与外在自然山水的和谐共融视为其山水园的审美旨趣。可见，对于园林基址的选择，六朝士人还是优先考虑山野之地而非城市之中[①]，选取依山傍水之地，充分利用原有天然地形地势稍作改造，便能营造极富原始野趣之美的园林居住环境。这与《园冶》中所阐述的相地原则“园地惟山林最胜，有高有凹，有曲有深，有峻而悬，有平而坦，自成天然之趣，不烦人事之工”，“市井不可园也”也是完全符合的。这种对山林园地的情有独钟，是魏晋南北朝园林区别于历朝园林的最显著特征。再看看这一时期的园林面貌，这一特征就更为突显了。

蔼蔼堂前林，中夏贮清阴。凯风因时来，回飙开我襟。息交游闲业，卧起弄书琴。园蔬有余滋，旧谷犹储今。营己良有极，过足非所钦。

——陶渊明《和郭主簿二首其一》

散怀山水。萧然忘羁。秀薄粲颖。疏松笼崖。游羽扇霄。鳞跃清池。归目寄欢。心冥二奇。

——王徽之《兰亭诗二首》

又有水碓、鱼池、土窟，其为娱目欢心之物备矣。

——石崇《金谷诗序》

仰众妙而绝思，终优游以养拙。

——潘岳《闲居赋》

其居也，左湖右汀。往渚还江，面山背阜，东阻西倾。抱含吸吐，款跨纡萦。绵联邪亘，侧直齐平。

——谢灵运《山居赋》

散发重阴下，抱仗临清渠。属耳听莺鸣，流目玩綣鱼。从容养余日，取乐于桑榆。

——张华《答何劭》

中年聊于东田间营小园者，非在播艺，以要利人，正欲穿池种树，少寄情赏，……由吾经始历年，粗已成立，桃李茂密，桐竹成荫。

——《梁书·徐勉传》

中唐以后，尽管强调叠山理水的“城市园林”开始取代“山林园林”成为士人精神承载的主要园林方式，但应顺自然，创建与周边环境和谐统一的营建原则仍然是后世造园必定要遵循的。

①余开亮：《六朝园林美学》，107页，重庆，重庆出版社，2007。

(2)匠心营造“虽由人作，宛自天开”的第二自然

这一时期人们对自然山水的执着追求，还体现在摹仿自然、师法自然的造园思想和艺术手法上。六朝士人以创造与自然山水尽可能协调之园林美景为目的，采取的最基本方式，便是以艺术的手段在园林中再现山水自然的形态及神韵。如孙绰所云：“巍峨太平，峻跄华霍。秀岭樊媪，奇峰挺蚂。上干翠霞，下笼丹壑。有士宴游，默往奇托。肃形枯林，映心幽漠……悬栋翠微，飞宇云际。重峦蹇产，回溪萦带。被以青松，洒以素濑。流风伫芳，翔云停蔼。”石崇在《里归引序》中描述其建构的私家园林金谷园：“却阻长堤，前临清渠，柏木几于万株，江水周于舍下，有观阁池沼，多养鱼鸟”，又在《金谷诗序》中写道：“药草之属，莫不毕备。又有水碓、鱼池、土窟，其为娱目欢心之物备矣。”显然，这些都是在利用原有自然资源的情况下精心营构出的具有艺术欣赏价值、能供人观赏游乐之用的山水环境。但是，园林毕竟不同于真正的自然山水，空间和规模的限制导致造园艺术家只能采取师法自然、模仿自然的造园思想，运用浓缩、提炼、改造的创造方式，通过造园师巧夺天工的造园技艺“艺术”地再现自然山水。

为了能创造出富于艺术气息的山林美景，山石、水景、植物等都成为园林艺术中不可或缺的构景元素。造园艺术家以自然美审美为旨趣，通过采土筑山、叠石理水等造园方式精心营构具有“天然图画”胜境的园林风景。从下文所述的造园经营方式便可知晓这一时期的造园艺术家们是多么别具匠心。

出居吴下，吴下士人共为筑室，聚石引水，植林开涧，少时繁密，有若自然。

——《宋书·隐逸传》

筑山穿池，列林竹木，功用巨万。

——《晋书·会稽王道子传》

经始东山庐，果下自成榛。前有寒泉井，聊可莹心神。峭蒨青葱间，竹柏得其真。弱叶栖霜雪，飞荣流余津。

——左思《招隐二首》

所居舍亭山，林涧环周，备登临之美。

——《宋书·列传》

其中楼观塔宇，多聚奇石。妙极山水。虑上宫望见，乃傍门列修竹，内施高彰，造游墙数百间，施以机巧，宜须彰蔽，须臾成立，若应撤毁，应手迁徙。

——《南齐书·文惠太子传》

开拓元圃园，与台城北堑等。其中起出土山池阁，楼观塔宇穷巧极丽，费以千万。多聚异石，妙极山水。

——《南齐书·文惠太子传》

这些独具文人士大夫气息的私家园林，对于开拓自然美、形成自然美的独立审美意识都具有极其重要的历史意义。

2. 园林中的风景建筑："亭"的审美价值和意义

中国古典园林以追求"自然"、实现"自然美"审美为宗旨。但是，要实现人与自然的相亲相融、"万物与吾一体"，达到感情和精神上的深层交流，仅靠着力重现天然环境的真意和野趣风貌是远远不够的，更重要的是，需要创造能让人与园林中自然风景相互沟通、交流的媒介、空间或场所。中国古典园林中的风景建筑，就承担着实现人与自然之间相互交流与和谐相融的重任，这也决定了它在园林艺术中的地位是举足重轻的。

园林中的风景建筑，无论是大尺度的山水园林、还是小范围的城市园林，都具有一个共同的特点：他们既是观赏风景的场所，又是风景观赏的对象[1]，即具有风景审美活动中"观景"和"景观"的双重价值。魏晋南北朝时期，园林中风景建筑的类型就已经非常丰富，台、榭、廊、亭、楼、堂、阁等中国古典园林中的典型建筑类型基本都在这一时期就已定型。这从相关文献记载中便能轻易了解。

高台层榭，接屋连阁。

——《淮南子·主术训》

隐于永兴西山，凭树构堂，萧然自致。

——房玄龄等《晋书》

面南岭，建经台；倚北阜，筑讲堂。傍危峰，立禅室；临浚流，列僧房。

——谢灵运《山居赋》

芳林列于轩庭，清流激于堂宇。

——《世说新语·栖逸》

间馆岩敞，长廊水架。金觞摇荡，玉俎推移。筵浮水豹，席扰云螭。

——谢眺《三日侍宴曲水代人应诏诗》

有园。……加以禅阁虚静，隐室凝邃。

——杨炫之《洛阳伽蓝记·景林寺》

"亭"作为中国古典园林建筑在风景审美意义下的典型个案，同样也具有"观景"和"景观"的双重功能：它在既有的园林风景之中，在外部能点化山水灵性，进入内部则能提供一个观赏风景、山水气象的憩居之所。亭，由于其简便灵活的构造、轻盈优美

---

①冯钟平：《中国园林建筑》，37页，北京，清华大学出版社，1988。

的形式，是园林中最具代表性的建筑形象[1]。其他建筑，如台、楼、阁、塔也都具有这个意义，但不如亭这么典型，因为亭最小、最空灵。恰恰因为“亭”具有这样丰富的观赏方式，所获得的审美价值才被高扬，这也是本节选取“亭”作为风景建筑的典型，以诠释中国古典园林中园林建筑的审美价值和意义的最重要原因。

“亭”在中国传统建筑中是很古老的一种建筑形式。早在汉代，“亭”就作为驿站建筑（相当于基层行政机构）而存在，如汉代许慎《说文》释名：“亭，停也。人所停集也。”说明“亭”之最初是营建于道路之上，能供人歇息的建筑物。后来，“亭”又发展成一种编户制度，如《汉书·百官公卿表》中曰：“十里一亭，十亭一乡。”魏晋时期，随着游弋山水之风日炽，建于郊野山水间的驿亭，往往成为驻足停留和送友话别的地点，因而逐渐演变成为一种风景建筑[2]，在园林环境中也常被当作能实现人与自然和谐交流、物我合一美好体验的空间媒介。东晋时期著名书法家王羲之，就曾在山水至胜之地会稽山阴（今绍兴城外的兰渚山下）以“亭”的名义写诗会友，“以为流觞曲水”“修禊事”，举行风雅集会，并写下《兰亭集序》以记录文人贤士们以“兰亭”为聚点游山赏水、临流赋诗的活动盛况。诗人孙绰也在《兰亭诗》中描写了与友人饮酒赋诗、畅游山水的体会：“流风拂枉渚，亭云荫九皋。嘤羽吟修林，游鳞戏澜涛。携笔落云藻，微言剖纤豪。时珍岂不甘，忘味在闻韶。”此刻之“兰亭”对于这些文人而言，已然成了他们感受客体大自然的普运周行同主体人内心感应和认同融为一体的空间介质，成为他们扩展胸襟、舒展自然美审美情怀、实现人与自然和谐交融的最理想建筑。北魏郦道元也曾在其著作《水经注·浙江水》中这样描述“兰亭”：“浙江又东与兰溪合，湖南有天柱山，湖口有亭，号曰兰亭，亦曰兰上里。太守王羲之、谢安兄弟，数往造焉。吴郡太守谢勖封兰亭侯，盖取此亭以为封号也。太守王羲之，移亭在水中。晋司空何无忌之临郡也，起亭于山椒，极高尽眺矣。亭宇虽坏，基陛尚存。”由此可见，兰亭周边之自然山水风景确实非常之优美。也正是由于考虑到与周边郊野环境的关系，亭的选址、建置都是经过反复推敲、悉心设计的，不但要满足“极高尽眺”的赏景需求，成为观风赏景、吐纳云气的身心栖居之所，而且其四面通畅、简洁空灵的建筑形象也完全能与魏晋时人崇尚简约大方的审美旨趣相契合，成为自然山水环境中的点睛之笔，并自此被引入园林

①盛梅：《清代皇家园林景的构成与审美》，19页，天津，天津大学，1997。
②傅晶：《魏晋南北朝园林史研究》，天津，天津大学，2003。

之中，迅速发展成为至关重要的点景建筑[1]。

将亭建于园林之中的记载，魏晋南北朝时期也已不少。如《洛阳伽蓝记》中所载：“华林园中有大海，即魏天渊池……世宗在海内作蓬莱山……山北有玄武池，山南有清暑殿，殿东有临涧亭”，“山北有玄武池，山南有清暑殿。殿东有临涧亭，殿西有临危台”，都是关于华林园中景阳山上建亭的最早记载。这里清晰而准确地描述了临涧亭的具体建置方位以及其与周边环境诸如湖面、山体、殿宇之间所形成的高低、远近关系。可见，亭的布局、选址对于构建与自然浑然一体的整体园林环境是至关重要的。亭址一旦选定，还需考虑构成“景境”的其他要素，如亭的体量、材质、造型处理、平面空间形式等，需恰到好处才行。因为在整体山水环境中，“亭”作为最具空灵与飞动之美的风景建筑，当是环境中点睛之笔，起到弥补自然环境之不足，增添人文气息与环境活力之功用，并使观者产生触景生情的风景审美感悟。如曹丕在其诗作《於明津作诗》中所云：“遥遥山上亭，皎皎云间星。远望使心怀，游子恋所生。”在这里，曹丕远观山中凉亭，又仰望星空，深深地思乡情怀油然而生，可见正是由于这所见之“景”触动了观者之心智，才使之萌生感悟之“情”。

不过，在中国造园中，“亭”的审美价值和意义，远远超越形式美的范畴[2]。历朝文人对于“亭”的本质、功用的认识，早已精当而准确地概括如下。

群山郁苍，群木荟蔚，空亭翼然，吐纳云气。

——戴熙

唯有此亭无一物，坐观万景得天全。

——苏轼《涵虚亭》

江山无限景，都聚一亭中。

——张萱《溪亭山色图》题诗

撮奇得要，地搜胜概，物无遁形。

——白居易《冷泉亭记》

“燕喜之亭”，……于是州民之老，闻而相与观焉，曰：“吾州之山水名天下，然而无与‘燕喜’者比”（图 4-25）。

——韩愈《燕喜亭记》

亭形虚无，而宾从莫之窥也。……有足廓虚怀而摅旷抱矣。

——张友正《歙州披云亭记》

“吐纳云气”“都聚一亭中”“撮奇得要，地搜胜概”等都道出了“亭”之意匠要诀，

①傅晶：《魏晋南北朝园林史研究》，天津，天津大学，2003。

②张家骥：《中国造园论》，206 页，太原，山西人民出版社，2012。

即“亭”的最主要审美价值和意义在于：它是观赏风景、实现人与自然和谐交流的最佳聚点。通过“亭”这一小巧、通畅、空灵的构筑物，观者能将这世间的山川胜景尽收眼底，以有限的空间获得无限的景境，真可谓“亭”之功大矣！“亭”的这种“观景”价值和风景审美意义，在魏晋南北朝时期随着自然山水审美意识的发展也日渐成熟。如东晋谢灵运的《过白岸亭》中：“拂衣遵沙垣，缓步入蓬屋。近涧涓密石，远山映疏木。空翠难强名，渔钓易为曲。”诗人通过清新优美的文字，以白岸亭，也即诗文中描述的“蓬屋”为观赏点，描述了旅途中高低、远近的所见所闻：近处是一条溪涧、水中有密石；远方是高峻的山峰；而溪涧上还有恬然自适的钓者。

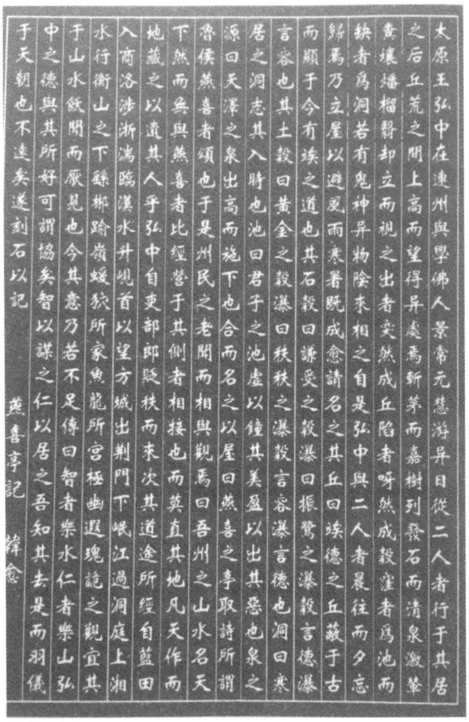
太原王弘中在連州與學佛人景常元慧游异日從二人者行于其居
之后丘荒之間上高而望得异處焉斬茅而嘉樹列發石而清泉激輦
糞壤燔椔翳却立而視之出者突然成丘陷者呀然成谷窪者爲池而
缺者爲洞若有鬼神异物陰來相之自是弘中與二人者晨往而夕忘
歸焉乃立屋以避風雨寒暑既成愈請名之其丘曰竢德之丘蔽于古
而顯于今有竢之道也其石谷曰謙受之谷瀑曰振鷺之瀑谷言德瀑
言容也其土谷曰黄金之谷瀑曰秩秩之瀑谷言容瀑言德也洞曰寒
居之洞志其入時也池曰君子之池虚以鐘其美盈以出其惡也泉之
源曰天澤之泉出高而施下也合而名之以屋曰燕喜之亭取詩所謂
魯侯燕喜者頌也于是州民之老聞而相與觀焉曰吾州之山水名天
下然而無與燕喜者比經營于其側者相接也而莫直其地凡天作而
地藏之以遺其人乎弘中自吏部郎貶秩而來次其道途所經自藍田
入商洛涉淅湍臨漢水升峴首以望方城出荊門下岷江過洞庭上湘
水行衡山之下繇郴踰嶺蝯狖所家魚龍所宫極幽遐瑰詭之觀宜其
于山水飫聞而厭見也今其意乃若不足傳曰智者樂水仁者樂山弘
中之德與其所好可謂協矣智以謀之仁以居之吾知其去是而羽儀
于天朝也不遠矣遂刻石以記
燕喜亭記　韓愈

图 4-25　唐代韩愈《燕喜亭记》中详细记载了以燕喜亭为中心的山水美景，突出“亭”作为“观景”和“景观”人文建筑的双重审美价值（引自《中国历代园林图文精选》）

全诗展现给读者一幅疏密相间的青山绿水图画。可见对于风景欣赏来说，“亭”的位置选择以及与周边环境的距离、高低、远近等关系都很重要，只有选对了位置，才能尽力将四周妙景聚合。此外，他在《游南亭》中又云：“时竟夕澄霁，云归日西驰。密林含余清，远峰隐半规。”诗纪南亭之游，虽发幽愤之思，但却先勾勒了一派清澄之景：黄昏之际，远望天色清朗，云归日西落，近处密密的树林含着余留的清凉之气，远处的山峰呈现出半圆的形状。同样也细致表现出俯仰自得、远观近察的风景审美体验。

除此之外，“亭”所具有的这种“观景”审美功能，还主要表现为空灵、虚静的气质特征。所谓空灵，即静观、虚静、忘我。而审美观照之虚静，则主要指审美主体认知世间万物的一种方式和状态。它要求审美主体的人能抛却一切杂念，以最纯净的心灵观照宇宙万物，以达到物我交融、万物与吾为一体的审美感悟和境界。这与孔子所言之“心斋”“坐忘”，庄子所言之“虚者，心斋也”，荀子所言之“虚壹而静”，宗炳所言之“澄怀味象”的审美体验和审美观照方式都是一以贯之的。在虚静的审美体悟中，审美主体和审美客体是不可分离的。外物的“景”能触动、启迪内在的心智，即所谓之“触景生情”“感物动情”。南朝梁简文帝《明月山铭》中所曰“竹亭标岳，四面临虚”，东晋殷仲文《送东阳太守诗》中所曰“虚亭无留宾，东川缅逶迤”等都是对“亭”之“虚空”本质的挖掘。南朝文学家江总在《于长安归还扬州九月九日行薇山亭赋韵》中曰：“心逐南云逝，形随北雁来。故乡篱下菊，今日几花开。”这首诗采取的就是这种即景抒情、景情交融的审美方式，通过描写眼前流云南逝，大雁南归的景象与冥想之中的故乡之篱菊、花事，将作者的思乡情怀与亡国之愤全融汇于景点构成的图画里。

魏晋南北朝以后，“亭”作为风景建筑中的一种重要类型，无论在山水风景审美亦或园林环境艺术中，都得到了观者更多的关注与赞赏，也表现出更强的艺术生命力与精神活力。尤其在隋唐之后的园林中更成了必不可少的构景要素，无亭之园几乎不存在。例如，中国明代四大名园中的拙政园与留园，都是具有浓郁江南地方水乡特色的私家园林。两园都是以水为中心，其间山水萦绕，花木繁茂，厅榭精美，风景建筑“亭”更是园中观风赏景不可或缺的重要人文构筑物。如拙政园中就设有天泉亭、放眼亭、涵青亭、待霜亭、绿漪亭等园亭共计 14 座，留园中则设有亦不二亭、至乐亭、可亭、冠云亭等园亭共计 8 座（图 4–26 至图 4–31）。明末著名造园艺术家计成所著之园林专著《园冶》的《立基》篇中，针对“亭”的建置还进行了多方面的专业论述：“花间隐榭，水际安亭，斯园林而得致者。惟榭只隐花间，亭胡拘水际。通泉竹里，按景山颠。或翠筠茂密之阿，苍松蟠郁之麓；或借濠濮之上，入想观鱼。倘无沧浪之中，非歌濯足。亭安有式，基立无凭。”在他看来，对于亭的营建，选址布局是放在第一位的，其次才是他的造型、体量、平面形式等等。“亭”的选址布局没有固定模式可寻，也不可在造园之先就主观臆断，而是要从整体出发，因地制宜、因形就势，从其“观景”和“景观”的角度，从景境创作的需要来确定。可以说，这是对中国古典园林之“亭”营建和审美的完整诠释和总结。

笔者认为，认识了“亭”的审美价值和美学意义，也就理解了中国古典园林中风景建筑的空间艺术和审美特质，也就了解了人与自然环境相互沟通、相互融合的方式和境界。正如明朝散文家张岱在《陶庵梦忆 · 筠芝亭》中所言：“亭的一事尽，其他园林建筑之事亦尽！”

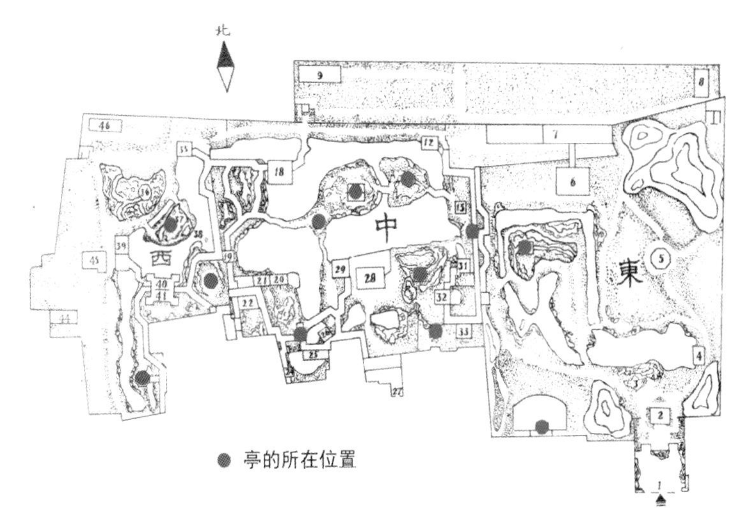

图 4-26 拙政园平面图（引自《苏州史志资料专辑 拙政园志稿》）

图 4-27 拙政园待霜亭（引自《苏州园林》）

图 4-28 拙政园荷风四面亭（引自《苏州园林》）

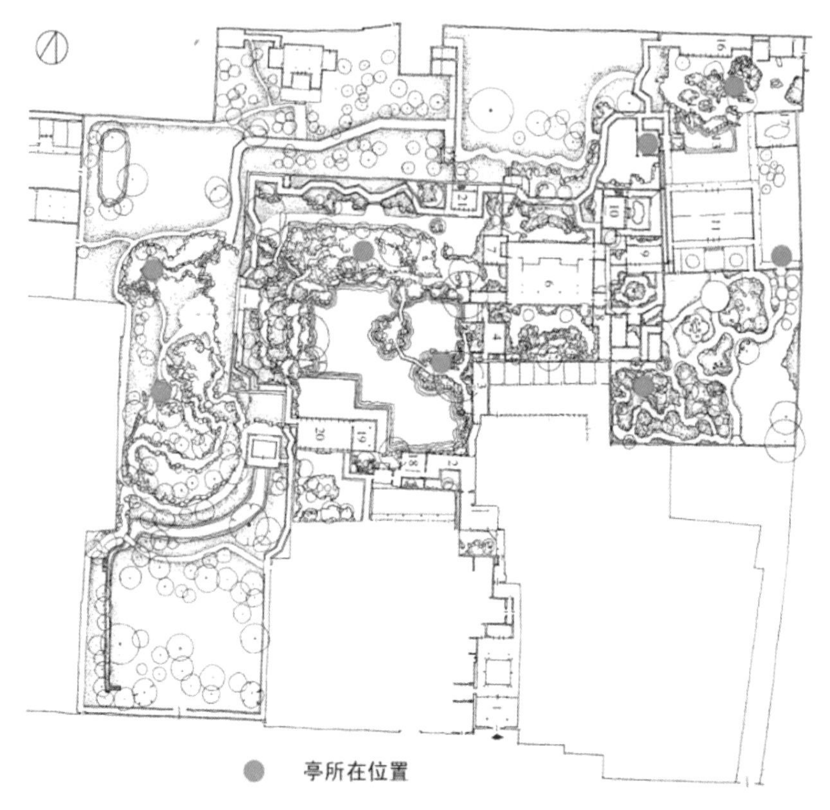

图 4-29　留园平面图

图 4-30　留园可亭（引自《苏州园林》）

图 4-31　留园濠濮亭（引自《苏州园林》）

第五章

当代阐释

研究中国的景观概念，不仅能了解中国几千年来积淀的深厚历史文化，掌握中国古人的审美思维规律及特征，而且还能将之与社会实践相结合，拓展其世界影响力，并为中国现代化建设提供新的思路并指明发展方向。

从中国景观理念的延续与传承来看，中国古代教育场所能集中体现中国传统教育的核心价值。针对中国现代大学校园的城市化状况，以中国传统教育场所的选址和营造为切入点，剖析从周代至明清时期中国典型教育场所选址和营造的思路及方式，证实在以德育为核心目标的中国传统教育场所，自先秦伊始，风景的审美、利用与营造一直都处于首要位置，自然山水的美育功能贯彻于校园环境营建的始终，为实现中华优秀传统文化的传承及中国特色现代化校园的建设提供可借鉴的资料和思路。

从对西方相应专业的影响来看，Landscape Architecture 作为一门交叉学科正随着自然科学和社会科学的逐渐发展而日臻成熟，学术界对于该词演变发展的过程和相关历史资料的研究也从未停止，但对它与中国传统历史文化之间的渊源关系却少有关注。通过对 Landscape 一词的历史沿革与从 Garden 到 Landscape Architecture 的发展历程进行探究，发现当代 Landscape Architecture 专业在其发展的过程中深受中国传统文化中的审美观、自然观及思维方式的影响，以弘扬中国古代优秀文化遗产，促进 Landscape Architecture 这样一门综合性学科的发展。

第一节　中国古代教育场所选址及营造意象浅析

近年来，校园规划建设逐渐与城市化发展并轨，校区作为一种教育资源，成为土地开发利用的高效途径之一，从城市发展的角度看并无不妥。但中国传统教育场所选址与营造更加强调诗性空间、人文精神及对环境育人的根本追求。在建立文化自信的新时代，校园规划建设理应重视中国传统教育场所选址及营造的传统理念。

一、先秦："天地之教"教育环境的原型

我国古代学校教育起源很早，大概商代的贵族就已创建了早期形式的学校。已经出

土的殷墟甲骨文字，提供了研究商朝教育的第一手资料[1]。到西周时，学校制度已经比较完备，有所谓小学和大学，多见于《周礼》的诠解中[2]。

略见《礼记·王制第五》：“天子命之教，然后为学。小学在公宫南之左，大学在郊。天子曰辟雍，诸侯曰泮宫。”辟雍也被称为“学宫”[3]，同泮宫一致，所指都是西周的大学。这段文字说明了西周的学校地处王城和诸侯国都，小学设在城内宫廷之中，大学设在城郊[4]。

据《周礼正义》记载：“五学之制，各别为一宫，地则相距不远。旁列四学，而中为辟雍，即取雍水为名……辟雍与四学异宫，中学园以水，四学不园水也。”辟雍在中，环之以水，东序在东，瞽宗在西，北为上庠，南为成均[4]。五学分别对应了不同的教育内容，如东序为学习干戈之处，上庠为学习经书之所。辟雍在地理方位上居于中心，为最尊，是举行重大活动（如祭祀前的射礼）的场所[5]。辟雍中高地上用茅草盖的建筑称作“明堂”，四周有水环绕，还有鸟兽集居其上。由此可见，辟雍的空间构成是同整个教育场所既联系又分隔的。

《诗经·泮水》一诗对上述相关意象有相当真实而生动的描述。从中不难看出，环绕泮水营造的泮宫，已具有中国古代园林的基本构成要素和审美意象[6]（图5–1）。杨宽先生在其《我国古代大学的特点及其起源》一文中提出西周贵族大学的选址及营建特点在于建设在郊区，四周有水池环绕，中间高地建有厅堂式的屋宇，附近有广大的园林，园林中有鸟兽聚居，水池中有鱼鸟集居[7]。这种具有园林特征的教育环境在西周之后得到沿袭和推广。

春秋时期，孔子前无古人地提出“有教无类”“学而优则仕”的平民教育，孔门儒

①参证古籍记载，商代贵族已有学校教育制度。《龟甲兽骨文字》卷二第二十五页九片：“丙子卜，贞，多子其征学，版不冓大雨？”“征学”即往学，“版”假借为“反”。贵族子弟上学成为占卜的内容，可见对贵族教育的 重视。

②略如《大戴礼·保傅篇》：“及太子少长，知妃（配）色，则入于小学，小者所学之宫也。”

③西周大学被称为辟雍，这在金文中多有明证。同时，根据杨树达先生对《麦 尊》和《静簋》两文的研究，辟雍与学宫描述的地理位置相同，都是指大学。

④吴莉萍：《中国古典园林的滥觞——先秦园林分析》，天津，天津大学，2003。

⑤见《礼记·文王世子》《礼记·王制》《礼记·乐记》中的相关记载。

⑥王蕾，史箴：《从鲁泮宫到乾隆行宫——延续2600余年历史的中国古代园林》，载《天津大学学报（社会科学版）》，2004（03），196~202页。

⑦杨宽：《我国古代大学的特点及其起源》，载《学术月刊》，1962（2），50~56页。

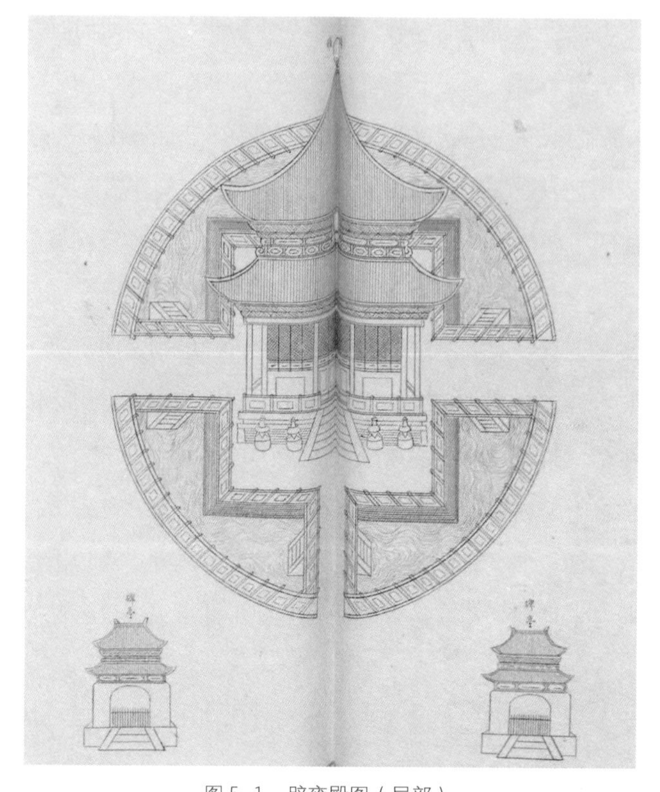

图 5-1　辟雍殿图（局部）

（昆冈：《钦定大清会典图卷十六》，上海，上海古籍出版社，2003）

学思想由此兴起，成为影响此后中国历史的主导思想[①]。然而，孔门儒学对人的塑造同样继承了西周教育的场所精神，认为优美的自然山水不但能陶冶心灵、怡情养性，而且对人外在形体和内在精神的修养都起到决定性作用。

《庄子·渔父》中生动具体地谈到孔子教育学生的场景。尽管宋朝之前的“杏坛”有名无实[②]，却成为孔子教育场所的典型范例，“孔子游乎缁帷之林，休坐乎杏坛之上。弟子读书，孔子弦歌鼓琴”。在这里，“杏坛”[③]指的是孔子聚众讲学的场所。此文将孔子在绿树成荫、杏花盛开的自然环境中教书育人的场所意象描绘得栩栩如生。后来杏

①王蕾，史箴：《从鲁泮宫到乾隆行宫——延续 2600 余年历史的中国古代园林》，载《天津大学学报（社会科学版）》，2004(3)，196~202 页。

②宋天禧年间，孔道辅即根据这首诗对“杏坛”的描述，在孔庙正殿旧址上砖砌称坛，周围栽植杏树，命名“杏坛”，至于此，杏坛始有实物。

③《庄子注疏》中释义：“其林郁茂，蔽日阴沉，有叶垂条，又如帷幕，故谓之缁帷之林也。坛，泽中之高处也。其处多杏，谓之杏坛也。”

坛的形象及其环境特征，成为一种理想的教育环境得到传承和发扬。

孔子作为一位大教育家，对大自然十分喜爱和关注。他周游列国、广纳门徒，教学活动的开展并不一定都有固定的场所，很多时候都是在游览山水兴起之时自然发生。也可以说，孔子带领弟子出游，并非是纯粹的登高戏水，而是“借题发挥”，借用形象的自然山水来向弟子们阐述哲理，展开讨论。孔子这种以天地为室、山水为教具的教学方式，将思想以春风化雨、润物无声的方式传递给学生，为他们创造更直观和深刻的体验，更有利于实现“胸次悠然，直与天地万物上下同流”[①]。

此外，先秦学术著作《管子》中曰：“士农工商四民者，国之石民也……是故圣王之处士必于闲燕，处农必就田野，处工必就官府，处商必就市井。”[②] 其中第一点就提出读书之人要选择在清幽的环境中居住，如此则“（士）少而习焉，其心安焉”[②]。由此可见，先秦时期人们已意识到环境对人品质培养的重要性。

二、两汉：对先秦教育环境的继承和发扬

在汉武帝“独尊儒术”政策的指导下，两汉时期的官学和私学都得到空前的发展，学校教育制度也初具规模，逐步形成了儒学独尊的学校教育制度。其中太学[③] 成为依靠国家力量培养高级知识分子的最高学府[④]，强调的是人人都有受教育的权利。然而，这种权利依旧选择在与自然山水环境的互动中去实现个体生命的价值，成就自我的人生理想。

上林苑作为集宫苑、园林、自然山水于一体的汉代名苑，无论地理环境、规划定位、空间布局还是庭院细节处理，都可作为展现汉代风景审美意境的典范，尤其是其中体现出的对自然与人文有机结合的艺术处理和审美观照，不仅细致入微，而且深刻隽永[⑤]。汉代的太学就设于这座风景如画的大型园林中，遗址在汉代长安城东南方土门一带附近，最早开始于汉武帝时期，当时只有五十人，到汉成帝时已增至三千。王莽做宰衡时，建

①参见朱熹《章句集注》的注释。

②见《管子·匡君小匡》。

③汉代官学分为中央官学与地方官学两大类。中央官学主要指以传授儒家经典为主的太学。

④金忠明：《国教育史研究（秦汉魏晋南北朝分卷）》，上海，华东师范大学出版社，2009。

⑤吴静子，王其亨：《中国风景概念史研究——先秦至魏晋南北朝》，天津，天津大学出版社，2019。

弟子舍万区，起市郭上林苑中，规模更加扩大[①]。汉宣帝时，又将上林苑中的一些宫观设为学校，专门学习外语。此外，汉代最大的音乐机构——乐府，也设置于上林苑中。据推测，其位置位于直城门西，建章宫北，毗邻平乐观[②]。显而易见，自然资源丰富且风景环境卓越的上林苑，已成为当时官方首选的教育场所（图 5-2）。

这一时期，对教育环境的重视不仅体现在官学。在人数和规模更为庞大的私学中，教学场所的选址与营造同样强调对“天地之教”环境化育之道的传承。

私学一为“蒙学”[③]，二为“精舍”（或称“精庐”）。“精舍”或“精庐”，相当于太学。这些精舍或精庐大多选址于风景秀丽的山泽或远离城市喧嚣、能享受山水林泉之美的乡村[④]。在古人看来，山水自然的美好环境能提供最好的学习场所，学者于其中能“耕山钓水，弹琴击缶”“尊之术”，从而“养性读书”，学娱相得。两汉私学的蓬勃发展，为唐宋书院的产生和发展打下了良好根基。其对自然山水美育的重视，在后世书院中更得到充分的体现。

三、唐宋：“山水美育”的极致表达

唐宋时期，书院兴起并迅速发展，其最显著的特征在于延续先前教育场所的“择胜”和对风景环境的营建。教育学者将自然环境视为审美教育的课堂，将自然美视为最好的教本，“借山光以悦人性，假湖水以净心情”“士子足不出户庭，而山高水清，举目与会，含纳万象，游心千仞”[⑤]。在这样的环境之中，学子通过观照天地自然与山水林泉，以“默识”宇宙生机、天地之理。

书院教育产生于唐，兴盛于宋，历经元、明、清三朝的大规模发展，构成贯通中国教育的重要血脉。南宋著名理学家、教育学家，书院教育的集大成式建树者朱熹，一生

①何清谷：《三辅黄图校注》，西安，三秦出版社，1998。

②尚丽新：《西汉上林乐府所在地考》，载《兰州大学学报（社会科学版）》，2003（05）：24~29 页。

③蒙学，也称为书馆，学习内容主要是识字习字。

④据相关典籍记载：（杨伦）讲授于大泽中，弟子至千余人；（魏应）讲授于山泽中，徒众常数百人；（杜扶）后归乡里教授，弟子数千人；（班英）兼明五经，隐于壶山之阳，受业者四方而至；（唐檀）后还乡里，教授常数百人；（公沙穆）隐居东莱山，学者自远而至。

⑤见《巴陵金鹗书院记》。

图 5-2　李荣瑾汉苑图（元）

赵雪倩《中国历代园林图文精选：第一辑》，上海，同济大学出版社，2005

与书院结下不解之缘[①]。无论修建哪座书院或精舍，朱熹都相当重视环境的选择，看重环境本身的教育价值。

云谷晦庵草堂，是朱熹于淳熙二年（1175 年）在福建建阳县云谷山庐峰之巅创建的一座书院。乾道六年（1170 年），朱熹过此，见其山水清幽而爱之，并赞其"旷然者

①据方彦寿先生考证，朱熹先后修建和修复的书院共七所，与之相关的书院达 67 七所。纵观我国古代教育史，能有如此众多的书院与己有关，朱熹可谓第一人。对于他推动我国古代教育的发展与普及的历史功绩，于此已可略见一 斑。

可望，奥然者可居”，希望能在此“耕山钓水，养性读书，弹琴鼓缶，以咏先王之风”[①]，遂委托蔡元定在此建草堂三间，榜曰“晦庵”。

武夷精舍位于福建风景秀丽的武夷山五曲隐屏峰下，是朱熹一生待得最久的地方。朱熹曾在其很多诗文中盛赞此处风景之秀美。将书院修建于此，更充分体现出朱熹的山水情愫。武夷精舍的创立，从环境地址的选择、建筑布局的搭配、院舍堂食的命名，到生活设施的安排、讲学气氛的营造，都充分体现出与林泉共乐的山水审美情趣和人文精神[②]。林泉书院空间的设置和营造也充分展现出书院的山水自然美育功能。“揽风景以怡情”“脱尘氛而与造化同游”，即是对这种书院整体环境和教学特色的概括。

“南宋四大名院”[③]之一的岳麓书院，无论从区位选择还是从内部园林的营建来看，都非常重视环境和风景。书院地处湖南长沙湘江西岸秀丽的岳麓山下[④]，前有天马、凤凰两山阙然峙立，与长沙古城隔江相望，后有岳麓作为靠山。岳麓山号称南岳七十二峰之尾，虽不高拔，景色却令人流连忘返。远望青山连绵，古木参天；俯瞰湘江如带，渔帆点点[⑤]。书院选址于此，既得山林之胜，脱离尘世之喧嚣，又不至于离城池太过遥远，占得地利、人和的先天优越。

百泉轩，被称为“书院绝佳之境”。吴澄在他的《百泉轩记》中不但着重描述了此地的美景，而且阐述了朱熹和张栻优游期间讲学论道的意旨，指出百泉轩的建设并不止于“凡儒俗士”的意愿，其立意乃在陶冶心性、气质，教育生徒“知道”“求仁”，以达“高尚”的思想境界，实现启悟人生[⑥]的宗旨。这不仅是中国古代道德教育的最高目标，也体现出中国古代教育场所精神的核心价值。显而易见，以岳麓书院为代表的书院教育场所在这个层面做到了极致。

①见朱熹《云谷记》。

②潘立勇：《朱子理学美学》，北京，东方出版社，1999。

③南宋四大名院分别为岳麓书院、白鹿洞书院、丽泽书院、象山书院。

④岳麓山自古就是文化名山，唐末五代智璇等二僧建屋办学，形成岳麓书院的前身。北宋开宝九年（公元976年），潭州太守朱洞因袭扩建，创立岳麓书院。靖康时期宋室南渡，书院被毁。南宋真宗乾道元年重建后，著名理学家张栻和朱熹都到此主持讲学，书院进入全盛时期。

⑤杨慎初：《岳麓书院建筑与文化》，湖南，湖南科技出版社，2003。

⑥杨慎初：《岳麓书院与岳麓山——兼谈岳麓山规划的指导思想》，载《城市规划》，1983（6），22~27页。

四、明清："育贤之地"的山川形胜

至正二十五年（1365 年），朱元璋建国子学于建康，后由明太祖择址搬迁至鸡鸣山南麓。其中最主要原因就在于此地的山川形胜。

据《南雍志》记载，鸡鸣山南麓"左为龙舟之山（即覆舟山），右为钦天之山（即鸡鸣山）"，整个校园风景极为幽美，能于此处读书研习，"于藏息游"是最为适宜的了[①②]（图 5-3）。

从规划布局来看，根据所处的地理山川形势，校园整体沿南北轴线展开。功能布局则实行"左庙右学，亭庑厅厢，肆业有所，会馔有堂"，将场所功能明确区分。景观环境的营造特别注重对植物的选择和运用，根据每个区域不同的空间特色，配置不同种类、

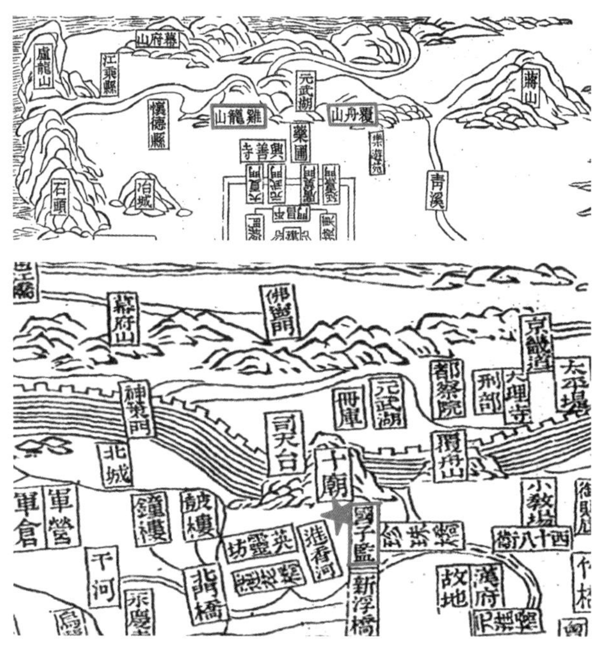

图 5-3　明代国子监区位图（局部）

（上）东晋都建康图　（下）明都城图

（陈文述：《金陵历代名胜志》，北京，翰文书局，1933）

①徐泓：《明南京国子监的校园规划》，见《第七届明史国际学术讨论会论文集》，561~576 页，长春，东北师范大学出版社，1999。

②《建制本末·总图》，见《南雍志》。

不同形态和具有不同文化意义的植物，以丰富环境的空间层次，突显不同区域的空间价值和精神文化氛围。此外，横跨湖面的土桥，也更名为浴沂桥。师生徜徉其中，遥忆孔门师生浴于沂水，陶冶性情。这种自然与文化交织的“点景题名”，更能展现出校园教书育人的环境特质，传承中国传统教育的内在精神。

校园不只是城市化发展的功能配套设施，也不只是培养就业人员的基地，在教育场所的选址与营造过程中莫要舍本逐末。在以“道德”为核心的中国传统教育体系中，人们早已深刻认识到环境的影响力，认识到优美的自然山水环境有利于培养德才兼备的人才，这种理念从春秋一直延续至明清。如果可以将此理念价值贯彻于现代校园规划选址与环境的营造中，将更有利于文化传承与人才培养。

第二节　西方风景园林观念中的中国文化因子

一、landscape 的历史沿革

landscape① 一词最早见于文献是 1598 年，由荷兰画家创造②，意思是“大地的一片区域或是一片地带”（Region，tract of land）。1712 年被英国著名散文家 J. 艾迪生（Joseph Addison，1672—1719）引入英语③，含义为“描述大地景色的图画”（A picture depicting scenery of land）④⑤。

Landscape 的词义从地理学的地域、区域含义转为风景画的含义，追根溯源，是受到东方山水画的影响。

①Landscape 的古英语形式如 Landscipe、Landskipe、Landscaef 等，其古日耳曼语系的同源词如古高地德语 Lantscaf、古挪威语 Landskapr、中古荷兰语 Landscap 等，含义接近，都与土地、乡间、地域、地区或区 域等相关。

②Wikipedia：The origin of“landscape”（维基网络百科全书：风景辞条）[EB/OL]. www.wikipedia.com.

③Wikipedia：The origin of“landscape architecture”（维基网络百科全书：风景园林辞条）[EB/OL]. www.wikipedia.com.

④大多数学者都认为现代英语中的 Landscape 及其主要异体字 Landskipe 约于 16 世纪末、17 世纪初来自荷兰语的 Landschap，主要受荷兰风景绘画的影响而作为一种描述自然景色，特别是田园景色的绘画术语引入英语，之后被赋予了“自然风光的一景或一处景色”（A view or vista of natural scenery）的新内涵，即由当初的对风景画的欣赏转为对现实风景的欣赏。

⑤Encyclopedia Britannica：Landscape Architecture（不列颠尼卡百科全书，风景园林辞条）[EB/OL]. www.britannica.com.

13世纪末文艺复兴在意大利各城市兴起，随后扩展到欧洲各国，带来一场科学与艺术的革命。垄断了东方贸易的意大利，在文艺复兴中已引入东方文化，并使之在欧洲得到大范围传播。16世纪初，尼德兰风景画家约·阿希姆·帕蒂尼尔（Joachim Patinir，1480—1524）、意大利画家尼科洛·德尔·阿巴特（Niccol ò dell' Abbate，1509或1512—1571）[①]均被认为可能受中国艺术的影响。早先的艺术家——不管是尼兰德的、德国的，还是意大利的——都把他所最了解或在旅行中看到的风景记下来，并以这些写生为基础，作为圣经或神话故事背景[②]。例如《剑桥艺术史》指出，大名鼎鼎的意大利艺术家列奥纳多·达·芬奇（Leonardo da Vinci，1452—1519）对风景、自然现象所作的素描数不胜数（达·芬奇画过很多的草稿，而真正成画的又很少。存至今的不超过15幅）。他的作品《岩间圣母》很容易让人们想起画家所说的"自然造就的千变万化的神奇形象"[③]。其中《岩间圣母》《蒙娜·丽莎》的背景画有云雾缭绕的巉崖，与中国北宋山水画，尤其是郭熙（郭熙：中国北宋时代画家、绘画理论家。生卒年不详。大约活动在11世纪中期至12世纪初，享年80岁以上）作品的气氛和构图十分相似[④]。1515年德国画家丢勒（Albrecht Dü rer，1471—1528）所作的素描中，与2个柱子相连的便有这种具有中国陶瓷特征的花瓶。一件是宋元时代的青花瓷器，另一件细长的瓷壶看来是明代景德镇生产的白瓷，反映出当时著名欧洲画家对中国绘画艺术的兴趣[③]。文艺复兴后期（17世纪早期）的绘画，作为背景的风景已经出现在传统的肖像画等作品中[⑤]。

在意大利以外，早在中世纪，尼德兰[⑥]就因地理优势而成为欧洲北方的国际贸易中心之一。16世纪前期，尼德兰的贸易和呢绒业进一步发展，城市建设极为迅速。市民们在和封建领主的斗争中，获得了相对的独立性；另外，通过皇家联姻和协议，完成了初

①严建强：《十八世纪中国文化在西欧的传播及其反应》，杭州，中国美术学院出版社，2002。

② 马德林·梅因斯通，罗兰·梅因斯通：《剑桥艺术史二》，钱乘旦，译，北京，中国青年出版社，1994。

③ 苏珊·伍德福特，安尼·谢弗－克兰德尔，罗莎·玛丽亚·莱茨：《剑桥艺术史（一）》，罗通秀，钱乘旦，译，北京，中国青年出版社，1994。

④ M. 苏立文：《东西方美术的交流》，陈瑞林，译，南京，江苏美术出版社，1998。

⑤值得指出的是，与中国传统文化相比较，在西方，文艺复兴以前都缺乏对自然的审美和认识。而至中世纪，基督教的神权至上，使人们"把山、泉、湖沼、树林、森林看成为恶魔所造"，更谈不上对自然风景的关注、欣赏和审美。直到接触东方文化，这一切才有所改变。

⑥尼德兰（The Netherlands，荷：Nederland），指莱茵河、马斯河、斯海尔德河下游及北海沿岸一带地势低洼的地区，相当于今天的荷兰、比利时、卢森堡和法国东北部的一部分。中世纪初期，尼德兰是法兰克人王国的一部分，法兰克人王国分裂后，它分属于德意志皇帝和法兰西国王。16世纪初叶后，受西班牙哈布斯堡家族统治。1581年成立"尼德兰联省共和国"。1795年后，成为法国统治下的荷兰王国。1815年维也纳会议后，原南部各省和荷兰合并为尼德兰王国。1830年南部脱离尼德兰独立，成立比利时王国。转引自百度百科。

步政治上的统一，促进了这个城市的长足发展，使其成为欧洲唯一可以与意大利相提并论的先进地区。

16 世纪末，英国打败西班牙“无敌舰队”，海外殖民迅速扩张，荷兰也从中受益，由于具有优良的造船技术和水手，17 世纪初成为海上霸主，迅速建立起殖民航运霸权，在印度和中国台湾省都建立了自己的据点[①]。从此，荷兰成为商业贸易的主体性国家，首府阿姆斯特丹成为世界贸易中心，亚洲与欧洲的经济联系日益密切，大批中国丝绸、瓷器、漆器、壁纸、绘画等商品运往荷兰，再由阿姆斯特丹转卖到欧洲各地，文艺复兴运动的重心也随之从意大利转到荷兰。中国美术的热潮从荷兰兴起，扩展到整个欧洲[②]。

英国的威廉·坦普尔爵士（Sir William Temple，1628—1699）1668 年出任英国大使后曾长驻荷兰，他倾心园林艺术，1683 年发表《论崇高的美》一文，曾热情推介他在中国工艺品中看到的中国园林：……中国园林使人赏心悦目，但又看不出刻意的安排和布置。……这种东方人看作最高境界的“无序之美”[③]，凡是观赏过中国的屏风画和瓷器上装饰画的人，都会有所感受[④]。这些工艺品或画作中展现的中国山水、建筑与园林，也同在这时期映入欧洲人的眼帘。通过商品，中国文明甚至影响到欧洲人的生活习俗和时尚[⑤]。

受中国山水风景画独特的水墨画情调及其表现的自然风光之美的影响，以及文艺复兴运动强调个人和现世思想的冲击，自然风景在具有自由和创作环境的荷兰，得到充分尊重和表现，促使荷兰地区 16 世纪中后期到 17 世纪出现了大批风景画家，形成写实的风景画派，真实再现自然的荷兰风景画也在 17 世纪上半叶诞生，自此成为西方绘画艺术的一个专门画种。先是德国，随后是英国艺术家，都追随荷兰的榜样[⑥]。荷兰语

①斯塔夫理阿诺斯：《全球通史》，吴象婴，梁赤民，译，上海，上海社会科学出版社，1999。

②在荷兰，从 1602 年东印度公司建立开始，在法国，开始于马萨林主教执政的年代。马萨林（Mazarin，1602—1661）原为意大利人，1634 年作为教皇特使赴巴黎，1639 年加入法国国籍，1643 年继黎塞留之后首任宰相。马萨林是一位收藏家，1649 年的首次拍卖中，有他收藏的许多东方艺术品，包括漆器、瓷器和纺织品等。他还将自己收藏的几幅屏风画送人。屏风画在中国绘画传入欧洲的过程中起了很重要的作用。屏风画主题主要以山水、花鸟、人物为主。

③即英文中的“sharawaggi”或“sharawadgi”一词。这个词是坦普尔杜撰的，后文中所说的“不规则之美”也同这个词相对应。这个词也许还有“千变万化”“诗情画意”等含义，在 18 世纪对英国自然风景式园林有很大影响。

④M. 苏立文：《东西方美术的交流》，陈瑞林，译，南京，江苏美术出版社，1998。

⑤黄时鉴：《东西交流论谭》，上海，上海文艺出版社，1998。

⑥丹纳：《艺术哲学》，傅雷，译，北京，人民文学出版社，1963。

landschap 从土地、乡间和地域等原始意义，演变成为区别于海景画和肖像画等画种的陆地自然风景画[①]。

由此可见，英语中的 landscape 一词在其发展过程中始终受到中国山水文化的影响[②]。

二、garden 到 landscape architecture 的发展历程

1. 从 garden 到 landscape garden

garden 一词在西方最早出现，用来描述建筑周围生长花木、水果和蔬菜的园子[③]或造园活动[④]。作为世界三大园林体系之一，欧洲早期的花园为规则式的[⑤]。中世纪之后相继出现的一些主要的园林流派，有意大利文艺复兴园林（renaissance garden）、法国规则式园林（formal garden）和英国风景式园林（landscape garden）。意大利文艺复兴园林和法国规则式园林延续了欧洲早期园林的规划思想，崇尚人工美，强调几何的构图形式。直到英国风景式园林的出现，这一切才发生转变。

随着东西方文化交流的进展，中国思想在欧洲的影响更加广泛而深入，孔子学说的影响尤其突出。18 世纪英国哲学家大卫·休谟（Dvid Hume，1711—1776）曾说："孔

①林广思：《景观词义的演变与辨析》，载《中国园林》，2006（6），42~45 页。

②约为 16 与 17 世纪之交，荷兰语 landschap 作为描述自然景色特别是田园景色的绘画术语引入英语，演变成现代英语的 landscape 一词；然而，同属日耳曼语系的德语 landschaft 继续保持了原始的含义，仍是指一个社区的环境。在使用上，通常指小的行政地理区划，即地方行政体，如村、镇、乡等行政体，类似英文的 word（行政区、选区）。19 世纪中叶，近代地理学创始人之一——德国的洪堡（Alexander von Humboldt）将 landscaft 作为一个科学的术语引用到地理学中来，并将其定义为"某个地球区域内的总体特征"，形成了此词的自然地域综合体的含义，而这也正与 landscape 这个词在现代"包含地面上一切可见的地域特征"的含义相一致。

③从欧洲最初的果园、菜园、花园到后来的庄园、公园，都是造园活动的产物，与中国园林从苑囿开始发展的历史相似。Garden 经过长期发展具有了更加广泛的内涵，与《中国大百科全书》中对于"园林"的界定接近，所以后来也将"garden"一词直接译为"园林"。《中国大百科全书》中"园林"释义：运用工程技术手段和艺术理论塑造地形或筑山理水，种植树木花草，营造路径及建筑物等所形成的优美环境和游憩境域。

④《牛津高阶英汉双解词典》，北京，商务印书馆，1997。

⑤从古王国时代（约公元前 2686—前 2034 年）埃及出现种植果木、蔬菜和葡萄的实用园，与此同时，出现了供奉太阳神的神庙和崇拜祖先的金字塔陵园，成为古埃及园林形成的标志。古希腊是欧洲文明的摇篮，给文艺复兴运动以曙光和力量。古希腊园林艺术和情趣，也对后来的欧洲园林产生了深远影响，使西方园林朝着有秩序的、有规律的、协调均衡的方向发展。古罗马帝国在公元前 190 年征服了希腊后全盘接受了希腊文化。罗 马在学习希腊的建筑、雕塑和园林艺术基础上，进一步发展了古希腊园林文化。古罗马园林可以分为宫苑园林、别墅庄园园林、中庭式园林和公共园林四大类型。其中的别墅庄园园林充满田园牧歌的情趣，并成为之后文艺复兴初期意大利园林模仿的对象（Wikipedia：The origin of "landscape architecture"（维基网络百科全书：风景园林的起源）[EB/OL]. www.wikipedia.com）。

子的门徒，是天地间最纯正的自然神论的信徒。[①]”意思是，英国自然神论[②]的思想和孔子的学说颇有不谋而合之处。17—18世纪的欧洲自然神论思想者渐渐发展成一支相当庞大的队伍，推崇“自然之道”（order of nature），“顺天而行”（按自然逻辑做事），把宗教放在任何人凭着理性都能建立的真理之上[③]。他们崇奉自然、倡导理性的自由思想。这种对自然主义的崇拜也为欧洲“自然美”[④]审美的产生打下坚实的基础。同样，基于这种审美方式的中国园林艺术，在18世纪初也引起了欧洲人极大的兴趣。与此相应，1718—1725年间在欧洲出现了“貌似风景式”新风格的第一批园林。艾迪生在《旁观者》（1712年6月25日）上发表的有关园林的文章中，强调自然状态较之精巧的人工造作更有其宏伟和庄严之处，并对其所了解的中国园林与其所熟悉的英国园林分别进行了描述 和对比，进一步阐明他“自然状态胜于人工造作”的观点[⑤]。诗人蒲伯（Alexander Pope，1688—1744）在1713年给《监护者》写了一篇著名的文章。他高度赞扬“不加装饰的自然所具有的亲切纯朴之美”。而且又在给罗伯特·迪格比（Robert Digby，1654—1677）的书信中提到“不规则之美”一词——这一切都表现了中国可能是他灵感的源泉[⑥]。大约是在1718年末，蒲伯将他在特威肯纳姆（Twichenham）的一所几何式花园，按照自由风格建造，修筑天然的风景，成为西方开创和经营自然风景式园林的第一人。1725年，威廉·肯特（William Kent，1685—1748）为伯灵顿勋爵[⑦]（1695—1753）位于奇斯威克（Chiswick）的别墅设计花园，他对庭园中的流水山石予以富有想象力的布置，

①大卫·休谟：《论迷信与宗教款热》，载《论文与随笔》，1760（1），P131。转引自范存忠：《中国文化在启蒙时期的英国》，38页，南京，译林出版社，2010。

②自然神论（deism）这一术语来源于拉丁文deus，“神”的意思。17世纪英国思想家L. 赫尔伯特（Edward Herbert，1583—1648）被誉为“英国自然神论之父”。著名代表有英国思想家安东尼·艾希礼库珀（Anthony Ashley-Cooper，1671—1713）、J. 托兰德（Toland John，1670—1722）等人，18世纪法国启蒙思想家伏尔泰、孟德斯鸠、卢梭等人也都是具有一定唯物主义倾向的自然神论者。自然神论反对蒙昧主义和神秘主义，否定迷信和各种违反自然规律的“奇迹”；认为上帝不过是“世界理性”或“有智慧的意志”；上帝作为世界的“始因”或“造物主”，它在创世之后就不再干预世界事务，而让世界按照它本身的规律存在和发展下去；主张用“理性宗教”或“自然宗教”代替“天启宗教”。

③范存忠：《中国文化在启蒙时期的英国》，南京，译林出版社，2010。

④自然美是美的客观性与社会性相统一，即“自然的人化”。所谓“自然的人化”，指的是人类征服自然的历史尺度，指的是整个社会发展达到一定阶段，人和自然的关系发生了根本的转变。自然美的研究是一项相当复杂的课题，同西方比较，我国传统文化在关于人与自然、人文美与自然美，在认识论、方法论以及时间上的造诣方面，千百年来，凝聚了众多人民和贤哲的深沉智慧，形成独特体系。

⑤范存忠：《中国文化在启蒙时期的英国》，南京，译林出版社，2010。

⑥范存忠：《中国文化在启蒙时期的英国》，南京，译林出版社，2010。

⑦伯灵顿勋爵指第三代伯灵顿勋爵理查德·波义耳（Richard Boyle），英国伯灵顿建筑学派的创立者。

变化多样，令人称奇，带来了一种“富于理性的自然情趣”[①]（图 5–4）。

中国园林的不规则设计由于旅行家们的描述而众所周知，却缺乏可资借鉴的图像资料[②]，直到马国贤（Matteo Ripa，1692—1745）神父作为传教士被罗马教廷传信部派往北京，才使这种现状得到改观。马国贤 1724 年 9 月返回意大利时途经伦敦。此前，他曾在 1712—1714 年间奉康熙皇帝之命，根据宫廷画家沈喻创作的《避暑山庄》三十六景木版画,用欧洲的铜版画技艺雕印,成为中国的第一批铜版画。携有版画印本的马国 贤，在伦敦受到伯灵顿勋爵非常友好的接待，聚集于伯灵顿勋爵的奇斯威克府（Chiswick house）中的一批朋友[③]，曾得以研究和讨论这组“热河景画”（图 5–5、5–6）。学者们认为，这组现藏大英博物馆东方古迹部的铜版画，标志着英国园林风格发展的基点[④]。

18 世纪中叶自然风景式园林（landscape garden）在英国流行起来， 代表性的作品还包括肯特在斯道维设计的一座“象征性园林”，内布满标志符号和文化信息；英国皇家建筑师威廉·钱伯斯（William Chambers， 1723—1796）为肯特公爵（Duke of Kent）设计的邱园（Kew Garden）。除了英国，法国、德国也先后在 18 世纪初出现了模仿中国的园林。法国学者认为，它们是在中国直接影响下产生的，并称之为“英中式园林”[⑤]。

显而易见，自然风景式园林（landscape garden）受到中国园林艺术的影响是不容否定的[⑥]。

2. 从 Landscape garden 到 Landscape architecture

中国的造园艺术促进了 18 世纪上半叶英国自然风景式园林 landsape garden 的产生，然而，中国古典园林与英国自然风景式园林毕竟有所不同。 勃朗（Lancelot Brown，1715—1783）曾被称为“自然风景式造园艺术之王”，其园林作品充分利用自然地形的

①M. 苏立文 :《东西方美术的交流》，陈瑞林，译，南京，江苏美术出版社，1998。

②严建强 :《十八世纪中国文化在西欧的传播及其反应》，杭州，中国美术学院出版社，2002。

③马国贤当时可能与威廉·肯特也见过面。在这之后，如上文所述，1725 年，威廉·肯特开始为伯灵顿勋爵在奇斯威克盖的别墅设计花园，整个花园的设计都是充满自然情趣的。

④巴希尔·格拉伊 :《柏林敦王宫和马国贤修士的中国版画》，载《大英博物馆季刊》，1960（22），196 页。转引自（法）乔治·洛埃尔（Gerges Loehr）:《入华耶稣会士与中国园林风靡欧洲》。

⑤袁宣萍 :《十七至十八世纪欧洲的中国风设计》，北京，文物出版社，2006。

⑥18 世纪中叶，田园诗人兼庭园理论家和造园家申斯通（W.Shenstone）第一次使用了“Landscape–Gardener”这个名称表示风景园造园家。后来，职业造园家雷普顿（Humphrey Repton）、斯科特（Walter Scott）、吉尔平（William Gilpin）相继出版的造园书籍使得“Landscape Gardening”越发流行开来。“Landscape–Garden”用来表示按自然风景画构图方式创造的庭园，Landscape Gardening 则指这种园林创造活动。

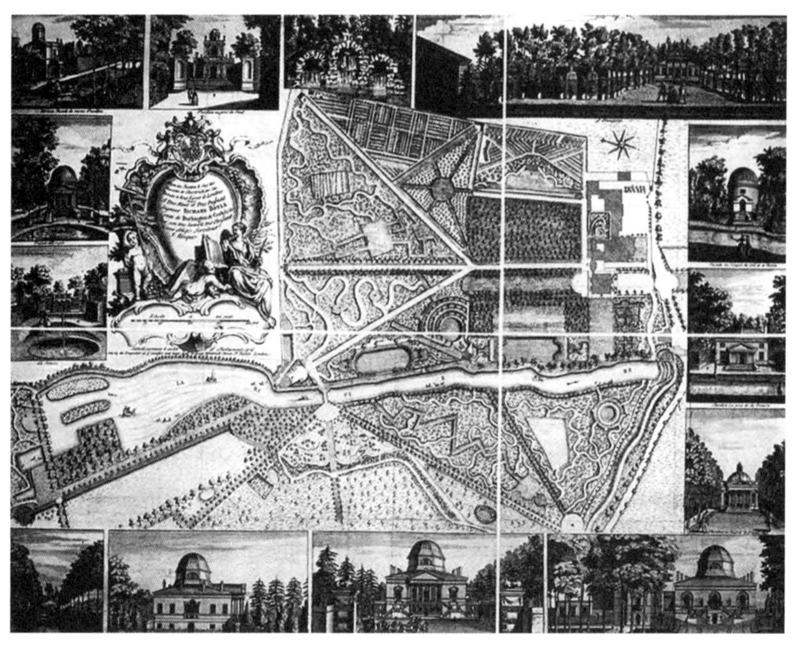

图 5-4　捷斯威克平面图（Charles Bridgeman 的版画，伯灵顿勋爵）

（邱治平在法国举办的展览《华夏西渐——法国十八世纪启蒙时期园林中的中国影像》）

图 5-5　康熙五十二年（1713 年）冷枚《避暑山庄图》（绢本，故宫博物院藏）

图 5-6　康熙五十二年（1713 年），马国贤，铜版画《避暑山庄三十六景》之一 [7]（大英博物馆收藏）

（吴葱，史箴，何捷：《诗拟丰标，图摹体态：清代皇家园林图咏研究》，载《建筑师》，1998（12），85 页）

起伏，成片的树林，而建筑物则是被忽视的元素，甚至不许出现。在他的园林里，甚至园林外目力所及的范围内，也不能有村庄和农舍；原有的都要搬到看不见的地方。他还不许建筑物旁有菜园、杂物院、下房、马厩、车库等，得把它们弄到远离建筑物的地方，并用树丛遮挡[1]。

18 世纪中叶推行在自然状态下生活的法国启蒙思想家卢梭（Jean Jacques Rousseau，1712—1778），在英国也很有影响。他提出口号“回到自然去”，认为花园和人都是自然中的疵点，既没有人也没有花园的地方才像是自然。他笔下的爱丽舍园（Elysés de Clarens）是一个肥沃的荒岛，没人居住、照料，也没人干扰，“免于人类的污染”。

对比之下，法国传教士人王致诚（Jean Denis Attiret，1702—1768）作为清朝供奉内廷的杰出画家，对中国造园艺术感受较深，通过对圆明园身临其境的体验和细致描写，已经接触到了中国园林的一个重要原理：以或大或小的“景”作为布局的基本单位，而“景”往往以建筑为主体[1]（图 5-7）。

和王致诚一样，18 世纪威廉·钱伯斯也注意到建筑物在中国园林里的重要作用，注意到他们同园林的协调一致。他说，中国园林里建筑物的样式和风格也配合喜悦的、恐怖的和令人惊讶的“景”。他描写了中国园林里多种多样、千变万化的建筑物，主要是用在令人喜悦的景里的[2]。

由此可见，与中国古典园林比较，英中式园林内建筑很少，即使有也多以废墟形式出现，功能以游赏为主，如渥尔·波尔（Horace Walpole，1717—1797）所说，建筑如同自然里的伤疤，而非中国古典园林以“山居”为理想居住模式。对园林中建筑物的不同理解和运用，成为中国园林和英国自然风景式园林的重要区别。因此，18 世纪下半叶以来，欧洲花 园多由画家和诗人设计，而建筑师基本不参与。

到 19 世纪，城市规划设计与建设的需求日益迫切，传统的“landsape gardening”联盟和从事城市规划设计的人员都积极地投入其中。1828 年英国风景建筑艺术的组织者 G. L. 梅森（Gilbert Laing Meason，1769—1832）首次运用 landsape architecture 这个词来描述环境美化设计家的创作工作。梅森出生于英格兰，热衷艺术史，1828 年曾出版《意大利杰出画家笔下的风景建筑艺术》（*On The Landscape Architecture of the Great Painters of Italy*），书中主要介绍意大利画家笔下风景画中的建筑。梅森在他所著这本书的很多实例中，都展现了在长满绿色植物的乡村中的意大利建筑。他勉力从事着风景建筑的研究，探索在风景中运用建筑与构筑物进行创作的方法。书中首次提到“landsape

①陈志华：《外国造园艺术》，郑州，河南科学技术出版社，2001。
②陈志华：《外国造园艺术》，郑州，河南科学技术出版社，2001。

图 5-7 圆明园以建筑为主的“景”：唐岱、沈源绘，绢本设色，乾隆九年《圆明园 四十景图咏·方壶胜境》

architecture”一词，反映出梅森已经意识到 landsape gardening 这种造园方式的缺失，意识到建筑在风景画中的重要性，而这恰恰又体现了中国园林艺术中“景”的精髓。

如前所述，在荷兰风景画的影响下，德国、英国的画家经过自己的努力，促进了西方风景画的发展和完善，意大利画家也不例外。这样，梅森很有可能通过意大利画家的风景画作品而对中国山水画与古典园林有了更深刻的理解，看到建筑在园林“景”中的重要性，从而对自然风景式园林 landscape garden 有了更进一步的创新和发展，诞生了今人熟悉的 “landscape architecture”一词。

后来，英格兰园林学家 J. C. 卢顿（John Claudius Loudon，1783— 1843）对 landscape architecture 的提法也极力推崇，促成 landscape architecture 在欧洲的风景园林界开始广泛流行。

此外，分析 landsc ape arc hit ec t ure[①] 的词源可知， “architecture”一词本意是匠人

①architecture（源自希腊 άρχιτέκτων–arkhitekton,άρχι-chief 和 τέκτων，具有“建造者，木匠，石匠”的含义）指规划，设计，施工的过程和产品，通常指建筑物和其他实体构筑物。建筑作品，即建筑物的物质形式，被看作 是文化符号和艺术作品。历史文明往往赋予幸存的建筑新的定义。Architecture，意味着：一个通用的术语来描述建筑物和其他实体构筑物；建造建筑物和其他实体构筑物设计的艺术和科学；设计建筑物和其他实体构 筑物的施工方法和风格；站在建筑师的角度，Architecture 意味着打造环境设计和施工的专业服务；建筑师的设计活动包括从宏观层面的城市设计，风景园林建筑到微观层面的施工细节和家具。术语“Architecture”也 被用来描述任何类型的系统设计活动，并常用于描述信息技术。

头领的全部知识，包括设计本领，后来才演变成兼指建筑物和其他实体构筑物[①]。也就是说，architecture 一词除了具有建筑学、建筑风格这类与建筑相关的含义外，还可以用来描述各种类型的设计活动，具有比“建筑学”更为广阔的设计学[②]的含义，更富创造性。在现代，landscape architecture 具有更丰富的内涵：它是艺术与设计的科学，也是陆地上自然与人工元素的集合，它所运用的材料包括土壤、水、植被和构筑物，旨在为人类营造多样性用途空间和居住环境[③]。

事实上，卢顿认为，landscape architecture 这个词组包含的内涵，远远超越艺术理论的研究范畴。在园林杂志的一篇文章中，他申说了这个观点，认为 landscape architecture 比 landscape gardening 更适合用于描述风景、园艺以及城市的创作工作。美国城市美化运动原则最早的倡导者之一弗雷德里克·洛·奥姆斯特德（Frederick Law Olmsted，1822—1903）很有可能也是通过卢顿的宣传[④]而对 landscape architecture 这个词有所了解，并成为第一个称自己为 landscape architect 的专业人士。后来“landscape architect”被用来作为环境美化设计师的专称。

奥姆斯特德在 19 世纪后半叶完成了一系列城市公园的创作与设计，结合考虑了周围自然和公园的城市和社区建设方式，对 landscape architecture 的实践产生了深远的影响。尤其值得一提的是，他提炼升华了英国早期自然主义风景园林理论家的分析以及他们对风景的“田园式”“如画般”品质的强调。

1844 年，美国吟景诗人威廉·卡伦·布赖恩特（William Cullen Bryant，1794—1878）领头要求按欧洲的方式在美国纽约建一座大公园；到 1850 年，纽约市决定建设这座公园，有 35 人提交设计方案，其中奥姆斯特德和卡尔弗特·沃克斯（Calvert

①Wikipedia：The origin of ‘architecture’（维基网络百科全书：建筑 学、设计学辞条）[EB/OL].www.wikipedia.com.

②从宏观的都市设计、风景设计到微观的构造细部和家具设计都属于设计学的范畴。

③The Oxford Companion to Gardens[S]. New York：Oxford University press，1991.

④如前所述，landscape architecture 这个词的发明者是梅森。卢顿正是通过他的著作《意大利杰出画家笔下的风景建筑艺术》而发现了这个新名词。之后他在《园林师杂志》(*Gardens Magazine*，1840 年）上大加称赞。经过他的宣传，landscape architecture 的提法开始被一些人接受，但当时并未在英国流行起来（Wikipedia：The origin of“landscape architecture”（维基网络百科全书：风景园林的起源）[EB/OL]. www.wikipedia.com.）。美国建筑师安德鲁·杰克逊·唐宁（Andrew Jackson Dowing，1815—1852）是卢顿思想和学说的追随者。当时他也恰好在英国游学，所以当他返回美国之后就把 Landscape architecture 一词传播到了北美大陆。另外，又由于他是奥姆斯特德从事园林事业的启蒙者和引路人（杨滨章：《关于 landscape Architecture 一词的演变与翻译》，载《中国园林》，2006（9），57 页），所以奥姆斯特德很有可能是通过道宁和卢顿而了解到 landscape architecture 这个词。

Vaux，1824—1895）联合设计的“绿草地”计划胜出。奥姆斯特德当时还很年轻，曾发现康涅狄克州（State of Connecticut）的农村迷人的景色；沃克斯是在英国受训的建筑师，当时正和唐宁[①]一起工作。历时20年，搬运了上千万车泥土，占地340公倾的纽约中央公园落成，号称纽约“后花园”[②]。园内起伏的地形，大片的草地，丛栽与孤植的树木，池塘、小溪和一些人工水景，如瀑布、喷泉、小桥等，形成风格独特的人造自然风景园[③]。这是美国第一座英中式花园，为以后的公园提供了样板，风景如画的原则在新世界美国扎根更深了[④]。而这种受到英国风景画影响形成的自然风景园，其审美及创作方式也正是基于对东方自然美审美观照的延续。

后来，奥姆斯特德和比阿特丽克斯·法兰德（Beatrix Farrand，1872—1959）等人于1899年创立了美国风景园林师协会（American Society of Landscape Architects，简称ASLA），landscape architect这个词才正式作为专业名称被确定下来。landscape architect的理论研究拓展到更加广阔的领域，包含了人居环境的方方面面，侧重从生态、社会、心理和美学方面研究建筑与环境的关系[⑤]。

对landscape一词和landscape architecture一词含义的演变及相关理论的研究，无疑是一个值得系统深入开展的课题，以上的概略解析，仅是期望激起大家关注的引玉之砖。这些解析，尽管粗浅，却也可以看出，中国古代山水文化和古典园林对当代landscape architecture，无论在其实践还是理论方面都作出了有益的贡献，中国传统文化中的审美观、自然观及思维方式，也通过这门新型学科产生了更强的影响，促使人们重新发现和认识自然，人与自然和谐共存的思想在深度和广度上较以往有了更大的发展。尽管时下有关当代风景园林的研究因为不同学者之间学术观点的不同而有所分歧，但前述历史毕竟是难以否定的。而在人与自然关系日益紧张，人口爆炸、环境污染、资源枯竭问题日益严重的21世纪，西方的现代landscape architecture专业，要想为人与自然和睦共处构建生命和情感的桥梁，深入研究中国传统文化在关于人与自然、人文美与自然美以及相关的

①唐宁于19世纪40年代出版的风景花园书籍对美国建筑学与风景艺术影响颇大。

②周亘：《美国纽约中央公园的营建和管理》，见《中国风景园林学会2011年会论文集（下册）》，704页，2011。

③汤影梅：《纽约中央公园》，载《中国园林》，1994（4），37页。

④唐纳德·雷诺兹：《剑桥艺术史（三）》，钱乘旦，译，北京，中国青年出版社，1994。

⑤Wikipedia：The origin of“landscape architecture”（维基网络百科全书：风景园林的起源）[EB/OL]. www.wikipedia.com.

认识论与方法论，仍将是不可或缺的前提。另一方面，在吸收国外最新研究成果的同时，如何深入思考理解、借鉴和弘扬我国古代优秀文化遗产，无疑也是当今中国相关专业工作者义不容辞的义务。

参考文献

一、古籍

孔子．论语 [M]. 张燕婴，译注．北京：中华书局，2006.
荀况．荀子 [M]. 安小兰，译注．北京：中华书局，2007.
司马迁．史记 [M]. 北京：中华书局，1982.
孟轲．孟子 [M]. 万丽华，蓝旭，译注．北京：中华书局，2010.
子思．大学・中庸 [M]. 王国轩，译注．北京：中华书局，2007.
孔丘．尚书 [M]. 慕平，译注．北京：中华书局，2009.
孔丘．礼记 [M]. 北京：中华书局，1912.
孔颖达．南宋刊单疏本毛诗正义 [M]. 北京：人民文学出版社，2012.
诗经 [M]. 王秀梅，译注．北京：中华书局，2006.
左丘明．左传 [M]. 刘利，纪凌云，译注．北京：中华书局，2007.
郑玄．周礼注疏 [M]. 北京：中华书局，2010.
钟嵘．诗品 [M]. 北京：中华书局，1991.
屈原．楚辞 [M]. 北京：中华书局，1991.
墨翟．墨子 [M]. 李小龙，译注．北京：中华书局，2007.
阮籍．阮籍集校注 [M]. 陈伯君，校注．北京：中华书局，2014.
班固．汉书 [M]. 北京：中华书局，1962.
金景芳，吕绍刚．周易全解 [M]. 上海：上海古籍出版社，2005.
范晔．后汉书 [M]. 北京：中华书局，1965.
庄周，等．庄子 [M]. 北京：中华书局，1985.
曹雪芹．红楼梦 [M]. 北京：中华书局，2005.
王夫之．古诗评选 [M]. 上海：上海古籍出版社，2011.
刘勰．文心雕龙 [M]. 北京：中华书局，1980.
陈祚明．采菽堂古诗选 [M]. 李金松，点校．上海：上海古籍出版社，2008.
张宝琳．光绪永嘉县志 [M]. 北京：中华书局，2010.
沈约．宋书 [M]. 北京：中华书局，1974.
房玄龄，等．晋书 [M]. 北京：中华书局，1974.
李亨特，平恕，徐嵩纂．绍兴府志 [M]. 乾隆五十七年刊本，南京：凤凰出版社，2011.
郦道元．水经注校证 [M]. 陈桥驿，校证．北京：中华书局，2007.
白居易．白氏长庆集 [M]. 北京：中华书局，1979.
萧子显．南齐书 [M]. 北京：中华书局，1972.
王弼．老子注 [M]. 北京：中华书局，1954.
刘义庆．世说新语 [M]. 沈海波，评注．北京：中华书局，2007.
萧统．昭明文选 [M]. 北京：中华书局，1981.
李延寿．南史 [M]. 北京：中华书局，1975.
孙星衍．汉官六种・汉旧仪 [M]. 北京：中华书局，1990.
何清谷．三辅黄图校释 [M]. 北京：中华书局，2005.

葛洪 . 西京杂记 [M]. 北京：中华书局，1985.
周公旦 . 周礼 [M]. 徐正英，常佩雨，译注 . 北京：中华书局，2014.
欧阳修，宋祁 . 新唐书 [M]. 北京：中华书局，1975.
张彦远 . 历代名画记 [M]. 北京：人民美术出版社，1986.
许慎 . 说文解字 [M]. 北京：中华书局，1963.
宋敏求 . 长安志 [M]. 北京：中华书局，1991.

二、当代专著

王其亨 . 当代中国建筑史家十书 [M]. 沈阳：辽宁美术出版社，2014.
王其亨 . 风水理论研究 [M]. 天津：天津大学出版社，2005.
金岳霖 . 形式逻辑 [M]. 北京：人民出版社，1979.
伽达默尔 . 真理与方法：哲学诠释学的基本特征 [M]. 上海：上海译文出版社，1999.
赖因哈德·科泽勒克 . 概念史 [M]. 北京：北京大学出版社，2012.
L R 帕默尔 . 语言学概论 [M]. 李荣，译 . 北京：商务印书馆，1983.
朱光潜 . 西方美学史 [M]. 北京：人民文学出版社，1979.
吴欣，柯律格，包华石，等 . 山水之境 中国文化中的风景园林 [M]. 北京：生活·读书·新知三联书店，2015.
张祥龙 . 从现象学到孔夫子 [M]. 北京：商务印书馆，2001.
叶舒宪 . 诗经的文化阐释：中国诗歌的发生研究 [M]. 武汉：湖北人民出版社，1994.
申小龙 . 汉语与中国文化 [M]. 上海：复旦大学出版社，2008.
邓启耀 . 云南岩画艺术 [M]. 昆明：云南人民出版社，2003.
钱钟书 . 管锥编 [M]. 北京：生活·读书·新知三联书店，1979.
俞剑华 . 中国画论类编·画山水序 [M]. 北京：中华书局，1973.
《十三经注疏》整理委员会 . 尔雅 [M]. 北京：北京大学出版社，2000.
孔智光 . 中国审美文化研究 [M]. 济南：山东文艺出版社，2002.
陈炎，廖群，仪平策 . 中国审美文化史：先秦卷 [M]. 济南：山东画报出版社，2007.
李泽厚 . 华夏美学：美学四讲 [M]. 北京：生活·读书·新知三联书店，2008.
陈元贵 . 大学美育十讲 [M]. 合肥：安徽文艺出版社，2010.
李泽厚，刘纪纲 . 中国美学史 [M]. 北京：中国社会科学出版社，1990.
李泽厚 . 美的历程 [M]. 北京：生活·读书·新知三联书店，2009.
李泽厚 . 中国古代思想史论 [M]. 北京：生活·读书·新知三联书店，2008.
李泽厚 . 悼念冯友兰先生 [M]. 北京：北京大学出版社，1993.
童庆炳 . 中国古代心理诗学与美学 [M]. 北京：中华书局，2013.
张皓 . 中国美学范畴与传统文化 [M]. 武汉：湖北教育出版社，1996.
冯友兰 . 新原人 [M]. 北京：北京大学出版社，2014.
刘东超 . 生命的层级：冯友兰人生境界说研究 [M]. 成都：巴蜀书社，2002.
黑格尔 . 美学 [M]. 朱光潜，译 . 北京：商务印书馆，1979.
赵沛霖 . 兴的源起：历史积淀与诗歌艺术 [M]. 北京：中国社会科学出版社，1987.

吴山．中国历代装饰纹样 [M]. 北京：人民美术出版社，1988.
袁广阔，马保春，宋国定．河南早期刻画符号研究 [M]. 北京：科学出版社，2012.
云南省文物考古研究所．中国田野考古报告集：耿马石佛洞 [M]. 北京：文物出版社，2010.
张世禄．古代汉语 [M]. 上海：上海教育出版社，1978.
谢稚柳．郭熙王诜合集 [M]. 上海：上海人民美术出版社，1993.
刘勉怡．艺用古文字图案 [M]. 湖南：湖南美术出版社，1990.
王伯敏．敦煌壁画山水研究象形文字 [M]. 杭州：浙江人民美术出版社，2000.
杨建峰．中国山水画全集 [M]. 北京：外文出版社，2011.
赵雪倩．中国历代园林图文精选：第一辑 [M]. 上海：同济大学出版社，2005.
王伯敏．中国绘画通史：上册 [M]. 北京：生活·读书·新知三联书店，2000.
金维诺，刑振龄．中国美术全集 [M]. 合肥：黄山书社，2010.
陈炎，仪平策．中国审美文化史：秦汉魏晋南北朝卷 [M]. 济南：山东画报出版社，2000.
王鲁民．中国古代建筑思想史纲 [M]. 武汉：湖北教育出版社，2002.
潘天寿．中国绘画史 [M]. 北京：东方出版社，2012.
王毅．园林与中国山水文化 [M]. 上海：上海人民出版社，1990.
陈梦家．殷墟卜辞综述 [M]. 北京：中华书局，1988.
浙江大学校史编写组．浙江大学简史：第一、二卷 [M]. 杭州：浙江大学出版社，1996.
朱良志．中国艺术的生命精神 [M]. 合肥：安徽教育出版社，2006.
任仲伦．游山玩水·中国山水审美文化 [M]. 上海：同济大学出版社，1991.
胡经之．文艺美学论 [M]. 武汉：华中师范大学出版社，2000.
张耕云．生命的栖居与超越·中国古典画论之审美心理阐释 [M]. 杭州：浙江大学出版社，2007.
宗白华．美学散步 [M]. 上海：上海人民出版社，1981.
伍蠡甫．山水与美学 [M]. 上海：上海文艺出版社，1985.
江曾培．艺林散步 [M]. 上海：学林出版社，1985.
孙毅．认知隐喻学多维跨域研究 [M]. 北京：北京大学出版社，2013.
许慎．说文解字 [M]. 北京：中华书局，1963.
周维权．中国古代园林史 [M]. 北京：中国建筑工业出版社，2006.
李洁萍．中国古代都城概况 [M]. 哈尔滨：黑龙江人民出版社，1981.
王其亨．当代中国建筑史家十书：王其亨中国建筑史论选集 [M]. 沈阳：辽宁美术出版社，2014.
徐卫民．秦汉都城与自然环境关系研究 [M]. 北京：科学出版社，2011.
费振刚，胡双宝，宗明华．全汉赋 [M]. 北京：北京大学出版社，1993.
张家骥．中国造园史 [M]. 北京：中国建筑工业出版社，2006.
张家骥．中国造园论 [M]. 山西：山西人民出版社，2012.
周云庵．陕西园林史 [M]. 西安：三秦出版社，1997.

魏全瑞 . 三辅黄图校注 [M]. 何清谷，注解 . 西安：三秦出版社，2006.
雷从云，陈绍棣，林秀贞 . 中国宫殿史 [M]. 天津：百花文艺出版社，2008.
申江 . 时间符号与神话仪式 [M]. 昆明：云南大学出版社，2012.
梁一儒 . 中国人审美心理研究 [M]. 济南：山东人民出版社，2002.
陆晓光 . 中国政教文学之起源：先秦诗说论考 [M]. 上海：华东师范大学出版社，1994.
顾廷龙 . 尔雅导读 [M]. 北京：中国国际广播出版社，2008.
林寒生 . 尔雅新探 [M]. 南昌：百花洲文艺出版社，2006.
管锡华 . 尔雅研究 [M]. 安徽：安徽大学出版社，1996.
周山 . 智慧的欢歌・先秦名辩思想 [M]. 北京：生活・读书・新知三联书店，1994.
马良怀 . 士人、皇帝、宦官 [M]. 长沙：岳麓书社，2003.
万绳楠 . 魏晋南北朝文化史 [M]. 上海：东方出版中心，2007.
余英时 . 士与中国文化 [M]. 上海：上海人民出版社，2003.
吴功正 . 六朝美学史 [M]. 南京：江苏美术出版社，1994.
梁思成 . 中国建筑史 [M]. 北京：生活・读书・新知三联书店，2011.
徐朝华 . 尔雅今注 [M]. 天津：南开大学出版社，1987.
辛志贤 . 汉魏南北朝诗选注 [M]. 北京：北京出版社，1981.
王仲荦 . 魏晋南北朝史 [M]. 上海：上海人民出版社，2003.
陈高华，徐吉军 . 中国风俗通史：魏晋南北朝卷 [M]. 上海：上海文艺出版社，2001.
叶朗 . 中国美学史大纲 [M]. 上海：上海人民出版社，2005.
汪裕雄 . 意象探源 [M]. 北京：人民出版社，2013.
卢盛江 . 魏晋玄学与中国文学 [M]. 南昌：百花洲文艺出版社，2002.
宗白华 . 美学散步 [M]. 上海：上海人民出版社，1981.
汤一介 . 郭象与魏晋玄学 [M]. 北京：北京大学出版社，2009.
李约瑟 . 中国科学技术史 [M]. 北京：中国社会科学出版社，1990.
李约瑟， 潘吉星 . 李约瑟文集 [M]. 沈阳：辽宁科学技术出版社，1986.
汤用彤 . 魏晋玄学论稿 [M]. 北京：生活・读书・新知三联书店，2009.
徐成志 . 锦绣河山竞风流：中华山水文化解读 [M]. 合肥：安徽大学出版社，2005.
徐清泉 . 中国传统人文精神论要 [M]. 上海：上海社会科学院出版社，2003.
章尚正 . 中国山水文学研究 [M]. 上海：学林出版社，1997.
郑秋文，胡方松 . 魅力永嘉 [M]. 北京：中央文献出版社，2008.
陈道贵 . 东晋诗歌论稿 [M]. 安徽：安徽教育出版社，2004.
陈水云 . 中国山水文化 [M]. 武汉：武汉大学出版社，2001.
宗白华 . 中西画法所表现之空间意识 [M]. 北京：北京大学出版社，1987.
傅抱石 . 中国古代山水画史的研究 [M]. 上海：上海人民美术出版社，1960.
王朝闻 . 中国美术史 [M]. 济南：齐鲁书社，1992.
臧维熙 . 中国山水的艺术精神 [M]. 上海：学林出版社，1994.
余开亮 . 六朝园林美学 [M]. 重庆：重庆出版社，2007.
罗哲文 . 中国古塔 [M]. 北京：文物出版社，1983.

张斌远，夏志峰．中国古塔 [M]. 杭州：浙江人民出版社，1996.

王振复．中华古代文化中的建筑美 [M]. 上海：学林出版社，1989.

刘策．中国古塔 [M]. 银川：宁夏人民出版社，1981.

李亮．诗画同源与山水文化 [M]. 北京：中华书局，2004.

袁宣萍．十七至十八世纪欧洲的中国风设计 [M]. 北京：文物出版社，2006.

范存忠．中国文化在启蒙时期的英国 [M]. 南京：译林出版社，2010.

严建强．十八世纪中国文化在西欧的传播及其反应 [M]. 杭州：中国美术学院出版社，2002.

王振复．中华古代文化中的建筑美 [M]. 上海：学林出版社，1989.

冯钟平．中国园林建筑 [M]. 北京：清华大学出版社，1988.

李晓虹，陈协强．武汉大学早期建筑 [M]. 武汉：湖北美术出版社，2007.

潘立勇．朱子理学美学 [M]. 北京：东方出版社，1999.

金忠明．中国教育史研究秦汉魏晋南北朝分卷 [M]. 上海：华东师范大学出版社，2009.

杨慎初．岳麓书院建筑与文化 [M]. 长沙：湖南科学技术出版社， 2003.

张瑞璠．中国教育史研究（先秦分卷）[M]. 上海：华东师范大学出版社，2009.

陈志华．外国造园艺术 [M]. 郑州：河南科学技术出版社，2001.

赵春林．园林美学概论 [M]. 北京：中国建筑工业出版社，1992.

周武忠．园林美学 [M]. 北京：中国农业出版社，2011.

金学智．东方文艺美学丛书：中国园林美学 [M]. 北京：中国建筑工业出版社，2005.

曹林娣．东方园林审美论 [M]. 北京：中国建筑工业出版社，2012.

章采烈．中国园林艺术通论 [M]. 上海：上海科学技术出版社，2004.

陈从周．苏州园林 [M]. 上海：同济大学教材科，1956.

苏州市地方志编纂委员会办公室，苏州市园林管理局．苏州史志资料专辑 拙政园志稿 [M]. 苏州：吴江县湖滨彩印厂，1986.

《中国建筑史》编写组．中国建筑史 [M]. 北京：中国建筑工业出版社，1982.

唐纳德·雷诺兹．剑桥艺术史（三）[M]. 钱乘旦，译．北京：中国青年出版社，1994.

丹纳．艺术哲学 [M]. 傅雷，译．北京：人民文学出版社，1963.

黄时鉴．东西交流论谭 [M]. 上海：上海文艺出版社，1998.

斯塔夫理阿诺斯．全球通史 [M]. 吴象婴，梁赤民，译．上海：上海社会科学出版社，1999.

M　苏立文．东西方美术的交流 [M]. 陈瑞林，译．南京：江苏美术出版社，1998.

苏珊·伍德福特，安尼·谢弗－克兰德尔，罗莎·玛丽亚·莱茨．剑桥艺术史（一）[M]. 罗通秀，钱乘旦，译．北京：中国青年出版社，1994.

马德林·梅因斯通，罗兰·梅因斯通．剑桥艺术史二 [M]. 钱乘旦，译．北京：中国青年出版社，1994.

王力．王力古汉语字典 [M]. 北京：中华书局，2000.

陈同滨，吴东，越乡．中国古代建筑大图典 [M]. 北京：今日中国出版社，1996.

梁济海．中国古代绘画图录 宋辽金元部分 [M]. 北京：人民美术出版社，1997.
李晓红，陈协强．武汉大学早期建筑 [M]. 武汉：湖北美术出版社，2006.

三、学位论文

庄岳．中国古代园林创作的解释学传统 [D]. 天津：天津大学，2006.
李亚利．汉代画像中的建筑图像研究 [D]. 长春：吉林大学，2015.
傅晶．魏晋南北朝园林史研究 [D]. 天津：天津大学，2003.
王军．中国古都建设与自然的变迁 [D]. 西安：西安建筑科技大学，2000.
徐苏斌．比较·交往·启示：中日近现代建筑史之研究 [D]. 天津：天津大学，1991.
盛梅．清代皇家园林景的构成与审美 [D]. 天津：天津大学，1997.
刘彤彤．中国古典园林的儒学基因及其影响下的清代皇家园林 [D]. 天津：天津大学，1999.
姜东成．元大都城市形态与建筑群基址规模研究 [D]. 北京：清华大学，2007.
袁守愚．中国园林概念史研究：先秦至魏晋南北朝 [D]. 天津：天津大学，2014.
吴莉萍．中国古典园林的滥觞 [D]. 天津：天津大学，2000.
赵晓峰．禅与清代皇家园林：兼论中国古典园林艺术的禅学渊涵 [D]. 天津：天津大学，2003.
陈芬芳．中国古典园林研究文献分析：中国古典园林研究史初探 [D]. 天津：天津大学，2007.
孙炼．汉代园林史研究 [D]. 天津：天津大学，2003.
萨娜．清华大学历史园林熙春园研究 [D]. 北京：北京林业大学，2012.

四、期刊文献

杨锐．“风景”释义 [J]. 中国园林，2010（9）.
徐文茂．“兴”之原始 [J]. 中国文化研究，2004（3）.
杨滨．诗经“比、兴”中自然风物描写的审美旨趣 [J]. 西北第二民族学院学报（哲学社会科学版），1995（3）.
李蹊．诗经之“赋”探源 [J]. 山西大学师范学院学报（哲学社会科学版），1996（3）.
朱桦．赋比兴与艺术审美的有机性 [J]. 文艺理论研究，1988（4）.
赵沛霖．兴的分类、本义和起源研究述评 [J]. 辽宁大学学报（哲学社会科学版），1988（5）.
潘啸龙．关于《诗经》“赋”法研究的几个问题 [J]. 诗经研究丛刊，2013（1）.
李金坤．《诗经》至《楚辞》山水审美意识之演进 [J]. 山西大学师范学报 2001（1）.
敦玉林．论《楚辞》自然美的艺术表现 [J]. 求索，2002（5）.
基口淮．秦汉园林概说 [J]. 中国园林，1992（2）.
朱彤．美学，深入自然形象吧 [J]. 南京师大学报（社会科学版），1979（4）.

李向群．燕京大学校园变化的简要回顾 [J]. 北京档案史料，2006（1）.

李传义．武汉大学校园初创规划及建筑 [J]. 华中建筑，1987（2）.

王蕾，史箴．从鲁泮宫到乾隆行宫：延续 2600 余年历史的中国古代园林 [J]. 天津大学学报（社会科学版），2004（3）.

杨宽．我国古代大学的特点及其起源：兼论教师称“师”和“夫子”的来历 [J]. 学术月刊，1962（8）.

汤影梅．纽约中央公园 [J]. 中国园林，1994（4）.

杨滨章．关于 landscape Architecture 一词的演变与翻译 [J]. 中国园林，2006（9）.

吴葱，史箴，何捷．诗拟丰标，图摹体态：清代皇家园林图咏研究 [J]. 建筑师，1998（12）.

林广思．景观词义的演变与辨析 [J]. 中国园林，2006（6）.

朱炳祥．何为原生态，为何原生态？ [J]. 原生态民族文化学刊，2010（3）.

卜春梅，于学友．古希腊与先秦儒家道德教育思想之比较 [J]. 湖北社会科学，2008(2).

五、会议论文

周亘．美国纽约中央公园的营建和管理 [C].// 中国风景园林学会．中国风景园林学会 2011 年会论文集（下册）. 北京：中国建筑工业出版社，2011.

六、词典

The Oxford Companion to Gardens[M].New York：Oxford University press， 1991.

牛津高阶英汉双解词典 [M]. 北京：商务印书馆，1997.

汉语大字典编辑委员会．汉语大字典（1 版）[M]. 武汉：湖北辞书出版社，成都：四川辞书出版社，1990.

徐中舒．甲骨文字典 [M]. 成都：四川辞书出版社，2006.

罗竹风．汉语大词典 [M]. 上海：上海辞书出版社，2011.

斯特凡·约尔丹．历史科学基本概念辞典 [M]. 北京：北京大学出版社，2012.

霍恩比．牛津高阶英汉双解词典（第四版增补本）[M]. 李北达，译．北京：商务印书馆，2002.

伍蠡甫．中国名画鉴赏辞典 [M]. 上海：上海辞书出版社，1993.